中国环境与发展国际合作委员会
环境与发展政策研究报告

中国环境与发展国际合作委员会
环境与发展政策研究报告

绿色发展的管理制度创新

MANAGEMENT AND INSTITUTIONAL INNOVATION IN GREEN DEVELOPMENT

2014

中国环境出版社·北京

图书在版编目（CIP）数据

中国环境与发展国际合作委员会环境与发展政策研究报告．2014 / 中国环境与发展国际合作委员会秘书处编．-- 北京：中国环境出版社，2015.5
ISBN 978-7-5111-2326-8

Ⅰ．①中… Ⅱ．①中… Ⅲ．①环境保护－研究报告－中国－2014 Ⅳ．①X-12

中国版本图书馆CIP数据核字（2015）第063667号

出 版 人 王新程
责任编辑 黄　颖
责任校对 尹　芳
装帧设计 金　喆

出版发行 中国环境出版社
（100062　北京市东城区广渠门内大街16号）
网　　址：http://www.cesp.com.cn
电子邮箱：bjgl@cesp.com.cn
联系电话：010-67112765（编辑管理部）
010-67175507（科技标准图书出版中心）
发行热线：010-67125803，010-67113405（传真）
印　　刷 北京中科印刷有限公司
经　　销 各地新华书店
版　　次 2015年5月第1版
印　　次 2015年5月第1次印刷
开　　本 787×1092　1/16
印　　张 17.25
字　　数 328千字
定　　价 60.00元

出版说明

2014年，是中国环境与发展进程中具有重要意义的一年。11月召开的中国共产党十八届四中全会，审议通过《中共中央关于全面推进依法治国若干重大问题的决定》，明确提出用严格的法律制度保护生态环境，加快建立有效约束开发行为和促进绿色发展、循环发展、低碳发展的生态文明法律制度，强化生产者环境保护的法律责任，大幅度提高违法成本；建立健全自然资源产权法律制度，完善国土空间开发保护方面的法律制度，制定完善生态补偿和土壤、水、大气污染防治及海洋生态环境保护等法律法规，促进生态文明建设。我们相信，随着依法治国的全面推进，环境法治必将日趋完善，为推进环境与发展事业提供更加坚实的保障和更加有力的武器。

在这样的背景下，中国环境与发展国际合作委员会（以下简称国合会）召开了2014年年会。会议以“绿色发展的管理制度创新”为主题，听取了“中国绿色转型进程评估与展望”“生态文明建设背景下的环境保护制度体系创新研究”“基于生态文明理念的城镇化发展模式与制度研究”“生态保护红线制度研究”“大气污染防治行动计划绩效评估与区域协调机制研究”和“政府环境审计研究”6个政策研究项目的成果汇报，举办了以“生态文明的制度创新”和“中国绿色转型与展望”为主题的两个主题论坛，广泛听取中外委员和专家意见，形成并通过了本次会议提交给中国政府的政策建议。

国务院副总理、国合会主席张高丽出席国合会2014年年会开幕式并发表重要讲话。他高度赞扬国合会成立20多年来所取得的成果和发挥的作用，并表示，中国将一如既往地积极支持国合会长期发展，希望国合会继续充分发挥智力密集优势和双向交流平台作用，为中国和世界绿色发展作出新的更大贡献。

国合会委员认为，中国正处于转型发展的窗口机遇期。决策者要增强危机意识，在经济新常态下，不能放松对环境保护的要求，要强化相关目标，倒逼经济绿色转型。中国应当抓住这一窗口机遇期，积极应对经济社会发展与资源环境日益突出的问题和挑战，加快生态文明体制建设和生态环保体制改革进程，加快环境与发展领域的制度创新，建立生态文明转型发展的新格局。

本报告综合了国合会 2014 年政策研究成果、国合会 2014 年年会给中国政府的政策建议、中国环境与发展重要政策进展（2013 – 2014）和国合会政策建议影响，供国内各级决策者、专家、学者和公众参考。

自觉推动绿色发展 努力建设美丽中国①

（代序一）

张高丽　国务院副总理　国合会主席

绿色发展已成为全球范围的新潮流、新趋势，世界许多国家纷纷采取环境友好型政策措施，努力把绿色经济培育成为新的增长引擎。

中国历来高度重视生态环境保护，把节约资源和保护环境确立为基本国策，实施可持续发展战略，将生态文明建设纳入中国特色社会主义事业总体布局。中国国家主席习近平强调，良好生态环境是最公平的公共产品，是最普惠的民生福祉；保护生态环境就是保护生产力、改善生态环境就是发展生产力；走向生态文明新时代，建设美丽中国，是实现中华民族伟大复兴的中国梦的重要内容。国务院总理李克强指出，生态文明建设关系人民生活，关乎民族未来，必须加强生态环境保护，下决心用硬措施完成硬任务。前不久闭幕的中国共产党十八届四中全会，作出关于全面推进依法治国若干重大问题的决定，明确提出用严格的法律制度保护生态环境，依法强化损害生态环境等重点问题治理，这必将有力推动我国生态文明建设进程。

当前，中国生态环境保护正在一步一个脚印、扎扎实实向前推进。我们大力推进节能减排和污染防治，今年前三季度，单位国内生产总值能耗下降 4.6%，氮氧化物排放总量下降 6% 以上，二氧化硫、化学需氧量和氨氮均下降 2% 以上。我们出台实施《大气污染防治行动计划》，在发展中国家率先监测和控制空气污染物

① 本文为国务院副总理张高丽 2014 年 12 月 1 日在中国环境与发展国际合作委员会 2014 年年会开幕式上的讲话摘编。

$PM_{2.5}$。中国已累计完成退耕还林2 980万公顷，人工林保存面积达到6 933万公顷，居世界第一，牧区草原质量出现好转，沙漠化面积持续减少。据世界银行报告，1991—2010年中国累计节能量占全球的58%。

积极应对气候变化，是中国生态环境保护的重要内容，也是中国与国际社会合作的一个突出亮点。习近平主席指出，应对气候变化是中国可持续发展的内在要求，也是负责任大国应尽的国际义务，这不是别人要我们做，而是我们自己要做。今年9月，我作为习近平主席特使参加联合国气候峰会，深深感受到国际社会对中国的期待，中国发挥的作用也得到各方面的广泛赞同。前不久，中美两国元首会晤，双方共同发表《中美气候变化联合声明》，宣布了各自2020年后应对气候变化的行动目标，其中，中国计划2030年左右二氧化碳排放达到峰值且将努力早日达峰，并计划到2030年非化石能源占一次能源消费比重提高到20%左右。联合声明坚持了共同但有区别的责任原则，在国际上引起很大反响，国际社会都肯定我们作出的贡献，普遍认为这将为2015年巴黎会议如期达成协议注入动力。坦率地讲，中国2013年碳排放强度比2005年下降28.5%，相当于少排放二氧化碳25亿吨，这是很不容易的。这次我们提出新的更高的减排目标要求，是有决心和信心的，也是需要付出极大代价和努力的。

中国正在积极探索生态环境保护新路，我们将全面创新绿色发展的管理制度，更加自觉推动绿色发展，努力建设美丽中国。

一是既做“加法”又做“减法”，充分发挥优化经济结构的治本作用。“减法”，就是大力淘汰落后产能，从严控制高耗能、高污染行业发展。“加法”，就是大力发展节能环保等战略性新兴产业，提高服务业比重。经济结构优化了，将对能耗和排放起到釜底抽薪的作用。我们将认真搞好战略环评和规划环评，积极推进政策环评，强化环境准入、环境标准硬约束，加快对农业、工业、服务业进行生态化改造，发展壮大循环经济，努力实现更健康、更可持续、更加和谐的发展。

二是深化生态环保领域改革创新，充分发挥市场机制的激励约束作用。我们将大力发展环保市场，推行节能量、碳排放权、排污权、水权交易制度。加快自然资源及其产品价格改革，逐步扩大资源税征收范围，完善对重点生态功能区的生态补偿机制。建立吸引社会资本投入生态环境保护的市场化机制，推行环境污染第三方治理。改革生态环境保护管理体制，维护生态环境的系统性、多样性和可持续性，增强生态环境监督的统一性、有效性和权威性，建立和完善严格监管所有污染物排放的环境保护管理制度。

三是加快建设生态文明法律制度，充分发挥环境法治的规范保障作用。我们将加快相关法律的“立改废释”进程，着力建立健全自然资源产权法律制度，尽快完善生态环境、土地、矿产、森林、草原等方面保护和管理的法律制度。新修订的《环境保护法》，在完善监管制度、落实政府责任、提高企业违法成本等方面实现了许多突破，为改善我国生态环境提供了坚实的法律保障，明年1月1日正式实施。我们将抓紧制定配套措施，加快推进大气污染防治、土壤环境保护、核安全等方面法律法规制修订工作，坚持重典治乱、铁规治污，独立进行环境监管和行政执法，对各类环境违法行为“零容忍”。

四是抓好关键环节和重点领域工作，充分发挥政府的统领引导作用。在生态环保领域，政府这只手的作用必须有力、有效。我们将制定实施生态文明建设目标体系和考核办法，严格按照主体功能区定位推动发展，优化国土空间开发格局，加快划定生态保护红线。坚持底线思维，狠抓节能减排，盯紧重点企业，实施节能减排重大工程。完善重点行业、重点产品能效标准和污染物排放标准，推动建立能效领跑者制度。把环境治理作为重大民生工程，着力解决大气、水、土壤污染等损害群众健康的突出环境问题。

五是推动形成多元共治局面，充分发挥社会公众的参与监督作用。随着生活水平提高，人民群众对良好生态环境的要求也越来越高。我们将主动及时公开生态环境信息，尊重和保护公众的环境知情权、参与权、监督权，积极构建全民参与生态环境保护的社会行动体系。倡导良好生态环境人人共建、人人有责、人人共享，着力建设政府、企业和公众对话机制，积极发挥新闻媒体和民间组织作用，推动形成生态文明建设的多元共治格局。加快培养全社会生态文明意识，构建文明、节约、绿色、低碳的消费模式和生活方式。

国合会成立20多年来，提供了一个中外高层开放和坦诚对话的重要平台，打开了一扇把国际可持续发展经验带入中国的大门，架设了一座中国与国际社会在环境与发展领域交流的桥梁，为推动中国绿色发展进程发挥了重要作用。中国将一如既往地积极支持国合会长期发展。希望国合会继续充分发挥智力密集优势和双向交流平台作用，为中国和世界绿色发展作出新的更大贡献。

主动适应新常态　构建生态文明建设和环境保护的四梁八柱[①]

（代序二）

周生贤　时任环境保护部部长　国合会执行副主席

2014 年 11 月召开的中国共产党十八届四中全会，审议通过《中共中央关于全面推进依法治国若干重大问题的决定》，明确提出全面推进依法治国的总目标、基本原则、工作布局和重点任务，提出关于依法治国的一系列新观点、新举措，对于坚定不移走中国特色社会主义法治道路，在法治轨道上推进国家治理体系和治理能力现代化，使我国社会在深刻变革中既生机勃勃又井然有序，实现经济发展、政治清明、文化昌盛、社会公正、生态良好具有重大而深远的意义。

全会明确提出用严格的法律制度保护生态环境，加快建立有效约束开发行为和促进绿色发展、循环发展、低碳发展的生态文明法律制度，强化生产者环境保护的法律责任，大幅度提高违法成本；建立健全自然资源产权法律制度，完善国土空间开发保护方面的法律制度，制定完善生态补偿和土壤、水、大气污染防治及海洋生态环境保护等法律法规，促进生态文明建设。我们相信，随着依法治国的全面推进，环境法治必将日趋完善，为推进环境与发展事业提供更加坚实的保障和更加有力的武器。

从中国共产党的十八大将生态文明建设纳入中国特色社会主义五位一体总体布局，提出推进生态文明建设的内涵和目标任务，到十八届三中全会提出生态文明体制改革的主要任务，再到四中全会，我们党明确提出了生态文明的建设任务、改革

① 本文为时任环境保护部部长周生贤 2014 年 12 月 1 日在中国环境与发展国际合作委员会 2014 年年会开幕式上的讲话摘编。

任务、法律任务，显示了加强生态文明建设的坚定意志和坚强决心。这充分表明，党中央、国务院对推进生态文明建设和加强环境保护认识上更加清醒，态度上更加坚决，内容上更加丰富，要求上更加明确。这为我们进一步加强环境保护、建设美丽中国、走向生态文明新时代指明了前进方向。

当前，我国经济社会发展进入新常态。这是在深刻认识我国经济发展呈现增长速度换挡期、结构调整阵痛期、前期刺激政策消化期“三期叠加”的阶段性特征后做出的总体判断。在上月初结束的 APEC 会议上，习近平总书记对我国经济新常态作了全面系统的阐述，指出其主要特点是从高速增长转为中高速增长，经济结构不断优化升级，从要素驱动、投资驱动转向创新驱动。

在经济新常态下，生态文明建设和环境保护也进入新常态。

一是党中央、国务院领导同志对生态文明建设和环境保护提出了一系列新思想新论断、新要求，用生态文明理念统筹谋划解决环境与发展问题，推动形成人与自然和谐发展现代化建设新格局，正在成为新常态。

二是“先污染后治理”的老路在我国走不通也走不起，从宏观战略层面切入，从生产、流通、分配、消费的再生产全过程入手，制定和完善环境经济政策，形成激励与约束并举的环境保护长效机制，探索环境保护新路，正在成为新常态。

三是保护生态环境就是保护生产力、改善生态环境就是发展生产力，正确处理好经济发展与环境保护的关系，把调整优化结构、强化创新驱动和保护生态环境结合起来，更加自觉地推动绿色发展、循环发展、低碳发展，正在成为新常态。

四是生态红线的观念一定要牢固树立起来，从制度上保障生态红线，让透支的资源环境逐步休养生息，扩大森林、湖泊、湿地等绿色生态空间，增强水源涵养能力和环境容量，正在成为新常态。

五是良好的生态环境成为人民群众的新期待，加大环境治理和生态保护工作力度、投资力度、政策力度，以解决损害群众健康突出环境问题为重点，打好大气、水、土壤等污染防治的攻坚战和持久战，逐步改善环境质量，正在成为新常态。

六是保护生态环境必须依靠制度、依靠法治，深化生态文明体制改革，加快建立生态文明制度，健全国土空间开发、资源节约利用、生态环境保护的体制机制，用制度保护生态环境，正在成为新常态。

我们要用新常态来对照观察、分析判断我国环境保护面临的新形势新任务，研究提出新常态下环境保护的新思路新办法新举措，着力构建、主动实践生态文明建设和环境保护的四梁八柱，推动国家生态环境治理体系和治理能力现代化，把中国的环境与发展事业推上新台阶。

构建生态文明建设和环境保护的四梁八柱，形象勾勒了生态文明建设和环境保护的宏观性、系统性、轮廓性的整体架构，是环保部门深入贯彻落实习近平总书记系列重要讲话精神的集中体现，是一段时期以来我国生态环境保护探索实践的认识升华，是坚持整体推进、重点突破工作思路的创新举措。

一是以积极探索环境保护新路为实践主体，进一步丰富环境保护的理论体系。这是推进生态文明建设的有效路径。我们既要借鉴发达国家治理污染的经验教训，又要结合我国国情和发展阶段，改革创新，用新理念、新思路、新方法来进行综合治理，发挥体制和制度优势，尽量缩短污染治理进程，早日实现蓝天常在、青山常在、绿水常在，造福全体人民。探索环境保护新路的根本要求是正确处理经济发展与环境保护的关系，利用好环境保护对转方式、调结构的倒逼机制，把调整优化结构、强化创新驱动和保护生态环境结合起来，推进经济发展与环境保护的协调融合。

二是以新修订的《环境保护法》实施为龙头，形成有力保护生态环境的法律法规体系。这是推进生态文明建设的强大武器。今年4月24日，中国全国人大常委会审议通过了新修订《环境保护法》，将于2015年1月1日正式实施。作为中国环境保护领域的基础性、综合性法律，新修订的《环境保护法》规定了生态环境保护的基本原则、基本制度，并在完善监管制度、健全政府责任、提高违法成本、推动公众参与等方面实现了诸多突破，为进一步保护和改善环境、推进生态文明建设提供了有力的法制保障。我们将加快制定出台限产限排、查封扣押、按日计罚、移送公安机关、信息公开等配套文件，做好公益诉讼、行政问责、行政拘留、环境刑事案件办理等工作的协调和衔接，把新修订的《环境保护法》实施好。同时，加快推进大气污染防治、土壤环境保护、核安全等专项法律法规的制修订，全面推进环境保护法律法规、政策制度和环境标准建设。

三是以深化生态环保体制改革为契机，建立严格监管所有污染物排放的环境保护组织制度体系。这是推进生态文明建设的组织保障。生态环保体制改革的主攻方向和着力点是，建立和完善严格的污染防治监管体制、生态保护监管体制、核与辐射安全监管体制、环境影响评价体制、环境执法体制、环境监测预警体制。我们将通过体制创新，建立统一监管所有污染物排放的环境保护管理制度，对所有污染物，以及点源、面源、固定源、移动源等所有污染源，大气、土壤、地表水、地下水、海洋等所有污染介质，实行统一监管。独立进行环境监管和行政执法，切实加强对有关部门和地方政府执行国家环境法律法规和政策的监督，纠正其执行不到位，以及一些地方政府对环境保护的不当干预行为。

四是以打好大气、水、土壤污染防治三大战役为抓手，构建改善环境质量的工作体系。这是推进生态文明建设的主战场。我们将坚持源头严防、过程严管、后果严惩，用铁规铁腕强化大气、水、土壤污染防治，优先解决损害群众健康的突出环境污染问题，以实际行动逐步改善环境质量。深入实施《大气污染防治行动计划》，抓住产业结构、能源效率、尾气排放和扬尘等关键环节，健全政府、企业、公众共同参与新机制，实行区域联防联控。强化水污染防治，在确保水质较好水体稳定达标、水质不退化的同时，集中力量把劣V类水体治好，尤其是消灭一批影响群众多、公众关注高的城镇黑臭水体。抓好土壤污染防治，深入推进土壤污染治理修复，实施土壤修复工程，加强污染场地开发利用监管，维护人居环境健康。

推进生态环境治理体系和治理能力现代化是构建生态文明建设和环境保护四梁八柱的内在要求和重要支撑。推进生态环境治理体系和治理能力现代化，就是要适应经济社会持续健康发展和大力推进生态文明建设的时代要求，既改革不适应实践发展要求的体制机制、法律法规，又不断构建新的体制机制、法律法规，使生态环境保护各方面制度更加科学、更加完善，实现生态环境治理制度化、规范化、程序化；更加注重生态环境治理能力建设，增强按制度办事、依法办事意识，善于运用环境法律法规、制度政策和市场化手段治理生态环境，把各方面制度与体制机制优势转化为保护生态环境、改善环境质量的效能，不断提高生态环境保护队伍综合素质和业务水平。

当前，我们推进生态环境治理体系和治理能力现代化，将着重把握以下重要问题。一是推进环境管理战略转型。以改善生态环境质量为目标导向，从单纯防治一次污染物向既防治一次污染物又防治二次污染物转变，从单独控制个别污染物向多种污染物协同控制转变。基于环境质量改善目标制定政策措施，形成以环境质量改善倒逼总量减排、污染治理，进而倒逼“转方式、调结构”的联合驱动机制。二是深化改革助推职能转变。继续推进环保行政审批制度改革，优化审批流程，减少审批环节，提高审批效率。拓宽政府环境公共服务供给渠道，推进向社会力量购买服务。三是完善环境管理体制机制。改革生态环境保护管理体制。建立健全环境经济政策，深化资源性产品价格改革，推进环境税费改革，加快完善生态补偿机制，推行环境污染责任保险，健全绿色信贷政策。四是强化生态环保能力建设。以构建先进的环境监测预警体系、完备的环境执法监督体系、高效的环境信息化支撑体系为重点，提高环保部门履职能力。五是加大人才队伍建设力度。提升环保队伍思想政治素质、科学文化素质和工作本领，提高环保部门科学决策、民主决策、依法决策水平。

近年来，我国把环境保护摆上更加突出的战略位置，大力推进生态文明建设，积极探索环境保护新路，各项工作取得积极进展。

一是污染防治力度不断加大。以大气、水、土壤污染治理为主战场，坚决向污染宣战，成效正在逐步显现。今年前三个季度，在首批实施新环境空气质量标准的74个城市中，细颗粒物（$PM_{2.5}$）平均浓度为61微克/米^3，与去年同期相比下降6.2%。其中京津冀及周边地区六省（区、市）地级及以上城市中，$PM_{2.5}$平均浓度为76微克/米^3，与去年同期相比下降14.6%。全国地表水国控断面劣V类水质断面比例为9.6%，同比下降1.1个百分点。

在各地方各部门的共同努力下，11月的AEPC会议期间，北京各项污染物平均浓度均达到近5年同期最低水平，空气质量保持总体良好，保障任务圆满完成。习近平总书记对此予以充分肯定，希望并相信通过努力让“APEC蓝”能够保持下去，希望北京乃至全中国能够蓝天常在、青山常在、绿水常在，让孩子们都生活在良好的生态环境之中，这也是中国梦很重要的内容。APEC会议空气质量保障的成功实践说明，雾霾不是解决不了、蓝天不是实现不了，关键看有没有决心。我们将深入总结APEC会议空气质量保障的经验做法，深入推进大气污染防治，把《大气污染防治行动计划》中各项举措落实到位，不管有风没有风，咬定青山不放松，通过坚持不懈的奋力打拼，将“APEC蓝”最终固化为“中国蓝”。

抓紧编制《水污染防治行动计划》和《土壤污染防治行动计划》，明确责任分工、细化配套措施、突出重点整治、严格考核问责，像抓大气污染防治一样狠抓水和土壤污染防治。开展“十三五”环保规划前期研究，深入研究“十三五”环保规划重点问题，尽快提出规划编制基本思路，积极谋划环保重大工程、重大项目和重大政策。

二是主要污染物减排进展顺利。主要污染物总量减排是环保工作的硬抓手和重要平台。“十二五”前三年，全国化学需氧量、氨氮、二氧化硫、氮氧化物排放总量累计分别下降7.8%、7.1%、9.9%、2.0%；今年前三个季度，同比又分别下降2.5%、2.5%、2%、6%，其中，氮氧化物减排创造了“十二五”以来最好成绩。我们将坚定推进主要污染物减排，持之以恒地抓好“六厂（场）一车”（污水处理厂、造纸厂、畜禽养殖场、火电厂、钢铁厂、水泥厂和机动车）重点减排工程，重点督办进度滞后的地区和项目，完善煤炭减量替代、建设项目总量指标管理等政策措施，全面实施重点行业排放标准，严格落实环保电价，不折不扣地完成年度和“十二五”减排目标任务。

三是环境保护优化经济发展作用日益显现。过去三年，我部对不符合要求的103个项目环评文件不予受理、不予审批或暂缓审批，涉及总投资5 320多亿元。发布各类国家环境标准289项，大力推动环保产业发展，对重点地区的火电、钢铁、石化、水泥、有色等行业执行更加严格的大气污染物特别排放限值。我们将采取综合措施推动经济转型升级。进一步强化环保硬约束，从严从紧控制“两高一资”、低水平重复建设和产能过剩项目，加快淘汰落后产能。完善环境标准体系，引导环保技术示范推广应用，推进强制性清洁生产审核，加快培育和发展环保市场。

四是民生改善工作有序推进。2010—2013年，中央安排专项资金116亿元支持重金属防治项目实施。全国15个省堆存半个世纪的670余万吨历史遗留铬渣全部处置完毕。约谈饮用水水源环境保护存在突出问题的城市政府，解决了一批久拖不决的问题。强化环境监督执法，三年间出动执法人员700余万人次，检查企业278万余家（次），查处违法问题2.56万多件。我们将加大环境执法监管力度，坚持问题导向，坚持重典治污，铁腕铁规治污，对环境违法行为“零容忍”，保持严厉打击的高压态势。深入开展全国环境保护大检查，对各类工业园区和重点排污企业进行环境风险隐患排查，依法严肃查处、整改存在问题，做到监管全覆盖，执法无死角。严格控制重金属、危险废物和化学品环境风险，妥善应对突发环境事件。

五是生态和农村环境保护得到加强。深入实施《中国生物多样性保护战略与行动计划》，全国自然保护区数量达2 697个。开展“生态文明建设示范区”创建活动，全国已有16个省（区）开展生态省（区）建设，1 000多个市（县）开展生态市（县）建设。2008年以来，中央安排农村环保专项资金250亿元，支持5.9万个村庄开展环境综合整治，1.1亿多人口直接受益。我们将不断加大生态和农村环境保护力度，深化生态文明建设示范区建设和管理，加强国家重点生态功能区保护和建设，全面加强自然保护区综合管理。以国家重要调水工程涉及地区以及其他重要饮用水水源地周边的村庄为治理重点，深入推进农村环境连片整治，扎实抓好农业面源污染防治，改善农村人居环境。

六是推进生态环境保护领域改革。印发生态功能红线划定技术指南和内蒙古等四个试点省区划定建议方案。研究制定《环境损害鉴定评估推荐方法（第二版）》，编制完成5个技术规范文件。出台进一步推进排污权有偿使用和交易试点工作的指导意见，研究制定排污许可证管理办法。调整排污费征收标准，要求2015年6月底前调整到不低于规定标准。提出环保基金构建方案基本框架，在广东开展环境污染第三方治理试点。我们将继续深化生态环保领域改革，遵循既定的改革路线图和时间表，全面推进年初确定的10项改革重点任务，加快完善生态文明体制改革总体思路和生态环境保护管理体制改革顶层设计方案，抓紧制定生态文明建设目标体系和划定生态保护红线，在生态文明改革方面迈出更大的实质性步伐。

适应新常态，积极构建和主动实践四梁八柱、推进生态环境治理体系和治理能力现代化，既为环保事业发展提供了重大机遇，也带来了新的挑战。希望第五届国合会围绕管理制度创新、绿色转型发展等环境领域重大问题，深入讨论，建言献策，为进一步推进中国生态文明建设和环境保护事业作出更大贡献！

目录

第一章 从临界点到转折点[①]

一、引言

中国已经开始放眼未来并寻求转变，这一点在2013年11月召开的中共十八届三中全会上得到明确体现。为解决诸如腐败、市场机制拓展与环境改善等更为挑战与棘手的问题，中国新一届政府已经制定出一条引领中国走向持续繁荣、社会发展与生态安全的道路，最终完成生态文明建设，实现美丽中国的梦想。

中共十八届三中全会提出的“五位一体”总体布局方针，首次把生态文明建设提升至与经济、政治、文化、社会四大建设并列的高度。因此，作为中国政府从2007年就开始讨论的概念，生态文明建设将为环境与发展政策和行动带来新的视角和优先领域。2014年9月2日，李克强总理主持召开国务院组成部门和相关单位负责人会议并发表重要讲话，研究部署“十三五”国民经济和社会发展规划（简称“十三五”规划）编制启动工作，提出“十三五”时期（2016—2020）将是全面建成小康社会最后冲刺的五年。[②] 他指出，“十三五”规划的编制要对推进社会建设、生态环保、改善民生作用显著的重大项目，对解决突出矛盾、增进公平效率有力有效的重大政策，为补短板、增后劲、促均衡、上水平提供支撑。[③]

2013年中国环境状况极其严峻，城市空气质量的危害水平达到了一个临界点。如果今后几年环境与发展问题得不到非常有效解决，那么这样的灾难性环境问题将会有频发、突发的危险，后果严重，且解决问题的成本高昂。[④] 环境临界点案例包括矿难、尾矿库事故、土壤和地下水污染等环境灾难、气候变化造成的后果、破坏性虫害和疾病等。这种令人沮丧的前景是否会在中国未来成为现实？我们希望不是。

世界上许多国家都经历过严重的环境临界点，[⑤] 即环境事件催生了公众的担忧

---

① 本报告为中国环境与发展国际合作委员会自2002年起的第十三个关注问题报告。报告由国合会首席顾问亚瑟·汉森博士和沈国舫院士撰写，首席顾问支持专家组成员提供了技术支持。本关注问题报告的观点仅代表作者本人的观点。

② China Daily. 5 September 2014. *Li: Plan to be Driving Force of Economy.*

③ South China Morning Post. 5 September 2014. *State Council Kicks off Drafting of Five-Year Plan.*

④ 环境临界点可能具备以下一个或几个特点：当超过某一阈值后生态环境将会发生质变，虽然这一阈值很难精确预测；这种变化持续时间长，难以逆转；驱动这种变化的压力与效果的显现之间存在时间滞后，因此给生态环境管理带来很大的困难。（欧洲生物多样性信息系统，http://biodiversity.europa.eu/topics/tipping-points)Alex Wang. 2012. China’s Environmental Tipping Point. Chapter 5 in China in and beyond the Headlines. Timothy Weston, Lionel Jensen, eds. Rowman and Littlefield Publishers. http://papers.ssrn.com/sol3/papers.cfm?abstract_id=2130452.

⑤See examples in the database of the Resilience Network. http://www.resalliance.org/index.php/database.

与愤怒，进而迫使政府采取有效行动面对挑战。在中国，面对严峻的环境问题，政府于2014年3月宣布“我们要向对贫困宣战一样，坚决向污染宣战”①，制定了《大气污染防治行动计划》（2014—2017），其他两个环境行动计划（水污染和土壤污染行动计划）正在编制中，将于晚些时间出台。

在这大好形势以及中国高层领导人一系列的决心承诺（见表1-1）下，中国可以到达一个逐渐走向环境质量改善、可持续发展和进步并最终走向生态文明的转折点。显然，最关键的问题是缩小或消除国家环境质量改善目标与地方实施能力之间的差距。要抓住这一转折点的机遇，必须加大推进新型绿色发展模式和推动绿色转型。这些工作与2015年后可持续发展目标和行动所采取的全球范围的现实行动相符，也与联合国在全球范围内探讨的气候变化、生物多样性和其他环境与发展热点问题所采取的措施相一致。

中国正处在重大环境与发展问题临界点或转折点的交叉口，可以说我们处在这样一个窗口机遇期，而这个机会一经失去，恐难再来。

这一窗口期产生的部分原因是公众对环境问题的关注。美国民调机构皮尤研究中心最近在40多个国家展开了一项关于全球五大威胁的公众调查，②在3 000多名参与调查的中国人中有1/3将环境和污染列为全球五大威胁的第一位。这一比例在全球所有被调查国家中最高，也是中国参与者列出的五个威胁中最受关注的一个。另一个原因是中国新一届政府上任后几乎立即就开始着手国家治理改革。第三个原因是人们普遍认识到了生态环境破坏对生活质量的影响和所带来的经济代价。第四个原因是中国在国际上由于环境污染问题而付出了形象代价，特别是关于大气污染事件和其他污染问题的持续报道。这些问题会影响中国的旅游业、竞争力以及对高端人才和企业的吸引力，进而影响中国下一阶段的经济增长。

国合会本年度的工作重点放在制度创新和其他促进生态文明建设和绿色发展的必要转变上 。我们希望这些转变可以带来好的转折，催生符合2020年全面建成小康社会目标的新型环境与经济的关系，并为今后几十年的生态文明建设创建美好前景。

在为政策转型窗口期提供建议方面，国合会具备得天独厚的条件。事实上，国合会目前的工作日程就是针对如何为三中全会所提出的重点工作的实施提供快速有效的政策建议而设置的。2014年的四个专题政策研究就特别强调了三中全会所提出的重点问题和相应措施 。③而2014年的两个课题组则考虑了与生态文明建设相一致的长期视角。

① http://www.reuters.com/article/2014/03/05/us-china-parliament-pollution-idUSBREA2405W20140305.

② http://www.pewglobal.org/files/2014/10/Pew-Research-Center-Dangers-Report-FINAL-October-16-2014.pdf.

③ 国合会四个专题政策研究包括：大气污染防治行动计划绩效评估与区域协调机制研究；生态环境红线制度创新研究；基于生态文明理念的城镇化发展模式与制度研究；政府环境审计制度研究。

国合会“中国绿色转型进程评估与展望”课题，研究了选定的经济政策措施在过去十年里的适用性以及它们对污染控制所起到的作用，以便为未来提出新型的、更加适合的经济决策。“生态文明建设背景下的环境保护制度体系创新研究”课题则探讨了现行制度体系在强调未来需求方面的不足之处，并在研究中国和国际创新经验的基础上提出政策建议。

二、中国的窗口机遇期

过去的一年可能是中国政策转型期间发生转变最多的一个时期。一个新的窗口机遇期以前所未有的姿态展现在我们面前。一些长期存在的社会与经济发展问题正在得到关注和解决，例如取消居民户口的地域限制，引进财产税，调整完善独生子女政策，放宽管制和推动市场机制改革，避免重工业过度投资，促进服务经济的发展，拉动国内消费以及向新型城市化模式的转变等。①

2015 年 1 月即将生效的《环境保护法》修订版强调了对一些重点问题的关注，例如大幅度加大环境违法行为的惩治力度，加强公众参与和环境信息公开的透明度，以及推动企业对环境改善的有效参与 。② 在过去的一年里，几乎每个星期都有环境与发展政策和措施的重大改善举措出台（见表 1-1），环保投入持续增长，如在大气污染防治行动计划上的投入就增长显著。

表 1-1　2013 年 11 月至 2014 年 10 月期间出台的环境与发展举措

（1）全国人大批准《环境保护法》修订案（2014 年 3 月）

（2）向污染宣战行动，包括大气、水和土壤污染防治行动计划（2014 年 3 月颁布大气污染防治行动计划，其他计划尚未颁布）

（3）政府官员环境绩效考核终身责任制（2014 年 7 月）

（4）生态红线制度，划出重要生态功能区和保护环境脆弱地区（2013 年 12 月）

（5）强化法庭作用，任命专职法官，协助法庭提升处理环境问题的能力（2014 年 7 月）

（6）通过政府机构采购电动汽车推动绿色采购；免除 10% 电动汽车购置税；政府大力投资建设电动汽车国家充电网络（2014 年 8—9 月）

① See Barry Naughton. July 2014 ‘Deepening Reform’: The Organization and the Emerging Strategy. Hoover Institute. China Monitor No. 44. http://www.hoover.org/sites/default/files/research/docs/clm44bn.pdf.

② 关于新环保法的细节，有诸多的文章和报道，例如，http://www.npc.gov.cn/englishnpc/news/Legislation/2014-04/25/content_1861275.htm;http://www.chinalawinsight.com/2014/05/articles/compliance/environmental-protection-law-big-changes-in-2014-2 ; http://switchboard.nrdc.org/blogs/bfinamore/new_weapons_in_the_war_on_poll.html ; http://news.xinhuanet.com/english/china/2014-04/24/c_133287570.htm ; http://asiafoundation.org/in-asia/2014/05/28/chinas-environmental-protection-law-lays-groundwork-for-greater-transparency.

续表

(7) 绿色供应链/绿色采购中心，APEC 绿色供应链及天津试点（2014 年 5 月）
(8) 包含环境保护条款的新型城镇化指南（2013 年 12 月）
(9) 国务院再次确认中国应对气候变化 2020 年目标（2014 年 9 月）
(10)《大气污染防治法》修订草案征求意见稿发布（2014 年 9 月）
(11) 全国统一碳市场预计于 2016 年开始实施（2014 年 8 月）

过去一年里中国政府在污染控制、绿色发展和生态建设方面表现出前所未有的关注度，充分体现了中国政府对生态文明建设的高度重视。这种高度关注部分源于公众的关心，更是由于传统经济发展模式不适用于未来、可持续发展需要更为全面统一的发展模式等观念已深入人心。一些重大问题已经关系到执政党的权威性，因此与各级治理体系息息相关。

目前中国政府所做出的种种努力，表明其已经克服在政治和机构方面的认知困难，所以进一步采取迅速的行动不仅非常可行，而且符合政治意愿。这意味着当前中国处在一个实施环境与发展理念的极佳窗口机遇期。引入环境税将是一个极有可能实现的转变；另一个是提高环境影响评价和其他规划的公众参与程度，接受公众的监督；第三个是金融界在贷款发放过程中全面纳入环境风险与绩效评估考量。

需要改进的方面还有很多，而且可以想象这个窗口期仍将继续存在。但是这样的窗口期会随着多种压力和其他原因开启或关闭。因此，趁其存在时充分利用这一有利时机将是明智之举。可喜的是，此刻适逢“十三五”规划制定阶段，在这一阶段内充分利用这个有利时机将会推动中国取得更大的成就，达成 21 世纪初设定的 2020 年的宏伟目标。

然而，还有一些重要问题，在当前的改革中尚未能得到足够的关注。

一是从根本上建立环境与经济的密切联系。环境与经济发展是紧密结合的，环境状况的改变将影响经济的发展，反之亦然。但是，目前的经济改革包括现在提出的市场改革并没有全面认识这种联系并采取有针对性的行动。环境的外部性还未能全面纳入到当前的价格、企业奖惩机制改革之中，目前经济结构改革的能力也不足以解决这个问题。因此，目前经济（无论是外贸驱动还是内需驱动）与环境的和谐关系还远远没有实现。中国的生态环境负债和人民健康问题某种程度来说仍处于上升期，且尚未得到清楚的认识和理解。

二是跨行业环境问题可能严重影响发展进程。人们对这一问题的关注存在已久，但是还没有找到综合、全面的措施予以应对。这一困局的另一种表现是环境问题无法靠环保部门独立解决，鉴于环保部门同那些强大的行业部门、大型国营企业和利益团体相比，通常处于弱势地位。

三是需要更清晰地明确生态系统完整性和生态服务功能在社会、经济和政治决策中的地位。中国政府在这方面采取了很多积极行动，但是总的来说，中国的生态保护机制依然很薄弱。举例来说，虽然人们对生态红线制度寄予厚望，但是在自然保护区的管理方面仍存在一些问题。

本届中国政府将工作重点放在了顶层设计上。这考虑了注重转变、强化绩效、根除腐败等治理工作的需要，完全合乎情理。其中，关于环保制度创新和完善的需求也得到了充分的讨论和重视。最突出的表现就是深化改革领导机构的设置[①]，中央设立了由习近平总书记领导的全面深化改革领导小组，下设六个专项小组，其中一个就是经济体制和生态文明体制改革专项小组。这是第一次明确地将经济与环境联系在一起。那么这种领导层的设置将会对各级政府以及政府部门内部的机构改革产生怎样的影响呢？

诚然，这份关注问题报告无法直接回答这个问题，但是显而易见，环境与发展相关改革的核心主题（实际上也是中国总体改革的核心）是如何实现综合、包容的治理和发展。这也是全球2015年后发展议程所关注的议题——包括新的可持续发展目标、气候变化谈判、各国在绿色增长、绿色经济上的努力以及企业和国际组织的作用等。当前，加快体制机制创新是推进生态文明建设的内在需求和根本保障。作为“五位一体”总体布局的组成之一，生态文明建设不仅要发挥重要的成员功能，还要与其他“四大建设”融为一体，共同发展。这就要求适时修订相关法律法规，调整市场改革机制，改变机构行为和公众行为，以及调整社区治理决策。本关注问题报告将针对其中一些转变进行论述。

三、环境与发展的国际趋势

在环境与发展领域，一些重要国际谈判可望能在2015年达成目标，而2014年成为考验各国决定迈出多大的步伐来共同打破日趋紧迫的环境与发展问题困局的试验期，特别是针对气候变化、消除贫困等社会问题以及这些社会问题与可持续发展的关系等。

令人遗憾的是，在一些地区的国家层面出现环境与发展政策严重“开倒车”的现象。例如澳大利亚取消了碳税，多数欧洲国家面临着难以实现欧盟2020年能源和气候目标[②]的困境，美国存在着无法让国会通过几乎任何有关重要环境问题决议的难题，全球热带雨林消失的速度依旧不可遏制。总的来说，由于世界上大部分地区存在发展困难和经济复苏缓慢的问题，给近一两年环境保护工作的开展带来了障碍，

① Barry Naughton 在他的文章中对此进行了阐述．*'Deepening Reform': The Organization and the Emerging Strategy.* China Leadership Monitor. No 44.

② *Trends and Projections in Europe 2013 – Tracking progress towards Europe's climate and energy targets until 2020.* European Environment Agency (EEA). http://www.voxeurop.eu/en/content/article/4263331-europe-united-failure.

很多国家都出现了环境支出收紧、环保部门机构削减和职能合并、监管放松等现象。

国家层面的这些退步却恰恰带来了地方层面，特别是在城市层面逐渐增多的环境实践行动，例如在加拿大或其他国家的很多省、市为实现诸如温室气体减排等重要目标所做出的非凡努力。在城市层面的环境实践也出现了大量的创新，例如C40城市气候领袖群网络、生态城市网络和ICLEI（地方政府可持续发展国际理事会）①。随着未来全球城镇化的进一步发展，这些城市网络组织在环境实践中所扮演的角色将会日趋重要。

作为2015年巴黎世界气候大会的预备，联合国秘书长于2014年9月召集组织了气候变化峰会②。这次会议为世界气候大会提供了一个重要试水机会，各国均表现出倾听意愿，但并没有在协议达成方面实现任何重要突破，温室气体排放大国间也没有达成一致。就在该峰会召开之前，全球经济和气候委员会③发布了名为《更快的增长，更安全的气候》的报告，列举了十项低碳经济增长行动方案。行动方案指出："决策者必须将气候及其他环境影响纳入其经济、发展和投资战略。并采取长期策略，将这些因素纳入投资和商业决策，减少投资者的风险但不影响绩效。"该报告传达的一条重要信息是这种经济增长的可持续性，它被认为是迈向未来的最佳途径，将减少气候变化带来的大规模破坏和高昂成本代价。

第二个重要的国际议程是作为千年发展目标后续行动的2015年后可持续发展目标的制定，其进展迄今仍十分缓慢。这是一项根据里约+20成果文件所开展的议程。目前已经就很多问题和领域（如水行业和地区事务）开展了多轮协商。2015年后可持续发展目标计划提交给第六十八届联合会大会讨论。

毫无疑问，可持续发展的融资问题得到了广泛的关注。例如，可持续发展政府间专家委员会最近针对后2015可持续发展目标的制定发表了一份报告④；联合国环境规划署（UNEP）开展了一项关于可持续金融体系的问卷调查⑤，以了解如何资助全球经济的绿色转型。在全球经济不稳定的背景下，绿色转型的任务艰巨且成本高昂，但是全球经济的绿色转型又是十分必要的，因为目前气候变化、生物多样性保护以及很多绿色经济的努力都由于金融困境而陷于停滞，尤其是在南北合作层面。

全球企业继续在绿色增长和绿色经济中发挥重要作用。在很多方面，先进企业都通过扩大投资、开展技术研发和公私合作而起到带头作用。在2013年达沃斯会议上世界经济论坛发布的《绿色投资报告》⑥指出，达到将气候变暖控制在2℃之内

① http://www.iclei.org ; http://www.c40.org.
② IISD. *A Summary Report of the 2014 Climate Summit.* Climate Summit Bulletin. 26 Sept 2014. http://www.iisd.ca/download/pdf/sd/crsvol172num18e.pdf.
③ http://newclimateeconomy.report/global-action-plan/.
④ http://sustainabledevelopment.un.org/content/documents/4588FINAL%20REPORT%20ICESDF.pdf.
⑤ http://www.unep.org/NEWSCENTRE/default.aspx?DocumentID=2758&ArticleID=10698 ; http://www.unep.org/greeneconomy/financialinquiry/Portals/50215/Inquiry_summary_final%20June%202014.pdf.
⑥ http://www3.weforum.org/docs/IP/2013/ENVI/WEF_GreenInvestment_Report_2013.pdf.

的目标需要每年 7 000 亿美元的额外绿色投资，而这些投资将大部分来自私营部门，私营部门和公共资金的比例可能会是 5 ∶ 1。

绿色债券是国际上正在探讨的一个相对较新的概念。目前它主要是世界银行、国际金融公司和一些其他开发组织在有限基础上使用的一项金融工具，其理念是利用有意投资债券市场（80 万亿美元）的巨大投资群体，达到支持环保、绿色产业的目的。世界银行将绿色债券定义为："专注用于气候适应以及其他环境友好型项目融资的一种固定收益的流动性金融工具。"目前这一概念正在被推广到企业、城市和国家层面，使绿色债券作为一种安全的投资选择被广泛认识。随着这一概念的不断推广，2014 年全球绿色债券规模可能会达到 300 亿～ 400 亿美元，主要用于基础设施、森林、流域管理，清洁技术，可再生能源或其他可持续发展的实体项目①。

另一个重要的金融行动是在 2014 年 7 月巴西金砖国家峰会期间宣布成立的金砖国家开发银行。银行总部设在上海，五个金砖国家同等比例提供总计 500 亿美元的资本金，并另外设立 1 000 亿美元的应急储备金（中国提供 41%）②。成立该银行的目的是为发展中国家的基础设施和可持续发展提供额外的资金支持，而设立应急储备金则是为可能遭受金融困难的成员国提供帮助。金砖银行目前刚刚成立，其在可持续发展与环境保护方面的作用尚有待观察。

四、建立强化生态文明制度和实践的框架

随着时间的推移，生态文明将为中国国家制度的发展以及那些影响生产和消费的重大决策的制定提供有力指导，并引导经济增长、社会发展和政治决策的观念转变。在这一概念正式纳入中国治理体系两年后的这个关键时刻，我们有必要对可能影响其具体实施的重要因素做出仔细思量。本节下述内容的是建立在广泛的交流以及国合会政策研究的基础上汇总形成的。

生态文明建设的含义：

（1）形成全社会尊重自然的观念，包括政府部门、企业、社会组织、媒体、教育界以及其他负有指导和监督职责的机构。

（2）生态系统的完整性和生态服务的保持和改善是满足中国基本需求、改善人民生活质量、实现持续繁荣以及服务全球可持续发展的根本要求。

（3）建立环发领域从地方到中央、从区域到全球的各部门、机构合作的有效工作机制。

① http://www.worldbank.org/en/topic/climatechange/brief/green-bonds-climate-finance.

② http://www.economist.com/news/finance-and-economics/21607851-setting-up-rivals-imf-and-world-bank-easier-running-them-acronym.

（4）推动个人和家庭在各方实践中做出有利于生态环境的决策，并为此提供政策制度保障。

（5）保护文化价值，充分尊重人们根据各自不同的环境和需求所做出的不同的可持续发展选择。

这些含义与“以人为本”的理念是相一致的，但是我们需要认识到必须把生态环境保护放在优先的地位，才能实现长期的“以人为本”。生态文明的建设的根本价值观念是“以人为本”，这与注重短期效益的社会理念是有着本质区别的。

当今，中国乃至世界上任何国家的制度都不能满足生态文明建设的要求，这表现在无论目标、实施方法、激励机制还是治理模式都不足以完成生态文明建设的任务。此外，还存在其他的问题，包括发展阶段落后、人力和财力不足、管理不善等。那么，该如何强化？

开展生态文明建设背景下的制度改革需要但不仅限于围绕以下总体方向和具体领域：

1. 总体方向

（1）所有的规划和环境管理决策都必须以生态文明理念为基础，并开展监测考核。

（2）生态文明的制度建设需要提供强有力法律保障。

（3）发展决策向生态—经济模式转变。

（4）采用综合、空间优化的手段进行所有与环境管理相关的规划，包括城市设计、土地利用、资源开发、工业污染防治、交通规划和灾害预防。虽然近几十年来，政府在这些方面做出了大量努力，也取得了较大成效，但是当前的方法和手段仍存在不足。

（5）继续严格履行生态红线、污染防治和环境标准，如有违反立即处置。

（6）改革环境保护管理的制度框架，提供高层协调机制，保证各级政府职责的有效实施，推进公众监督。针对政府官员实施全面的环境保护责任制，将环境保护纳入绩效评估。

（7）与市场经济改革相结合，建立能为绿色发展和生态文明创新提供激励和保障的制度框架。

（8）转变金融制度，限制污染环境的项目获得资金支持，对有利于生态环境的行动提供优先支持，例如积极支持环境风险减缓行动（如气候适应）、生态补偿行动（保险、生态系统恢复），鼓励生态创新科技和生态服务。

（9）推动企业自觉履行企业环境和社会责任，强化企业面向生态文明目标发展技术、管理和投资创新能力。

2. 一些具体的优先领域

（1）提高制造业、生产和自然资源开采（包括矿产加工、农业用水施肥、渔业）的生态效率，实现10倍级（Factor 10）的目标。

（2）深化循环经济。

（3）绿色供应链、绿色采购和可持续消费。

（4）生态城市和低碳城市。

（5）将环境健康标准纳入生态文明建设措施，例如大气、水和土壤污染行动计划。

（6）针对流域和沿海地区，实现从高山到海洋的生态服务规划。

（7）自然保护区和生态红线的保护和管理。

（8）加强制度建设，实现气候适应和气候变化减缓目标以及能源行业转型。

基于生态文明背景下的治理体系应该是一个公开、透明、对公众负责的体系。建立该体系框架，必须清楚地认识到提升治理能力的必要性，包括在政府和公众之间建立新型关系的制度安排；必须强调加强企业承担更大责任和提供更多资金以实现生态文明的必要性。城市层面的治理体系为中国探索绿色发展道路，实现生态文明提供了最好的机会。

任何生态文明相关的活动都必须为以下主要发展转型阶段服务："十三五"阶段；2020—2030年中期绿色转型阶段。这一阶段将包括重要的能源转型，如达到煤炭使用峰值、化石燃料使用峰值，可再生能源使用量大幅上升；2030—2050年长期机遇和行动阶段。在如此长的时间跨度内，毫无疑问将会出现多次的路径调整、新技术引进以及其他难以预测的挑战和机遇。因此，生态文明仍然需要被当做一个重要的组合概念，而其重点则是不断地探索如何实现全面建设生态文明。

因此，我们列举了一系列重要问题来明确构建这一新型模式的可行做法，但不仅限于此。

（1）如何加速推进生态文明建设和绿色发展转型，在实现经济和社会发展的同时避免环境临界点？

（2）如何通过改善治理（包括根治腐败、强化监管和金融激励、政治改革、公众参与和监督）实现生态文明目标？

（3）从"五位一体"的指导思想中我们能期待哪些政策进展？在生态文明与其他四项建设的众多关系组合中，应该优先考虑哪些？例如，未来几年是将精力主要放在建立新型的生态和经济的关系上（布伦特兰委员会1987年提出的观点①，但无论在中国还是其他地方都尚未实现），还是更加均衡地考虑四大建设加上生态文明建设？

① World Commission on Environment and Development. 1987. Our Common Future.

（4）怎样做才能使环境保护与经济发展真正具备同样的地位？

（5）生态文明的制度创新需要针对发展问题采取综合协调的方法，包括高层指导、监测以及相当程度的综合规划和管理。大部制或其他方法如何能够帮助在国家层面推进部门协调实现生态文明的综合规划和管理？除了环境审计之外，还需要什么手段来保证生态文明责任制的全面落实？

（6）中国大规模的城镇化进程如何能够帮助实现生态文明？

（7）生态红线制度被认为是改善生态产品和生态服务、保障保护生态环境安全的一项重要措施。但是，它仅仅是实现生态文明的众多手段之一。要想全面保护生态系统，发挥生态系统对实现生态文明的重要作用，还需要采取哪些额外的措施，特别是在公众行为、企业、社会组织和政府部门方面？

（8）是否需要进行全面的法律制度改革，以确保各项法律法规都将生态文明的需求和方法纳入完善的考量之中？是否需要像以往制定专门法律推进清洁生产那样制定一项关于国家生态文明建设的法律？

（9）中国的生态文明建设成功多大程度上会受到外界的影响（例如绿色市场供应链、能源转型）？在将生态文明纳入“走出去”战略方面中国还需要做哪些工作？

五、重点关注问题

绿色转型是中国实现绿色发展的必由之路。但在转型的进程中会出现各种不同的声音。毋庸置疑，既得利益者会不断地制造障碍来阻碍转型的步伐，以期避免模式的根本转变。可喜的是，当前中国政府已经表现出了迎接挑战、充分利用这一窗口机遇期的决心。

以下列举了10个需要重点关注的问题，包括一些迫在眉睫的问题，尤其是问题1现代治理体系的基石、问题5保障生态服务功能，以及问题10实现从环境临界点到转折点的绿色转型。这10个问题分为四类，即制度创新（问题1～4）、生态服务（问题5）、可持续生产和消费（问题6～7）、监管和激励机制（问题8～9），以及缩短绿色转型时间（问题10）。

（一）制度创新

问题1：构建高效、包容的治理体系

环境管理制度转变落后于社会转型和经济发展。

这些落后表现在：环境保护和环境管理工作的实效性、绿色税收改革、气候变化排放交易体系、行业之间和各级政府之间的协调等。中国当前的环境治理体系由

政府主导，与企业和社会组织也能在其中发挥重要作用的现代治理体系有一定差距。政府的行政管理体系在人员数量和能力上都不能满足应对诸如大气污染、环保融资、全面监管以及转向环境质量管理的长期战略（此战略尚未形成完整的体系）等重要工作的需求。环保实践与中国快速的经济增长和经济发展政策转型相比通常滞后几年甚至几十年。中国的环境保护工作仍在遵循西方国家20世纪70年代的模式，而不是可能更加适合中国现状和未来发展的新模式。

现任领导提出和推行的明确举措能在一定程度上缓解上述问题。但是，环保工作的滞后迹象仍十分明显。例如，三大污染行动计划中只有一个得到全面实施。"十二五"规划中更加严格的能源和温室气体减排目标的实现依然存在困难，同样，大气污染防治行动计划的氮氧化物减排目标的实现形势也相当严峻。这些问题也说明了将主要行业纳入污染防治工作的必要性。

关于是否需要推行"环保大部制"的争论可能并未触及问题的根本，更关键的是中国能否建立一套强大的机制实现各级政府间的综合管理，以打破环境与发展问题仅由环保部门单打独斗的局面。这是一个长期存在的问题，而且绝不是中国独有的问题，需要建立一个长期的顶层协调机制，为环境与经济相关事务提供权威的指导协调。

另一个主要的问题是引入基于市场的环境制度改革所需要的时间，特别是绿色税收体系、纳入了环境外部性（负面和正面）的价格机制以及确保必需的惩治和执法力度的监管框架改革。这样做可以提高行政效率，扩大目标覆盖面。在这一体系建立之前，环保行动的成本仍将保持虚高，并且效率较低。

实现更广泛的治理是一个亟待解决的问题，它直接关系到社会和政治问题的考量，例如在治理过程中的公众和企业参与。公众参与将在问题2中加以讨论。而企业需要在解决因其经营带来的环境问题上发挥更大、更有效的作用，公司无论大小，都应在遵纪守法的基础上应对与其经营相关的环境风险。虽然一些企业已经在绿色转型（包括技术[①]和管理创新）方面做出了大量的投入，但是距离形成绿色繁荣的商业驱动模式的要求还有很大的差距。大量临时或永久性关闭工厂的方法能在短期内见效，但是不是长久的解决之道。

问题2：强化社会治理

公众对政府环境绩效的监督方面还存在严重的政策冲突，包括信息公开、环境风险评估的沟通、项目审批以及环境规划和影响评价决策的透明度问题。

公众参与已纳入治理模式一段时期，构建信息公开、报告和投诉渠道等工作非常重要，但是还不足以确保公众在环境与发展领域的监督中发挥应有的作用。河北

① See the China Greentech Report 2014. http://www.china-greentech.com.

省最近起草了关于公众参与环境保护的地方性法规，成为一个良好的范例，为公众参与环境保护在全国推广提供了良好的借鉴。

如何界定公众作为参与者的责任是一个棘手的问题。显然，有人担心会出现公众示威游行事件，但是因公众不明真相引起的游行与真正构成公众安全威胁或者有正当理由要求惩治相关人员的游行是有区别的。在其他国家，从生态破坏型的发展转向环境友好型的发展均经历了广泛的公众参与，这一点在中国赋予公众参与更广泛空间的过程中需要予以注意。通过司法行动也可以达到区分群体性事件性质的目的。

需要更多地建立能够提供权威资料的信息公开独立平台（机构、网站和个人）。例如，环境影响评价或其他规划文件存在篇幅长、技术性强、理解困难的问题，合格的“第三方”机构可以为公众提供适当简化的信息，并且针对诸如化工厂或地方环保工作等特定问题提出意见。

问题 3：开展适应性的规划和管理

污染防治和其他环境行动计划未经实践检验，需要采取适应性的管理手段，避免采用僵硬的手段导致走入死胡同。

短期的行动计划可能存在成本高、期望高的风险，并且可能未经检验、综合性欠佳。在这方面，《大气污染防治行动计划》就是一例。另一方面，类似《中国生物多样性保护战略与行动计划》（2011—2030）这种时间跨度较长的计划则有可能被固化在一条路径上而不能适应外部条件变化（如气候变化）的影响，而且可能为了回避决策难题而把本应在早期就采取行动的决策推迟到未来才进行。所有正在制定和将要制定的行动计划都会为将来开创先例，因此必须针对实施效果进行密切的跟踪监测。行动计划的实施效率必须不断改善和提高，必须能够根据需求的变化进行调整，尽管这些变化和调整在短时期内可能难以确定。如果计划的实施滞后于严重、快速的环境恶化，就可能进一步导致大范围、复杂的累积影响，例如，土壤污染以及地下水的污染和过度开采就存在这样的问题。

对于《大气污染防治行动计划》来说，最重要的一点显然是如何构建有力的、成本效益高的区域解决方案，否则很难有望取得长期的成功。而且，无论从政治角度还是从公众角度，大家都希望在短短几年内就能看到显著的成效。显然，由于问题是如此严重，我们只能寄希望于此。如果我们没有把握能够取得成功，那么会出现什么结果？公众不会对主要污染物排放的逐年下降感兴趣，而是会对 2014 年 10 月北京出现的那种严重空气污染的天数每年减少多少更感兴趣。鉴于将空气质量改善到令人满意的程度是一场可能持续 15 ～ 20 年的长期工作，我们需要重点关注现有《大气污染行动计划》的后续措施、地方和区域层面公众对话机制以及需要强化的金融机制和其他机制的创新。我们还需要关注和认识到，即使某些行动没有明显改善灰霾的天空，但是加速实施这些行动会带来广泛的协同效益。

像《中国生物多样性保护战略与行动计划》这样的长期计划，可以与生态文明建设进行紧密结合。但是由于计划的制订先于目前的政治意愿，因此计划需要更新。此外，中国的生物多样性保护虽然取得了一些成功，但是仍然面临着严重的威胁，一些物种已经达到了局部性和区域性灭绝的临界点。海洋中一些物种大量减少，而且这一减少的趋势预计仍将继续。中国经济的繁荣伴随着自然资源的消耗，城市化、交通基础设施建设以及沿海大量的填海造地导致了栖息地的分割，因此中国生物多样性保护的形势在未来十年内将可能会显著恶化。就世界范围来说，生物多样性保护已经到了危急关头，世界自然基金会（WWF）针对大约一万种动物种群数量的监测资料显示，从 1970 年到 2010 年，这些物种的种群数量下降了大约 50%。①

问题 4：减轻腐败对环境保护的影响

环境影响评价、排污许可等制度的实施中存在弄虚作假、规避法律法规、掩盖事实真相等腐败行为（尤其在地方层面）。

中国目前的反腐战役尚未特别强调环境事务。对于腐败行为可能造成的污染损害或其他形式的环境损害尚没有公开发表的估算。事实上，还没有任何一个研究综合涵盖中国的腐败与环境问题。大部分可用信息都是传闻，通常是针对地方官员的。

曾出现在地方层面的其他普遍问题还包括发电厂事故以及各类企业污染控制设备不正常运行（或者只在可能有检查的情况下才运行）。

2013 年 11 月，环保部针对环境影响评价资质单位进行了大规模的审查，结果 34 家单位因为“弄虚作假”或“质量较差”等原因受到处罚，一些单位因严重违规而被取消资质。②

还有很多报道指出高尔夫球场建设的地方审批不合法③，而这仅仅是涉及土地利用的众多腐败类型之一。《金融时报》的一篇文章④这样写道：

> 一些地方政府甚至用建设绿化带和公园、开展环境保护和环境重建的专项经费建高尔夫球场，不顾这些球场可能对环境造成的损害。
>
> 诺丁汉大学中国政策研究所张静（音译）最近表示，“中国的密集型污染不单纯是环境或经济问题，它也与腐败和渎职有关⑤。”与以往世界银行和其他机构的研究不同，张静指出，国外对华直接投资（FDI）“很可能被吸引到环境法

① http://www.livingplanetindex.org/projects?main_page_project=LivingPlanetReport&home_flag=1.
② http://www.cleanbiz.asia/news/china's-environmental-watchdog-punishes-assessment-agencies#.VEiOp751RLF.
③ Washburn, Dan. 2014. The Forbidden Game. Golf and the Chinese Dream. Oneworld Publications Ltd.
④ http://www.ft.com/cms/s/0/e514b5cc-74d7-11e0-a4b7-00144feabdc0.html#axzz3FzOXIjWv.
⑤ http://blogs.nottingham.ac.uk/chinapolicyinstitute/2013/04/16/environmental-protection-and-anti-corruption-in-china/.

规相对薄弱的省份……我发现当反腐力度加大时，FDI 的负面影响将可以转变成正面影响……但是，当前的反腐平均努力还不足以补偿 FDI 所带来的负面环境影响。”①

那些有可能影响环境措施有效性的腐败行为，其潜在来源广泛、表现方式多样，而且可能在不同尺度上发生。透明国际（Transparency International）② 以及其他机构已经开始起草清单，此类清单涵盖了通过航运文件造假将危险废物运输到中国进行再加工，非法捕捞、捕猎鱼类和其他动物产品，以及过去曾经发生的从中国非法出口臭氧层消耗物质等渎职行为。

腐败行为肯定会削弱中国为开展生态文明建设所做出的努力。尽管调查和惩治是重要的方法，但我们不能仅仅依赖于此，而必须寻求一种新型的、道义上的方式，从根本上发挥社会功能，使环境犯罪和与之相伴的腐败被全社会所唾弃。

我们正在探讨的政府官员离任环境审计程序是帮助实现此种转变的方法之一。利用环境审计以及相应措施为地方官员留下永久性记录，这可以帮助他们改变行为习惯。在接下来的几年里，新修订的环保法当中新的法律制裁措施的有效施用将为清除腐败导致的非法行为提供强有力的手段。

（二）生态服务

问题 5：保护生态环境质量和价值

环境质量问题对人群健康和福祉构成了长期的风险，生态系统的破坏使得环境修复难度增加、成本高企，这一点还没有得到足够重视。

这些问题包括生态服务功能的丧失，生态脆弱性可能带来的生态灾难，人类和生态生产力的损失，影响旅游、贸易和投资的声誉破坏，以及难以聘用和留住技术人才到污染严重的地方工作，特别是那些有小孩的家庭。很多城市的污染水平都不适合老年人生活。

由于生态服务功能难以货币化，而且对其健康影响的了解还很有限，因此中国的环境和生态累计欠账总体上是被低估了的。显然，这些因素需要更多地体现在决策考量之中。例如，世界上其他地方单个污染场地和废弃矿场的修复清理费用就可能达到 10 亿美元甚至更高。而在中国，需要清理修复的场地将会多达数千个。

像日本这样在 20 世纪 50—70 年代经历了严重污染的国家，有很多被详细记载的案例，例如与四日市 50 年代中期大量石化企业有关的四日市哮喘病。该市慢性

① Zhang Jing 2014. Foreign Direct Investment, Governance, and the Environment in China: Regional Dimensions. Palgrave Macmillan.
② U4 Anti-corruption Resource Centre www.u4.no.

阻塞性肺病、支气管炎和其他肺病导致的死亡率比周边地区高 10 ～ 20 倍 ①。类似的问题在德国莱茵河地区和美国的多个地方都出现过。公众对这些问题的认识是环境改善最重要的驱动因素，正如各种食品质量问题推动了中国食品安全改革一样。新一轮工业发展的环境规划中如何应对历史遗留场地带来的健康风险问题，在这方面中国仍处于起步阶段。

中国的生态系统退化一定程度上被多种生态补偿计划的大规模投入所缓解。中国的森林、草原、湿地恢复工作成为世界上规模最大的生态恢复项目 ②。但正如习近平主席在《习近平谈治国理政》中指出的，中国还需要做更大的努力 ③。制定生态红线，以及对现有生态功能区划的强化，无疑是最明确的进步。所有这些工作都值得称颂。

但是，人们仍对是否有足够的监测、执法以及资金投入以确保划定地区的生态价值得到充分尊重存在疑虑。生态红线可能意味着将中国国土面积的 35% 划作生态系统保护的用途。关于如何对待城乡结合部和郊区的问题也存在各种不同的观点，因为这些地区通常也被开发商所看好。

此外，一些较大面积的保护区中旅游和休闲产业日益发达，其生物多样性保护存在问题，例如闻名世界的吉林省长白山自然保护区。这处风光秀丽的火山和高山湖泊每年接待大量的游客，经营包括滑雪在内的各种休闲娱乐活动。直至几十年前，这个保护区还栖息着一些东北虎和其他大型肉食动物，但目前几种哺乳动物（可能还有其他动物）的数量已经急剧下降，甚至达到了局部性灭绝的程度 ④。

（三）绿色生产和消费

问题 6：提高研发投资的回报率

由于实施能力有限，且既得利益削弱了转型的动力，中国很难充分利用清洁技术、可再生能源等科技投资密集型环境与可持续发展项目的研究成果。

中国在太阳能和风能、循环经济、绿色经济以及绿色增长等领域取得的巨大成就，为其他国家提供了很好的借鉴。与 10 年前相比，中国已经逐步走上了一条环境、能源和绿色基础设施的创新之路，但是成本很高，而且还需要更迅速地实现科技成

---

① Mortality and Life Expectancy of Yokkaichi Asthma Patients, Japan: Late Effects of Air Pollution In 1960–70s. Environmental Health Journal. (as cited in http://en.wikipedia.org/wiki/Yokkaichi_asthma).

② Scherr, S.J. and Bennett, M.T. 2011.Buyer, Regulator, And Enabler—The Government’ s Role in Ecosystem Services Markets: International Lessons Learned for Payments for Ecological Services in The People’ s Republic of China. Asian Development Bank. http://www.greengrowthknowledge.org/sites/default/files/downloads/resource/adb-buyer-regulator-enabler.pdf.

③ Xi Jinping. 2014. The Governance of China. Foreign Language Press. http://www.china.org.cn/arts/2014-09/28/content_33640716.htm.

④ http://www.unesco.org/new/fileadmin/MULTIMEDIA/HQ/SC/pdf/Changbaishan_BR_GLOCHAMOST-2011.pdf.

果的商业化。目前通过各种专项资金开展的科研项目中大约有一半涉及环境与可持续发展，这很了不起。但是从实验室到试验场，再到全社会推广，这条路并不是一帆风顺的。氢能经济就是一个国际案例，此外，中国和其他国家对于电动汽车的接纳和采用情况也很好地表明了这一过程可能远比预期的要长。

造成这种现象的部分原因是激励机制和组织结构的扭曲。中国继续依靠煤炭发电就是一个实例，复杂的煤炭定价问题、建立智能电网优化风能和太阳能的传输所面临的困难以及各种制度问题都延缓了摆脱煤炭作为主要能源的工作进展。煤炭使用峰值可能很快到来，也可能推迟10年或更长，这主要取决于替代能源问题的解决速度以及能否制定更严格的需求削减计划。

科技发展带来了快速实现新型绿色经济的重大机遇，这一新型经济将更加依赖数字革命，更加强调高附加值的经济活动，同时极大地减少制造业和服务业的能源和材料使用。同理，即将到来的中国农业革命必须摒弃过量使用化肥和水资源的传统模式。

问题7：寻求环境可持续的消费模式

为应对当前国内消费扩大的趋势，中国需要付出更大的努力避免不可持续消费模式的出现，对城市居民更是如此。

中国刺激国内消费增长从战略经济角度来看无可厚非，但是预期消费能在多大程度上促进绿色转型、是否可以被认定为可持续消费尚不明朗。被《濒危野生动植物物种国际贸易公约》明令禁止的野生动物制品（如象牙和犀牛角等）加速流入中国与财富水平的提高有一定关系。中国人饮食习惯的改变，如对肉食的需求增加，带来对农业土地和水资源的需求增加，也引发对国内外环境的影响。中国人境内和境外旅游数量的快速增长，也对旅游目的地和其他自然保护地承载能力施加了更大的压力，并带来其他与旅游相关的问题，例如温室气体排放，因为关于出行的碳抵消计划在中国和其他国家还很不成熟。

关于高尔夫球场和滑雪场的土地和水资源消耗、拥有多套住房等高消费生活方式的问题争议很大。然而，现存政策未能得到全面实施，甚至在某种程度上无法实施。预计在未来10年或更长时间里，中国将有可能像一些西方国家一样，不得不面临由高收入群体带来的过度消费问题。

中国人对汽车的热爱程度一点也不逊于其他国家。很多大城市已经被机动车占领。尽管人们普遍认识到机动车带来的环境与能源使用问题，但是这些问题并没有得到全面重视，在严格控制汽车的购买使用、采用先进燃料和污染控制系统方面做得还不够。当然，最终这些目标都会实现，但是比期望的来得晚很多。

近年来中国在对绿色市场供应链的理解和采用方面取得了长足的进步。其中一个很好的实例就是天津努力开发以环境规划为标准的金融商务区，如便利的公交系统，并确保建筑物设计施工材料都是由绿色市场供应链提供的。在深圳也可以看到与此类似的令人振奋的尝试。但是这些案例还都是个案，尚未形成惯例。

总而言之，国内实现可持续消费面临着巨大的挑战，并有可能成为中国走向绿色发展和生态文明的最大压力。

（四）监管和激励机制

问题 8：建立生态文明的法律基础

仅仅一项环保法尚不能满足建设生态文明法律基础的需要，也不足以为环境管理相关的市场改革提供强有力的法律依据。新修订的环保法是现代环境治理的一个良好开端。

经过五年多的协商，2014 年初全国人大通过了环保法修正案。新的环保法就像一个楔子，撬动了污染者环境观念的转变，促使政府工作更加透明，并且提供包括法庭在内的各种渠道，从而让公众在环境问题上发出更大声音。为此，可能需要花些时间制定相关后续法规。在今后一个相当短的时期，比如 3 ～ 5 年，还应该对环保法进行进一步修订，这是因为很多关键事宜尚未达成共识。

针对重点行业的环境立法改革进展缓慢，这很可能阻碍整体进展的实现。新环保法这一楔子已经就位，但是大部分环境问题都同时涉及水、土壤、工业、能源、城乡发展等其他法律。除此之外，财政部等中央机关在绿色税收和排放交易等方面担当重要角色。司法行政的改革正通过现有法院体系开展，但是脚步还没有达到预期的速度。尽管目前可以设定有实质意义的罚款额度，但是仍缺乏行之有效的执法政策。

在更广泛意义上的一个重要问题是确定法律依据，巩固生态文明建设的新举措。这些法律依据的主要是目的是为生态文明建设新举措提供支持保障，还是应该包括规制或惩治手段？如何使这些法律依据与现有经济、社会和环境法律法规以及市场机制相关联？也许起点应该放在界定大多数现有相关法律上，并依照生态文明标准和要求对它们进行检验，然后考虑是否有必要对现行法律加以改革，或是否需要制定新的法律。

实际情况可能是，与其制定很多新的法律法规，不如将重点放在充分利用现有法律法规上面，强化执法，改善法院的审判能力，使其能够审判新环保法赋予部门、个人和组织机构权利提交诉讼的案件。在缺乏法制环境的前提下，生态文明不可能成为一个可操作的概念。

问题 9：发展面向绿色转型的金融体系

对成功实现生态文明建设所需的投资水平与能力还缺乏足够的理解，资金来源也没有得到全面落实。

本报告前面的章节曾提到，环境与可持续发展的投融资正受到各方的关注。部分原因是需要为应对气候变化适应和减缓寻求大量资金的支持。然而，随着城市的迅速扩张，提高生活质量所需的基础设施建设以及涉及能源、农业和交通领域的绿色转型都需要大量的资金——全球可能需要数万亿美元的资金，特别是发展中国家。

中国比很多国家都幸运，部分原因是过去几十年的投资为迎接今后更大的挑战提前奠定了基础。但是，中国想要每年筹集大约 2 500 亿美元的投资来满足绿色发展的需要仍然较为困难。国务院发展研究中心（DRC）和国际可持续发展研究院（IISD）正在研究金融体系的现行能力，破解绿色经济的金融需求，以及如何通过创新提供支持。该报告的初步结论指出中国在这方面还处于起步阶段[①]。在绿色发展的一些主要方面取得可喜进展的同时，在中国和其他国家，绿色金融资金流远远低于所需的水平，而碳密集和自然资源密集的投资仍在继续增长。

进一步来说，在中国：① 对于绿色金融体系，包括定义、标准、机构、政策及其在特定背景下可能引起的连锁反应，尚无全面理解；②发展绿色金融体系的政策在地方和国家层面上可能很先进，但是在区域和国际层面上仍需要进一步加以制定；③ 目前机构建设、个人与组织机构的竞争力仍然不足，因此需要得到大幅提升，以便有效地优化绿色金融体系。所有这些问题在其他国家也曾出现，因此中国不是特例。

使中国与众不同的是未来可能出现的大规模行动。中国非常有可能成为世界上最大的绿色发展投资者。这不仅仅因为中国是个大国，也因为中国快速的绿色城市化以及绿色能源和交通网络的发展对基础设施建设提出了更大的需求。另外，中国也在考虑加大对清洁技术和其他新兴绿色工业发展的投资。

走生态文明转型道路，可能成本高昂，也可能物美价廉，这将部分取决于核算方法，特别是生态服务价值的核算方法。健康的生态环境与经济的关系可以保护和增强生态服务功能，进而最终促进人类健康和生态系统生产力。毫无疑问，金融投资必须有益于经济，因此，原来仅被算作附带成本的生态投入在未来应当能够为社会以及个体和机构投资者带来潜在的收益。这也是绿色债券的前提。

今后 10 年，生态文明的实施途径将会日渐清晰，各种为低碳行动和现代手段解决环境与发展问题提供资金支持的试验也会得出明确的结果。危险的是，如果创新失败，那么传统的高能耗、高耗材的经济模式将再次在中国和其他国家占据主导地位。中国不可能独立完成创新这项任务。投资和贸易政策非常重要，要确保新技

① http://www.iisd.org/pdf/2014/greening_china_financial_system_en.pdf.

术不被不合理的壁垒排除在市场之外。国际融资机制和国际合作是绿色发展的重要伙伴，毫无疑问，也是中国生态文明成功的重要支撑。

问题 10：缩短绿色转型时间表

目前的绿色转型时间架构比预期的要长，必须在保证其有效性的前提下加速实施。

中国正步入 2020 年实现小康社会目标的最后阶段。一个社会的真正繁荣显然依赖于环境目标、经济目标以及其他发展目标的齐头并进，而如同本报告中所探讨的，中国尚未达到这一程度。尤其是环保转型，它要比社会或经济转型都更难实现。

在未来，大幅度缩短绿色转型时间至关重要。考虑到目前中国经济的整体规模和复杂程度，单纯依靠降低经济增长率可能不会有太大帮助。与小型经济体的高速增长相比，中国经济逐年增长的速度即使保持在一个相对较低的水平，依然会给环境带来相当大的损害。尽管这种损害可以通过污染减排和能源强度降低来适当缓解，但如果我们不能快速做出反应，环境损害会产生累积效应，同时也存在滞后和再合成效应（$PM_{2.5}$ 就是再合成效应的一个例子）。如果绿色转型能在五年内加速实现，而不是花费十年或者更长时间，那么其效益会给改善环境滞后于经济的现状带来一线希望。

这一问题的另外一个关注点是亟须实现中国城镇化的快速绿色转型。中国城镇化预计将在未来 10 ～ 15 年达到顶峰。首先，应充分重视以环境为导向的空间和基础设施发展规划，使之与城市发展的所有其他方面如能源消费以及降低钢铁与水泥等材料的使用等相契合。正像李克强总理以及其他高层领导人所期望的那样，此类规划必须和“以人为本”的需求紧密相连，因为城市规划必须紧紧围绕生活质量标准，并考虑经济和社会发展因素。面对这一千载难逢的机遇，生态城市以及其他好的城市发展模式能够以环境友好的方式为满足中国人口向城市转移和发展的高峰需求提供良好的基础。

总之，经济与发展绿色转型所需要的资源与能源使用峰值预计将在 2020 年到 2030 年出现，而不是更晚的时候。①

六、结论

中国的经济增长常常超额完成目标，而环境管理却明显落后于经济增长。中国环境的累积负荷已经到达了临界点，形势之严峻以及修复之艰难已经充分显现。大气污染仅仅是未来几年可能爆发危机的环境问题之一。土壤和地下水污染形势可能

① 例如 Fergus Green and Nicholas Stern. 2014. An Innovative and Sustainable Growth Path for China: A Critical Decade. http://www.cccep.ac.uk/Publications/Policy/docs/An-innovative-and-sustainable-growth-plan-for-China-a-critical-decade.pdf .

更加严峻。气候变化效应还可能会导致其他环境临界点的到来。

鉴于对生态系统和人群健康损害的修复需要花很长的时间，中国政府能否就这一问题获得公众信任将是一个严峻考验。因此，中国需要到达一个转折点，即让普通民众看到，尽管完全解决环境问题还需尚待时日，但环境问题正逐步得到有效解决。为设定和实现中国环境保护奋斗的转折点，特别要将“向污染宣战”转化成一项长期任务。多数情况下，要实现这样的目标可能需要远超过 2020 年的时间节点。

中国政府近期的一系列举措，如深化改革、根治腐败、推进生态文明、实施生态红线以及重新修订环保法等，已为中国未来的环境与发展奠定了坚实的基础，尚缺乏的就是一个清晰的绿色发展中期战略。如同下文将要论述的，中国当前正面临着制定和实施这一绿色转型战略的巨大的窗口机遇期。可喜的是，中国目前的政策走向以及公众和政府对改革的关注，都为构建可持续的未来创造了一扇明亮的机遇之窗。中国可以起到表率作用，为全球绿色增长作出重要贡献。

（一）绿色转型战略

绿色转型战略的时间跨度应涵盖 2015—2030 年这一段时期。虽然通过“十三五”的最后冲刺可以实现中等小康的目标，但是真正的环保“长跑”才刚刚开始，至少需要三个五年计划才能完成。中国目前在这一时间尺度上还缺乏与环境相关的目标和行动计划。

中国需要加快速度尽早使煤炭和石油用量在这一时间段内达到峰值，这实际上是实现工业、生态城镇化以及可持续消费绿色发展结构转型的重要一环。未来十五年也是充分利用绿色技术优势造就中国新型绿色经济形态的重要时期。

（二）改革的步伐

环保工作的进展必须跟上其他方面快速推进的改革的步伐。虽然在这一点上大家都有共识，但是过去 10 年来并没有真正做到，这是全世界都存在的问题。生态负债正在迅速地积累，不可持续的发展模式仍在大行其道。

最重要的一点是要认清市场机制改革是环保制度创新改革的重要组成部分。需要进行资源定价政策、绿色税收和补贴机制的改革。诸如城市基础设施的绿色债券、全面推行国家排放交易体系等创新机制，也是改革的重点。

（三）金融投资

未来一段时期内，环保投资的增长速度应该跟上或超过经济增长速度。一方面，环保投资需要解决过去快速经济发展带来的生态欠债和环保投入的不足；另一方面，更重要的是需要遏制环境的继续恶化趋势，确保城市基础设施领域大量的投资能够符合最佳环境实践的要求。

绿色转型将需要花费巨大的成本，这些成本可以由政府和企业共同承担，而且这一成本很可能远远小于环境继续退化的成本。绿色经济产生的经济效益以及绿色发展带来的社会效益将共同推进生态文明建设。环保的投入至少需要上升到占 GDP 的 3%。相比之下，最近一项对气候变化影响给中国造成成本的估算表明，这一成本占中国 GDP 的大约 12%，这一比例在所有大国中排名最高。①

我们需要建立一套多样化的绿色融资机制，包括：向绿色税收体系转变，将收缴资金投入环境改善事业；发行基础设施绿色债券，特别是对于那些可以通过收费回收成本的项目；加速实施碳排放交易体系；基于污染者付费原则设立专项基金，以解决污染场地修复等环境问题；取消涉及导致“绿地”丧失和填海造地的城市土地交易权限；构建新型环保公私合作模式。

（四）绿色市场供应链

要想通过促进国内消费释放环境红利，中国需要一个不同的消费文化。城市可以塑造或打破这一绿色转型的要素。天津新金融区建设中采用了绿色采购的做法，这为我们提供了一个市政府和公共资金项目消费的重要案例。

对于普通市民来说，还缺乏一个值得信赖的绿色产品认证体系和相关信息来帮助他们在购买产品时作出有利于环保的决策，包括选择电器、家具、建筑材料（如油漆）以及食品（如棕榈油）。他们需要具备绿色采购习惯的意识，也需要区分绿色产品与环境损害型产品的信息，并且需要能够便利地以适当的价格购买合适的产品。

绿色供应链大多是涉及国际范围，并且超出了简单的零售环节，包括了从原材料的采购、制造到用后回收的整个产品生命周期。

环境可持续消费对于贸易竞争力来说也很重要。绿色市场供应链应该被纳入中国正在建立的新型贸易体系。尤其是重启通往中亚和欧洲的“新丝绸之路经济带”和通过亚洲其他国家、中东和非洲的“海上丝绸之路”这一宏伟目标为推进可持续发展实践提供了一个特殊的机遇。这将可能成为中国在国际上推广生态文明理念的一个有效途径。

（五）贯彻执行现代化的法律法规

需要加强实施环境与发展现代化法律法规、保证司法公正的能力。必须尽可能迅速、有效地应对地方（特别是省级）法治的薄弱环节和影响环境的腐败行为。只有采取这些措施，才能保证公众发挥良好的监督作用。强有力的环境规划和管理法

① Global Commission on Economy and Climate. 2014. Better Growth Better Climate. http://newclimateeconomy.report/#; http://www.economist.com/news/briefing/21618682-policies-slow-down-warming-may-be-more-attractive-if-framed-ways-speeding-up-growth-try.

律法规需要设定标准，建立长期的监测，改善数据分析以及采用便于理解的方式将结果进行公开。虽然这些方面已经有所改善，但有关问题尚未得到足够的重视。

（六）保护生态用地和强化区域管理

中国充分认识到了保护生态系统服务功能的必要性，因此，生态红线概念的提出是在过去几十年保护区建设成就的基础上又前进了一大步。然而这一新的举措可能会引发那些致力于保护生态脆弱地区的人们与那些想开展其他开发活动的人们之间的争论。中国有大面积的国土仍被划为荒地，可以用于几乎任何经济和社会用途。事实上，所有的土地都被广义地赋予一定的生态服务功能。因此，有必要废除“荒地”这个概念。如果土地还没有被划作农业或其他限制使用的用地类型，那么就应考虑将其划为生态用地，然后将极其重要的生态用地划为生态红线保护地区。

采用区域性的环境管理方法是实现生态文明最重要的创新之一。中国应该在很多问题上朝着这个方向努力，包括现有的《大气污染防治行动计划》和即将实施的其他行动计划、流域管理、海岸带和亚区域海洋规划和管理、生态补偿，以及具体的中西部发展问题。

现在应该将整个中国东部作为一个整体开展环境管理。针对整个东部地区进行统一的规划（如考虑新项目的区域大气污染影响），采用综合的手段进行经济和能源结构调整，推进城市化和交通发展，构建区域联合执法机制。应当建立综合的基础科学研究和监测体系，以满足国家和省级层面对于区域信息的需求。

（七）环保制度创新

制度改革需要战略转型，其中包括建立政府、市场和社会之间的现代化的关系，形成多元共治的治理体系；对环境问题实施统一监督管理；通过环境审计深化政府环保责任制。在所有这些方面中，应该高度重视社会治理，并对所有国务院机构的职责进行梳理，确保其具有充足的能力储备，以解决实现生态文明和应对绿色转型的优先问题。

长期以来，由于制度设计和机构能力，或者由于为经济利益所笼罩，腐败行为以及过时的方法等，环境保护和行政管理一直处于弱化的位置。环保工作缺乏足够的权威性，面临着来自各个部门和地方政府的阻力。生态文明建设对现有的环境管理体制提出了更高的要求，需要在高层建立一个长期的协调机制，才能实现环保工作的统一监管。

在国家和省级层面，应该将分散在各个部门和机构中的污染防治职能整合到强化的环境管理部门之中，增强环保部门的权威性，配备足够的人力、财力来成功领导“向污染宣战”工作和其他迫切的环保行动。其中一个优先领域就是加强环境影响评价程序管理，使其不受腐败行为的影响，侧重针对政策和主要规划的战略环境评价。

这一强化体系应该能够根据环境审计结果对官员的环境责任做出公正的判断，一方面衡量环境目标的实现情况，另一方面评估官员的个人绩效表现。审计结果应该基于经过独立验证的信息，并使用已经过实践检验的国际审计方法得出。审计结果除了要上报有关政府部门和党委之外，还应该提交给人大，并向公众公开。

（八）中国环境与发展展望

目前政府公布的信息范围较窄，尤其是关于某些污染物和绿色转型最新实践的信息不足。而且，政府公布的信息对公众来说有时不一定充足和易懂。编制《中国环境与发展展望》（以下简称《展望》）应该能够为实现生态文明的进程提供一份清晰的图景。这需要审视现有指标体系的不足，制定一套更加完善的指标体系。为了提供更加可信的信息，需要提高环境监测和分析的质量。现在比以前有更多的技术手段可以帮助实现这些目标，尤其是现代科技在精细尺度的空间规划和管理信息技术方面已经取得了惊人的技术进步。一个好的《展望》需要依赖模型预测和情景分析相结合的方法，而中国目前在生态文明相关领域的模型预测和情景分析尚未完全开展，有待进一步全面、细致地审视环境与经济发展的关系。

第二章
中国绿色转型进程评估与展望

一、引言：2000—2013 年中国绿色转型回顾

（一）背景

本研究重点探讨如何通过经济政策或经济手段，或通过“微调”经济变量来促进绿色转型。本报告将运用新的情景驱动分析方法来研究中国的绿色转型问题。

市场调节与国有银行配置资源、强大的国家干预和利率管制并行的经济机制曾经在中国取得了相当大的成功：主要在于动员储蓄和资源，在经济起飞时期将资本配置到优先战略部门。然而，这种传统发展模式在很大程度上依赖能源和资源，是不可持续的，它导致过度投资、结构失衡、资本回报率下降、产能普遍过剩，环境污染严重和福利损失等一系列问题。这种发展模式如不尽快转变，目前面临的这些挑战可能日趋严重，导致陷入中等收入陷阱。

为了实现一个更有竞争力，更加平衡，高效和可持续发展的未来，中国不可避免地要通过绿色转型而步入一条新的、更可持续的经济发展路径。

（二）从“可持续发展”到“绿色转型”

人们日渐意识到，传统工业化增长方式达到一定限度后，会超出地球的承载能力。除了目前人们广泛讨论的气候变化带来的影响，还包括资源枯竭，环境污染，生态破坏等。

目前，国际上为适应新的发展模式提出了若干概念，如“可持续发展”“循环经济”“绿色经济”“低碳经济”和本报告探讨的“绿色转型”。

“可持续发展”是最早提出的概念（1987 年，世界环境与发展委员会），含义是“既满足当代人的需求，又不损害后代人满足自己需要的能力的发展模式”。

“绿色经济”和“绿色增长”表达了类似含义。根据联合国环境规划署（2012）的阐述，“绿色经济”强调“改善人类福祉和社会公平，同时显著降低环境风险和生态稀缺性”。它可以被看做是低碳、资源节约型和社会包容性的发展模式。

相比而言，“循环经济”强调“系统地改变资源在经济中利用和回收”的重要性，以便过渡到资源节约和可再生经济。

所有这些概念都试图调和经济增长与资源约束、环境影响的关系，而且试图在经济、环境和社会公平之间，以及在现在与未来之间，作出合理的重要性权衡。

本报告将使用“绿色转型”这个术语。它侧重于经济增长模式的转变，更多强调环境与经济以及经济自身的平衡发展。作为一个发展中国家，中国首先需要以收入、物质生活水平和就业来考量经济增长，但目前我国已经达到了必须强调生态环境和社会文明的阶段。

绿色转型的概念也反映了我们对结构变化过程和发展路径的关注，而这通常在“绿色增长”和“绿色经济”研究中关注较少。我们专注于历史上实现绿色转型的必要步骤，强调在发生不可逆转的环境损害和经济停滞之前进行经济重塑。

（三）主要政策措施

回顾以前的政策措施和效果，有利于改善未来政策措施，加速绿色转型。

作为世界上最大的发展中国家，中国也表达了推动实现经济绿色转型的强烈意愿。在快速经济增长和城市化的过程中，中国在这方面所面临的任务非常艰巨。

中国政府出台了一系列节能和环保的政策措施，其中最重要的包括清洁生产促进法和可再生能源法，以及地方政府和企业必须遵守的硬性指标。表 2-1 为我国关于节能减排和环境保护的主要政策举措。

表 2-1　我国关于节能减排和环境保护的主要政策举措

战略与政策	出台时间	具体内容
一般目标		
“十一五”规划能源强度目标	2006—2010	首次明确提出单位 GDP 能耗降低 20% 左右的目标
“十二五”规划能源强度目标	2011—2015	到 2015 年，非化石能源占一次能源消费比重达到 11.4%，单位 GDP 能源消耗比 2010 年降低 16%，单位国内生产总值二氧化碳排放比 2010 年降低 17%
可持续发展	1992	将可持续发展正式作为国家发展战略，陆续组织实施了“三河、三湖”污染防治、退耕还林还草、天然林资源保护等环境保护和生态建设重大工程
科学发展观	2003	坚持以人为本，树立全面、协调、可持续的发展观，促进经济社会和人的全面发展，按照统筹城乡发展、统筹区域发展、统筹经济社会发展、统筹人与自然和谐发展、统筹国内发展和对外开放的要求，推进改革和发展
建设资源节约型和环境友好型社会	2005	把节约资源作为基本国策，发展循环经济，保护生态环境，加快建设资源节约型、环境友好型社会，促进经济发展与人口、资源、环境相协调
建设生态文明	2013	作出了推动生态环境保护体制改革、加快生态文明制度建设的具体战略部署，生态文明建设的路线图和时间表得到进一步明确
能源政策		
节约能源法	2007/10/28	明确规定“节约能源是我国的基本国策。国家实施节约与开发并举、把节约放在首位的能源发展战略”

续表

战略与政策	出台时间	具体内容
可再生能源法	2009/10/26	将可再生能源的开发利用列为能源发展的优先领域，通过制定可再生能源开发利用总量目标和采取相应措施，推动可再生能源市场的建立和发展
水污染治理政策		
水污染防治法	2008/02/28	截至 2010 年，国家已颁布了水资源与水环境方面的法规及部门规章 80 余件，地方性法规、省级政府规章及规范性文件 700 多件。其调整范围包括了相关流域的水资源管理、水环境保护等各个方面
大气污染治理政策		
大气污染防治法	2000/09/01	大气污染防治领域的基础性法律和主要依据
生态保护政策		
全国生物物种资源保护与利用规划纲要	2007/10/10	针对重点地区的生物物种资源保护利用提出了明确战略任务
中国生物多样性保护战略与行动计划	2010/09/17	解决生物多样性保护纳入国民经济和社会发展计划部的计划
全国生态功能区划	2008/08/14	财政部颁发的“国家重点生态功能区的转移支付方式”。2010，在国家重点生态功能区，451 个县的转移支付的实施
全国生态脆弱区保护规划纲要	2008/09/27	明确了生态脆弱区的地理分布、现状特征及其生态保护的指导思想、原则和任务，为恢复和重建生态脆弱区生态环境提供科学依据

（四）目前的绿色转型成就

中国政府出台的自上而下的长期战略、规划和政策已经在经济发展和绿色转型的道路上取得了一些进展。

首先，在经济绩效方面，中国经济总量在 2013 年达到 56.9 万亿元，居世界第二位，约占全球经济总量的 12%。

其次，中国产业结构得到逐步改善，对重工业的依存度逐渐降低。经过长期的产业结构调整，中国的第三产业占 GDP 的比重于 2013 年首次超过第二产业，达到 46.1%。在第二产业内部，高耗能产业产出占总产出的比重由 2009 年的 70.5% 下降至 2012 年的 68.8%。

再次，可再生能源近年来发展迅速，中国已成为可再生能源技术元器件的主要出口国。到目前为止，中国在可再生能源领域的投资已达 677 亿美元，居全球之首。

最后，环保产业持续增长，产业规模持续扩大，并将在绿色转型中发挥越来越重要的作用。

在环境绩效方面，环境污染治理投资在近年来增长迅速，从 2005 年至 2012 年，已由 1 106.7 亿元增加到 8 253.46 亿元。与此同时，一些主要污染物排放总量持续下降。全国七大水系好于Ⅲ类水质比例由 2005 年的 41% 提高到 2012 年的 64%；劣Ⅴ类水质比例由 27% 下降到 10.2%。

全新的绿色产业正在快速崛起，这在污染治理投资、清洁技术、可再生能源与可持续交通等领域有所体现，以及相关的环保服务公司。在“十一五”规划期间，单位

GDP 的能源消费和碳排放下降了 19%，同时经济增速仍然保持在较高水平。2013 年每单位 GDP 能源消耗量为 66 吨标准煤 / 百万元，相对于 2001 年减少 52%。

（五）绿色转型的关键挑战

中国的绿色转型仍然面临严峻挑战。

首先，中国不平衡的经济增长及其对煤炭的高度依赖和日益增长的化石燃料消耗带来了短期难以解决的严重污染。图 2-1 展示了 2001 年至 2013 年中国能源利用及水和大气污染的上升趋势。从图 2-1 可见，自 2012 年环境空气治理标准增加了 $PM_{2.5}$ 检测指标之后，空气质量急剧下降。

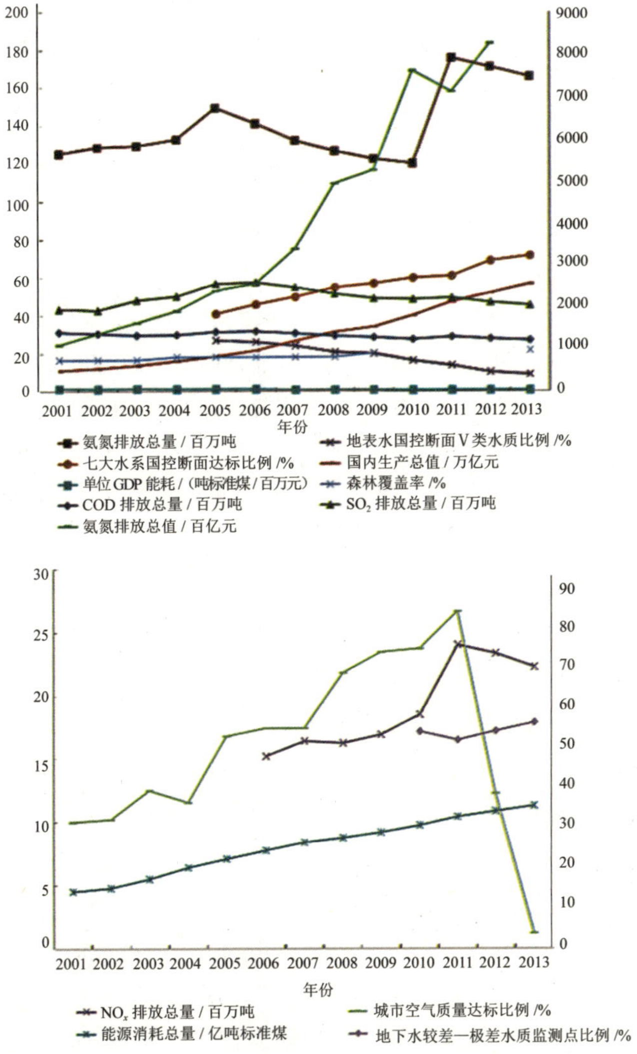

图 2-1　2001—2013 年中国环境状况

其次，中国持续的城市化意味着越来越多的人将会遭受严重的空气污染。在城镇地区，雾霾（$PM_{2.5}$）越来越严重，这不仅降低工作效率，而且危害公众健康和社会稳定。此外，生态退化、土壤污染、固体废物和水污染也对未来的可持续发展构成挑战。随着“西部大开发计划”的实施，西部发展有所加快，但环境污染问题随之而来。西部内陆省份的生态环境更加脆弱，“先污染，后治理”的成本将非常高昂。

最后，地方政府的激励机制不利于绿色转型，亟待转变。中央政府的环保政策目标在地方政府执行过程中往往要打很大的折扣。官员往往为了追求高 GDP 增长，以环境为代价鼓励高耗能产业发展。他们往往更关注短期的经济增长，而不是长期的环境友好型经济发展。

二、经济视角：本研究中绿色转型的研究范围和研究方法

绿色转型是一个必要的阶段，但也是一个非常复杂的艰难过程。与绿色转型相关的问题涵盖范围很广，包括空气、水、土壤、噪声、生态环境、气候变化等。同样，实现绿色转型也涉及不同的角度，包括特殊利益群体问题，立法和执法，公众参与和社会组织，价值体系和道德教育，社会责任和意识。我们无法在本研究中解决所有这些问题，因此必须缩小范围，并根据自己的特长选择自己的方式。

本研究试图从经济学的角度考察与环境保护和绿色转型相关的政策问题。我们主要探讨如何使用经济政策或经济手段来促进绿色转型，包括转变政府行为、改善经济结构、加强经济激励（例如税收）、改革价格机制，以及引进新的绿色金融工具。我们还将涉及清洁能源使用的需求方政策和市场开拓政策，以及对能源消费实行国家和地区定量目标控制。

此外还有许多推动绿色转型的其他手段，从行政和法律措施到增加社会参与，以及政策法规的具体实施等问题。这些问题也都有重要意义。尽管如此，我们所强调的经济措施可以对绿色转型作出重要贡献，值得进一步关注。

在本报告中，我们关注的焦点是区域性空气污染，而非全球的二氧化碳积累。主要考虑如下：第一，局部污染已日益成为中国的焦点问题，比气候变化问题更具紧迫性。因此，我们要抓住这个机会，获得决策者和利益相关者的更多关注。第二，$PM_{2.5}$ 和二氧化硫等影响局部空气的污染物，是化石能源消耗的副产品，并且它们与二氧化碳排放高度相关。减少当地的污染与减少二氧化碳排放是高度一致的。

本研究是政策导向的，所以，以下章节划分是以逐步为各种经济政策提供论据的方式而组织的：经济结构变化，诸如环境税的更多经济工具，需求方的政策和为可再生能源创造市场，能源结构变化，化石能源定量目标控制和总量控制与交易，以及绿色金融。

三、投资—消费结构失衡与能源环境挑战

（一）经济增长、能源消费与环境污染

由于中国丰富的煤炭资源，在中国能源消费总量中，煤炭占据了约 2/3 的初级能源消费总量及电力生产中约 90% 的能源消费。这导致了温室气体排放及相关的局部污染物，例如硫、氮和颗粒物不断增加，极大地危害公众健康。

自 2000 年以来，中国政府已付出巨大努力来促进绿色转型。例如，我国的可再生能源有了较快发展，能源消费总量增长慢于 GDP 增长（见表 2-2），单位 GDP 的能源强度呈不稳定的下降趋势，温室气体排放和一些污染物排放增幅减缓。然而，中国的经济增速和投资增速仍然保持了较高速度，在结构不改变的情况下，能源消耗总量和温室气体排放也将继续大幅增加，极大地加剧了环境问题。

表 2-2　中国 2001—2012 年 GDP 增长、能源消耗和弹性

年份	GDP 增长率 /%	能源消耗增长率 /%	能源消耗弹性
2001	8.3	3.3	0.404
2002	9.1	6.0	0.661
2003	10.0	15.3	1.524
2004	10.1	16.1	1.600
2005	11.3	10.6	0.934
2006	12.7	9.6	0.758
2007	14.2	8.4	0.596
2008	9.6	3.9	0.405
2009	9.2	5.2	0.566
2010	10.4	6.0	0.571
2011	9.3	7.1	0.763
2012	7.7	3.9	0.516

数据来源：根据国家统计局网站数据计算。

与以前相比，2000 年后，化石能源消耗总量增速并没有放缓，反而显著加快（见表 2-3）。分析表明，能源消费增长加速主要是投资的快速增长所导致的。按不变价格计算，2001—2010 年的固定资产投资年均增速高达 20.8%，远高于 20 世纪 90 年代 13.9% 的增速。这一快速增长带来了钢铁、水泥、平板玻璃及有色金属等高能耗投入品的快速扩张，因此给能源和环境带来了沉重负担。

表 2-3 加速的化石能源消耗与投资增长

年份	化石能源消费 / 亿吨标准煤	时间	化石能源消费年增长率 /%	GDP 年增长率 /%	固定资产投资年增长率 /%
1980	5.82				
1990	9.37	1981—1990	4.9	9.3	10.9
2000	13.62	1991—2000	3.8	10.4	13.9
2010	29.70	2001—2010	8.1	10.5	20.8
2013	33.83	2011—2013	4.4	8.2	18.0

数据来源：根据国家统计局网站数据计算。

2013 年，中国的能源消费总量达到 37.5 亿吨标准煤，超过了美国。根据近几年的趋势，未来我国能源消耗强度将继续减少，但能源消费总量将继续增加。按常规情景推算，2030 年能源消费总量可能上升至 2013 年消耗总量的 1.67 倍。

鉴于经济目前的发展阶段和中国的自然禀赋结构，除非出现重大技术突破，否则在可预见的未来，能源结构不会有革命性变化。然而，如果目前的结构失衡可以被纠正，那么绿色转型可以取得重大进展。

为了实现绿色转型，中国不仅要注重新技术的发展，同时也要关注更广泛的经济问题，例如目前导致过度能源消耗和污染物排放的不平衡经济结构。

（二）过度投资对能源和环境的挑战

1. 过度投资与经济结构失衡

中国能源消费、污染物和温室气体排放迅速增长的状况，与当前过高的储蓄率和投资率有密不可分的关系。长期以来，中国存在储蓄率和资本形成率上升、消费率下降的趋势。但在过去十几年间，这一变动趋势显著增强。在 2012 年，中国的总储蓄率和资本形成率分别占到 GDP 的 50.5% 和 47.4%，均比 2000 年上升了 13 个百分点左右，而消费率则大幅度下降（见图 2-2）。

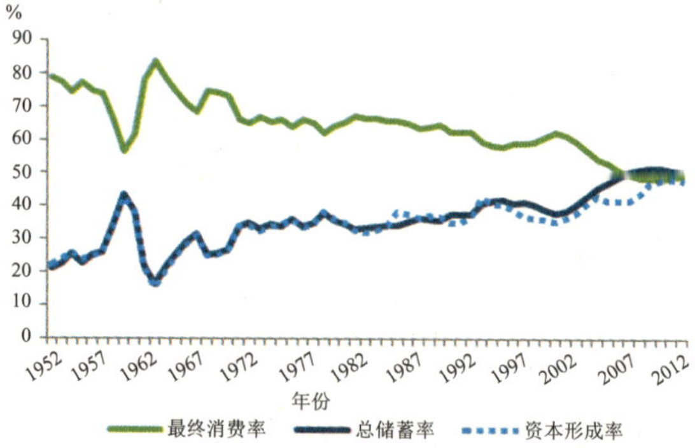

图 2-2 消费率、储蓄率和资本形成率的变动

数据来源：根据国家统计局网站数据计算。

一定程度的高储蓄率和高投资率是有利的，使中国经济能够以国内资金满足工业化和城市化发展的绝大部分投资需求，并促进经济增长。过去较长时期的经济高速增长与高投资有关。但过高的储蓄率和投资率造成过度投资、导致资金使用效率下降、经济结构失衡，并减慢了服务业的发展，尤其是影响了教育，医疗卫生以及生态和环保等重要领域的发展，也间接压制了居民收入和消费的增长。与世界主要发达国家相比，目前中国的资本形成率已经显著过高了，而且这一变化最主要发生在过去十几年间（见图 2-3）。

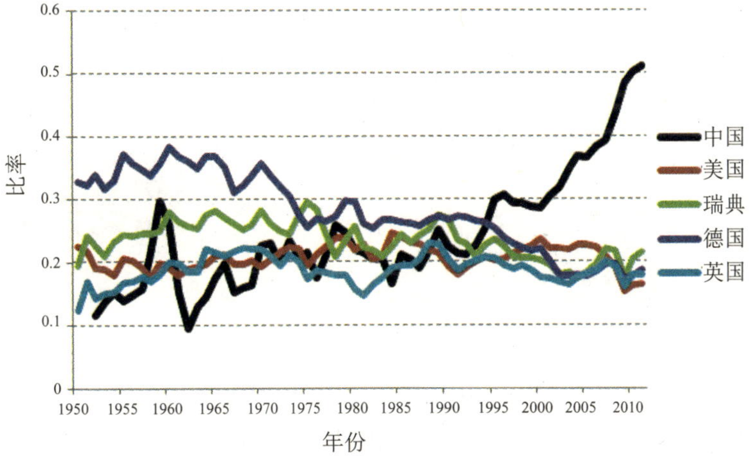

图 2-3 中国资本形成率与主要发达国家比较

数据来源：Feenstra, Robert C., Robert Inklaar and Marcel P. Timmer (2013), “The Next Generation of the Penn World Table”， www.ggdc.net/pwt。

过度投资和产能严重过剩不仅意味着资金的浪费，同时也意味着能源和基础原材料的大量浪费。根据统计数据，与投资密切相关的非金属矿物制品业，黑色金属冶炼、压延加工业和有色金属冶炼、压延加工业这三个行业的附加值仅占 GDP 的 5.5% 左右，而它们的能源消费占全国能源消费总量的 30%。其能源强度是各行业平均水平的 5.4 倍。这些投入品部门的过度扩张是导致当前能源和环境状况恶化的一个主要原因。

2. 过度投资与经济结构的关系

近年来在工业部门出现的严重产能过剩，表明在过去的一段时期存在严重过度投资，这意味着投资超出市场需求，造成资本生产率的下降。表 2-4 显示，在 2000—2013 年，资本增长率迅速提高，而 GDP 增长率却趋于下降。表中也根据宾夕法尼亚大学《世界表》数据计算了中国的资本产出比和增量资本产出比。2000—2011 年资本产出比从 2.69 上升到 4.24，而增量资本产出比则从 5.18 上升到 9.76。

资本产出比是资本生产率的倒数，资本产出比越高，说明资本生产率越低。这说明这期间资本生产率发生了非同寻常的急剧下降。

表 2-4　资本生产率的快速下降

年份	GDP 增长率 /%	资本存量增长率 /%	资本产出比	增量资本产出比
2000	8.4	9.1	2.69	5.18
2001	8.3	9.1	2.81	4.56
2002	9.1	9.8	2.82	2.99
2003	10.0	11.7	2.93	4.27
2004	10.1	12.4	3.05	4.22
2005	11.3	13.2	3.21	4.81
2006	12.7	14.1	3.34	4.31
2007	14.2	14.4	3.37	3.68
2008	9.6	14.0	3.69	18.34
2009	9.2	17.2	3.79	5.08
2010	10.4	17.1	3.93	5.81
2011	9.3	16.3	4.24	9.76
2012	7.7	16.2		
2013	7.7	16.2		

数据来源：根据国家统计局网站和宾夕法尼亚大学《世界表》数据计算。

与发达国家过往经验相比，中国资本产出比的迅速上升是不正常的。图 2-4 比较了中国和 23 个 OECD 国家（1950—2011）平均资本产出比的长期变化。OECD 国家的平均资本产出比在过去 60 年间只从 2.5 上升到 3.8 左右，而中国的资本产出已经从 1.0 上升到 4.3，超出了 OECD 国家。尽管两者经济结构有明显差异，在比较中应予考虑，但中国作为一个发展中国家，工业化过程尚未完成，资本生产率已经显著低于完成了工业化过程的 OECD 国家，这说明资本生产率已经降得过低。这是过度投资的一个写照。

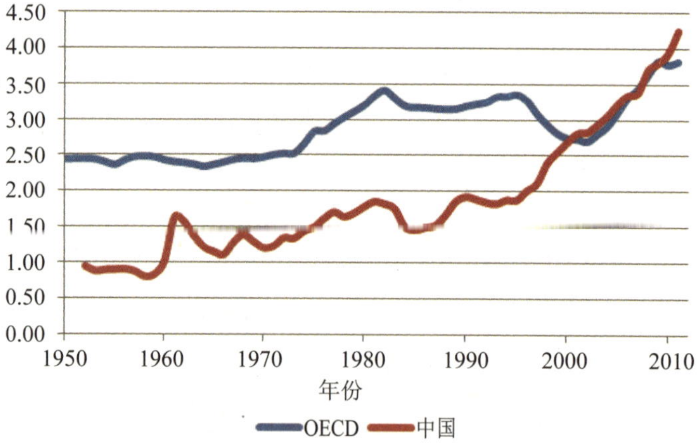

图 2-4　资本产出比的比较：中国与 OECD 国家

数据来源：根据宾夕法尼亚大学世界表数据计算（Penn World Table）。

3. 过度投资带来资源和环境挑战

持续过度投资也导致能源消费快速增长和环境污染更加严重。在2000—2012年这12年中，能源消费从14.5亿吨标准煤增长到36.2亿吨标准煤，已成为世界第一能源消费大国；同期工业废气的排放量从13.8万亿米^{3}增长到63.5万亿米^3。如果不改变这一趋势，能源消费还将继续高速增长，环境恶化的趋势将很难扭转，经济增长也将越来越难以持续。

中国未来还有巨大的发展潜力。城市化进程正在继续，产业升级换代的进程方兴未艾，服务业发展仍然不足，这几方面都还有很大发展空间。特别是人力资源素质有待继续提高，技术进步还远未达到理想速度。如果能进一步改善教育体制和技术创新体制，提高全要素生产率将有巨大潜力。但要使这些潜力得以发挥，使经济增长能够长期持续，必须进行结构调整，实现投资—消费结构的再平衡。为此，需要通过一系列政策调整和体制改革，改善收入分配格局，使过高的储蓄率和投资率降到一个适当的水平，使中、低收入居民的收入和消费能够较快提高。

（三）投资—消费结构失衡的原因和实现再平衡的条件

导致投资—消费结构失衡的原因，主要在于体制和政策方面。

首先，政府投资支出过多，公共服务支出不足。2013国家预算资金用于固定资产投资2.2万亿元，全部国有投资更高达11.3万亿元，而用于教育、医疗的公共支出仅3万亿元，占GDP的比例显著低于同等发展程度的国家。以2009年为例，世界中等收入国家公共教育支出和公共医疗支出占GDP的比例平均为4.1%和2.7%，而中国只有3.1%和2.0%，尽管近年来有显著增长，但仍然偏低。

其次，不平衡的收入分配结构导致居民消费在GDP中的比重逐年降低。在2001—2011年，居民可支配收入占可支配总收入的比重从68%下降到61%以下，下降了7个百分点，而政府和企业可支配收入总和同期上升了7个百分点。这压缩了居民消费，增加了政府和企业储蓄。同时居民收入差距过大，也导致过高的储蓄率。目前中国基尼系数为0.47，在世界上属于收入差距很大的国家。

最后，社会保障和公共服务覆盖不全，导致了较高的预防性储蓄，并且加剧了结构不平衡。

上述这些问题，需要通过多方面政策调整和体制改革来解决，包括推进财税体制、行政体制、户籍制度和社会保障制度等方面的改革。其中关键的一点，是使政府支出结构合理化，减少政府的过度投资，加快改善社会保障和公共服务，缩小收入差距，以促进结构平衡，促进节能和环保。

（四）中国产业结构与环境可持续

中国长期以来保持了工业比重很高、服务业比重很低的产业结构，近年来已发生了改变。从 2006 年起，第二产业（工业和建筑业）占 GDP 比重已从 48% 的峰值缓慢下降，服务业比重继续上升；2013 年三次产业的构成为 10:44:46。但第二产业比重仍然比上中等收入国家平均水平高 8 个百分点，服务业比重低 11 个百分点。与高收入国家服务业占 GDP 比重 73% 相比，中国服务业更是低了 27 个百分点（数据来自国家统计局网站及世界银行《2012 年世界发展报告》）。

工业对能源和其他资源的消耗以及污染物排放都比服务业高得多。2012 年，中国工业提供了 GDP 的 38%，但消费了 70% 的能源；服务业提供了 GDP 的 45%，只消费了 16% 的能源。工业的原材料密集度也更高，而附加值率低于服务业，近年来的产能过剩更导致了额外的能源和原材料消耗。因此过高的工业比重对经济效益和环境保护都有不良影响。

此外，随着技术进步和产业升级，工业的资本密集度越来越高，劳动密集度越来越低，对就业的带动作用也越来越弱。而相当一部分服务业仍然具有劳动密集的特征。因此工业比重过高和服务业比重过低，就意味着相对较少的就业机会。

工业比重过高、服务业发展不足的现状，与对工业的特殊优惠政策和对一些服务业部门的政策限制有密切关系。中国要通过政策调整实现产业结构的绿色转型，需要逐渐取消对工业的一系列特殊优惠，包括低地价、低电价、低息贷款和税收减免，全面实现工业和服务业同地同价、同电同价，同等条件同等利息、同等税率，消除因政策待遇不均等导致的资源配置扭曲和低效率。同时也需要减少对服务业部门不必要的政策限制和过高的进入门槛，实现不同产业在同等起跑线上公平竞争、共同发展。通过这些改革和政策调整，将促进结构更均衡、更有效的发展，并有效减少能源消费和环境污染。

四、采用经济手段促进绿色转型

（一）经济手段与行政手段

虽然经济学家们往往更喜欢用经济手段以成本有效性的方式实现政策目标——包括使用环境税来纠正外部性及其扭曲的市场价格，但在中国的实践中，行政控制手段仍是使用最多的工具。国际经验表明，相比于那些经常面对大量的激励冲突和极高的执行成本的行政管制政策，经济政策更加有效。

市场手段常常通过市场价格信号引导消费者与生产者进行决策。相反，行政手段主要依靠政府的检查和监督。两者都有一定的优点和缺陷。如果市场本身并不成熟透明，那么以市场为基础的工具可能不太有效；相反，如果在节能减排上存在信息不对称，那么行政手段可能更有效。

在中国，行政手段面临诸多问题。首先，行政手段比价格手段监督成本更高。其次，政府与企业之间存在信息不对称问题。这使得政策设置不容易优化，从而导致经济扭曲。

（二）排污收费制度：环境税

中国的排污收费制度开始于 1982 年，涵盖了大气污染、水污染、固体废弃物的排放和噪声污染（杨和王，1998）。中国的排污收费制度相当独特。中央政府规定费率和征收结构，而地方（市）环保部门负责从污染企业收费。

根据排污收费制度，所有企业都要向当地环保部门报告其污染情况。当地环保部门会经常去企业检查，如发现企业提交虚假报告，则要罚款。由于该制度的实施完全取决于地方政府和企业自我报告制度的执行力度，有效征收率在各地企业中存在明显差异：有些企业可能百分之百支付它们应付的污染费，而另一些企业可能实际只支付应付税款的一小部分。收费强度也取决于企业和当地环保局之间的谈判，这相应地受到当地污染状况、经济条件和增长目标的影响（Dasgupta, 1997; Wang and Wheeler, 2000; Want et al., 2003）。

因为有效征收率通常低于边际减排成本，企业会支付污染费而不是减少污染排放（Wang and Wheeler, 1996, 1998; Florig et al., 1995; CRAES, 1997）。大约 70% ～ 80% 的收费以“由于环境有益活动而返还收费”的形式返还给企业，例如购买减排设备或改善环境管理。剩余部分则用于覆盖当地环保部门自身的行政成本（Sterner and Coria, 2012）。

为了解决当前排污收费制度的无效性，中国财政部向国务院法制办提交了环境税改革方案，目前处于商讨阶段。税制改革的目标是将排污收费转变成环境税。相比而言，税收框架将更容易执行，成本也更低，可以覆盖绝大部分污染物。例如，二氧化硫（SO_2）作为我国主要污染物之一，在“十一五”规划期间受到调控。但二氧化硫的减少并没有带来 $PM_{2.5}$、氮氧化物以及其他污染物排放量的下降。所以环境税应该具有广阔的税基来覆盖绝大部分的污染物。

Su 和 Xu （2011）具体提出了包括二氧化硫、氮氧化物和废水等绝大多数污染物在内的环境税制度：先从试点开始，然后扩展至全国；首先将税率设置在较低水平，然后逐渐提高；要求税收当局承担征收责任，环保部门进行审核和批准；中央和地方政府分享税收收入；税收收入用来补贴低收入家庭，并投资于清洁技术和污染减排。

（三）资源税

资源税的最初制定并非为了保护环境，而是体现在为使用资源而付费。然而资源税的税基与煤炭、石油、天然气等化石能源重合，因此具有与碳税、能源税等类似的保护环境作用。

中国政府于1984年10月1日起开始面向煤炭、石油和天然气征收资源税。2011年全国石油和天然气资源税改为按5%从价征收。2014年年末，从价税的范围进一步扩大到煤炭。这些改革都是非常必要的。但考虑到石油和煤炭的消费是碳排放和大气污染的主要来源，对环境有严重负面影响，而且它们的利润率远高于一般竞争性行业，未来进一步提高石油和煤炭的资源税税率将有利于保护环境、促进可再生能源的替代，也有利于改善收入分配。

（四）电力价格改革

中国的电力定价已经历了一系列改革，但仍然保留着计划经济的痕迹。目前尽管在推进同电同价，但有些地方在大工业、普通工业、商业服务业间仍然存在区别定价。另外，划分不同类别的企业（鼓励、允许、限制和淘汰）实施差别电价，也容易带来一些弊病，导致了对某些行业、某些企业的特殊优惠，不利于公平竞争、优化资源配置和节能减排。因此随着进一步的资源税改革，有必要继续推进电价改革，全面实现同电同价，并使电价反映市场供求关系。

目前，居民用电已开始实行阶梯电价。根据一些估算，高收入居民对电价的需求弹性更大，因此阶梯电价将会有明显的节能效果。目前阶梯电价的主要问题是差价仍然偏小，而且超额电价收入被电网公司作为保留利润。建议通过对高电耗用户征收环境税的方式，扩大阶梯差价，并将超额收益纳入国家预算并用于环境保护目的（例如补贴清洁和可再生能源）。

（五）交通领域的环境税

近年来，由于机动车数量逐年上升，汽车尾气成为导致城市雾霾（$PM_{2.5}$排放）的重要因素。基于经济激励的工具，如车辆购置税和燃油税，是重要的解决运输相关的环境外部性的政策工具。分等级的车辆购置税可以鼓励消费者购买更小型、燃油经济性更高的汽车，从而抑制空气污染。燃油税可以通过减少私人汽车的使用而达到类似目的。此外，这些税收制度也可以应用于汽车牌照许可。

为了消除污染并削减中国的能源依存度，对于车辆税的改革应该区分汽车排量大小和环保技术等级，例如对不同排量的汽车征收累进环境税。另外，车辆税也将提供可观的财政收入，用于节能降污的研发投资。从可行性的角度看，车辆税有可能是在当前法律法规体系下较容易执行的。

燃油税则可以根据不同地方的环境状况和拥堵外部性来改变人们的行车习惯，这些政策的效果取决于燃油的价格需求弹性和收入弹性等因素。燃油需求也会受到其他因素的影响，如是否可以使用公共交通替代等。

数以百计的实证研究证明，燃油有较高的需求价格弹性，而且发展中国家对燃油的长期需求价格弹性高于发达国家。这意味着燃油税在发展中国家的节能减排以及减少城市交通拥堵的效果会更明显。

燃油税与资源税不同，两者并存不一定意味着重复征税。资源税作为国家税，主要用于总体节能减排和调节收入分配，而环境税可以作为地方税，根据不同地区（城市）的环境状况和交通拥堵情况征收，用于调节地方环境和交通状况。

（六）政策建议

一般情况下，运用税收和价格等市场化经济政策比运用行政手段实现同一环境目标的成本更低，可以减少监督成本。我们建议更加重视经济手段，以一种节约成本的方式来治理环境、减少污染：

（1）目前的排污收费制度失效主要是因为过低的排污费率和低执行率。应该通过费改税的改革和提高税率来更有效地控制污染。

（2）建议在第十三和十四个五年规划时期分阶段将煤炭和石油的资源税税率提高到 15%（少数资源条件较差的矿山和油田可适用 10% 的税率）。对进口石油和煤炭，征收同等税率的资源税。鉴于天然气相对清洁，应鼓励扩大使用，可以保持 5% 的资源税税率不变。增加的资源税收益，除了用于公共服务和社会保障，还应拿出一部分用于环境保护。

（3）伴随资源税改革进一步深化电价改革，全面落实同电同价并提高到市场均衡水平。居民阶梯电价的阶梯差价应进一步扩大，并建议对高电耗用户征收环境税，纳入国家预算，用于环保目的。

（4）可以考虑将车辆购置税改为地方税，允许地方根据当地环境和交通状况对油耗不同的车辆征收差异化的购置税，并决定是否征收燃油税。

五、以需求方政策为可再生能源创造市场——以光伏产业为例

（一）简介

清洁技术和可再生能源将对中国的绿色转型作出重要贡献。清洁技术在 2013 年发展迅速——年均发电量相对前一年上升了 13%，电力产出中有 5.2% 来自新能源的使用。这里我们将主要通过光伏产业来解释中国可再生能源的发展。

依照“十二五”规划的要求，中国政府已经出台了一系列政策，积极培育国内光伏市场。2013 年中国新增装机容量为 1.2×10^4 兆瓦，同比增长了 232%，占全球新增装机容量的 31.2%，居全球第一位。

但是，我国的光伏行业仍面临着产能过剩的严峻挑战。目前国内整个光伏行业的利润率已经从 2007 年的 139% 下滑到 2013 年的 20%。在 500 多家光伏企业中，1/3 的中小企业产能利用率在 20% ～ 30%，基本处于停产或半停产状态。

当前光伏行业发展的不确定性，不仅与国际市场对于光伏产品需求的波动有关，更重要的是与国内产业政策密切相关。

（二）新能源产业供给方的政策和问题

长期以来，新能源产业政策更多刺激了供给方，而对于需求方的鼓励力度不够。供应方包括税收优惠、财政贴息等，成功地促进了新能源产业迅速扩张。但同时面临需求不足的“瓶颈”，从而导致产能过剩。

在税收鼓励政策方面，包括增值税退税、扣除关税、出口退税等。自 2013 年 10 月 1 日起，对太阳能发电产品实行增值税即征即退 50% 的政策。太阳能光伏技术和发电技术企业的进口设备还可免征进口关税和进口环节增值税。

在利率政策方面，清洁能源发电设备行业被列为鼓励发展的重点行业，有资格申请低息贷款。

此外，吸引光伏行业的一大诱因是地方政府低价出让土地，一些地方政府还直接提供资金来支持光伏发电相关的科学研究和技术创新与扩散。

由于中央和地方政府的各种税收优惠，光伏企业的生产成本大大降低，促进了我国光伏行业供给方的发展。2013 年，中国的晶硅组件、电池和多晶硅产量分别占据全球产量的 70.7%、70.8% 和 38.4%。尽管其拥有低成本的生产优势，但是中国的光伏行业依然 95% 以出口为主。

尽管光伏发电是一种清洁能源，可以在零排放的状态下提供电力，但是光伏行业多晶硅生产环节和光伏电池生产环节，仍然是高污染且高能耗的产业。由于对光伏产业污染的放松监管，大多数光伏企业并没有承受多大的外部成本和减排成本。目前使用的绝大多数减排技术都已过时，一些企业甚至不经处理直接向外部环境排放污染物。具有讽刺意味的事实是，这些光伏企业拿着政府的补贴，把高污染高能耗的生产过程放在国内，把环保产品提供给国外市场。

此外，光伏企业的利润绩效对于国外市场需求波动非常敏感，特别是由于其他国家反倾销和政策保护产生的需求波动。

（三）需求方的政策：消费者的法规和激励措施

针对光伏产业产能过剩带来的负面影响，中央政府已经宣布了一些具体的计划来限制市场准入，提高并网标准，以及将投资转移至升级电网，以保证传输的稳定性。同时一系列需求方的政策已经启动，包括了一系列的财政补贴来刺激光伏市场。

早期鼓励光伏产业发展的产业政策主要包括“太阳能光电建筑应用示范项目”和“金太阳”示范工程。这两个示范工程都是对光伏需求方的补贴。在2012—2014年，有关部门先后颁布了一系列支持光伏行业特别是促进光伏需求方发展的文件。新的产业政策包括逐步建立中国的太阳能光伏发电标杆上网电价，并进一步明确电网公司的责任和义务，用法律手段强制电网企业帮助光伏企业解决并网难的问题。然而，由于政府的支持规模仍然有限，存在补贴延迟、效率低下的光伏电站审批管理等问题，与国外同行相比光伏设备的国内需求仍然疲软。

与生产激励相比，与其他一些国家相比，我国针对需求方、使用者的激励政策强度还很小，惠及范围也太小。此外，监督电网企业帮助光伏企业实现并网的法规不完善，执行力度不强。为此，需要更多的需求方激励政策，以扩大市场。

（四）美国和德国光伏产业政策的经验分析

美国政府的光伏产业政策主要包括纳税抵扣、初装补贴和上网电价，还包括融资或审批扶持政策，例如商业能源投资税收抵扣政策（ITC）、加速折旧法（MACRS）、财政部1603项目（1603 Treasury Program）、能源部的1705贷款担保协议（DOE Loan Guarantee Program），以及可再生能源配额机制（Renewable Portfolio Standards, RPS）。

美国州政府的补贴包括投资现金返还、用电补贴、税收减免、绿色电力牌照等，具体各个州的补贴方式和幅度都不同。

借助于美国政府的支持政策，美国的企业界创造了一些新的融资模式，来解决光伏行业需求方的融资问题。这些模型包括大规模电力购买协议模型（Utility-scale Power Purchase Agreement Model），中小型业主所有制模型（Host-owned Model），以及第三方融资模型。

德国的光伏产业是另一个成功案例。德国光伏市场份额在2004—2008年期间一直保持世界首位，其迅速发展得益于德国国内的产业政策。例如，德国于2000年首次出台可再生能源法案（EEG）（来代替1991年的电力馈入法），提出“固定上网电价”政策，并将购买电力的责任从用户转移至电网运行商。2004年，德国政府修订了EEG法案，调整了定价机制。为了避免增加财政支出，德国政府于2008年再次更新了EEG法案，从2009年起将新的电网价格降低15%。2010年德国再次对太阳能发电补贴向下做了调整。目前德国光伏上网电价已从2000年的4元/千瓦时下调到不足1.5元/千瓦时，仍高于中国目前的上网电价。在金融支持方面，德国开发银行也提供了不少的贴息贷款用于支付光伏产业的投资。

美国和德国光伏产业政策都主要强调针对需求方的刺激政策，特别是对居民和企业的分布式光伏发电的支持很大。需求方政策在美国产生了有效的商业模式，促进了各种经济行为主体参与到光伏产业中来。德国的固定上网电价政策更多的是针对居民和民用建筑。

（五）政策建议

为了更好地促进中国光伏行业的发展，推动中国经济的绿色转型，我们借鉴美国和德国产业政策的先进经验，提出如下政策建议：

（1）运用强制性的法律规则推动分布式光伏发电的使用，主要是改进可再生能源的法律法规，促进建筑物对于太阳能发电设备的使用。

（2）加大光伏行业需求方政策，刺激需求，吸收过剩产能，包括继续加强对于分布式光伏发电和地面电站光伏发电的政策支持，有效解决光伏发电企业的并网问题，综合利用税收和政策补贴手段降低光伏发电企业的成本。

（3）借鉴发达国家的成功商业模式，通过创新机制吸引投资者进入光伏产业，特别是将政府资助的可再生能源项目转移到私人部门进行融资。

六、化石燃料消耗的总量指标控制

几十年来，中国的能源消费总量一直保持着快速增长。目前中国人均能源消费量已达到2.68吨标准煤，超过了世界平均水平。虽然我们认为应该更多地依靠经济政策来实现绿色转型，一些强制性政策有时对国有企业和地方政府是很有用的，因为这些主体对于价格信号或经济杠杆并不敏感。在“十二五”规划期间，中国政府已经制定了能源强度和碳排放强度双重指标。

（一）总量目标机制的好处

根据“十二五”规划，中国将实行“双控”政策，即能源消费总量目标与能源强度目标相结合。双控措施同时考虑了能源消费和经济增长，对能源消费总量的数量和强度设置强约束，尤其是对一些高耗能产业。

总量目标机制最基本的优势之一在于其为未来“能源配额交易”提供了基础，这类似于碳总量管制与交易，但更加关注能源使用效率的加速进步。

此外，对化石燃料使用的定量控制政策将使消费者从使用化石燃料转变成使用非化石燃料，改善清洁能源结构。

（二）能源消费指标交易系统的实施

数量目标系统对于实现绿色转型很有必要，但有几个问题需要解决：

首先，政府应建立一个灵活的目标控制系统。考虑到不同地区的经济发展阶段差异和自然禀赋差异，应当保留差异化的责任目标，但差异应逐步缩小。

其次，政府应根据效率和公平的标准设置配额分配过程。配额分配不当可能会带来后续问题，阻碍绿色转型。

最后，中国应当针对地方政府和大企业建立能耗指标，以及能源配额交易制度。政府应该选择特定的地区或省份开展试点交易系统，并逐步为全国能源消耗限额交易体系建立完整而详细的标准或法规。

（三）能源特别是高碳高污染化石能源需求总量控制目标

中国2050年发展战略目标是经济社会发展达到中等发达国家的程度。对此我们应充分考虑技术进步潜力和前景，包括经济、能源及环境治理。我们还应该分析相应的能源需求总量及结构变化，把握各能源品种供应潜力和需求约束。

目前我国能源效率仍有较大的提升空间，节能政策将继续带来重要收益。随着继续强化淘汰落后产能和加快结构升级，单位GDP能耗将逐步向国际先进水平靠拢。按目前汇率计算，我国与国际先进水平的差距约70%～80%；按购买力平价计算，该差距仍有50%～60%。到2050年，我国能源强度较2010年有望下降70%。

考虑到各能源品种供应前景、环境治理要求以及能源政策取向，我们可以预测未来不同能源品种的供需前景。

煤炭：尽管我国煤炭资源相对丰富，但煤炭是主要的污染物排放源。为了实现有效控制大气污染，中国需要逐渐减少煤炭消费比例。未来煤炭需求将主要集中在电力、钢铁及煤化工产业。研究表明煤炭消费有可能在2020年和2025年之间达到42亿吨（约30亿吨标准煤），但通过多方面努力有可能将其控制为峰值，此后逐渐减少，到2050年甚至可能减至32亿吨（约23亿吨标准煤）。力度更大的转型措施将可能进一步降低煤炭峰值。

石油：未来我国石油需求的增长潜力巨大，但供应将受到地理储备和开采的限制。因此，石油安全仍将是一个主要的政策重心。但石油是高碳排放和较高污染的能源，需要通过各种努力减少其消费。据估计，电力汽车可能在2030年前后大规模进入市场，逐步取代传统汽车。我们预期石油消费将在2030—2040年达到峰值8亿吨（约合11亿吨标准煤），然后通过努力逐渐下降至2050年的7.5亿吨。

天然气：天然气是相对清洁的能源。随着我国加大污染防治和能源结构调整的力度，未来对天然气和其他非传统燃气如煤气和页岩气的需求将大幅度增长。为促进能源结构向绿色低碳转变，我国应推进国内天然气开发与积极进口并举，使天然气在近中期优化调整能源结构、减少污染和排放中发挥重要作用，到2030年将其消费量提升至5 000亿米^3（约6.6亿吨标准煤），占一次能源消费总量比重大幅提高到11%以上。

非化石能源：核能和水电将继续快速发展，其他可再生能源例如风能、生物质能、地热能等将会在我国未来能源结构中发挥重要作用。

非化石能源将逐步成为能源结构的支柱。到2020年和2030年，应将非化石能源占一次能源消费总量比重分别提升到15%和21%，力争到2050年将非化石能源消费占比提高到34%以上。表2-5展示了我们提出的我国未来能源需求总量和结构调整的目标。

表2-5　未来我国能源需求总量控制及结构优化调整目标

年份	2012	2020	2030	2040	2050
能源需求总量 / 亿吨标准煤	36.2	48.0	60.0	66.0	66.0
煤炭 /%	66.6	59.5	50.5	44.0	37.0
石油 /%	18.8	17.0	16.9	16.8	16.7
天然气 /%	5.2	8.6	11.0	11.6	12.2
非化石能源 /%	9.4	15.0	21.6	27.7	34.1

能源目标控制：2020年我国化石能源消费总量力争控制到42亿～46亿吨标准煤，2030—2040年达到峰值，通过各种绿色转型的努力，控制在46亿～52亿吨标准煤，此后进入化石能源消费下降阶段。

将高碳高污染化石能源（煤炭＋石油）的消费总量峰值控制在2030—2040年，化石能源消费总量的峰值争取控制在48亿吨标准煤以下，煤炭和石油消费量争取控制在40亿吨以下，此后化石能源消费特别是煤和石油消费进入下降期。

七、能源结构变化和节能监管

（一）推进能源结构改进政策

为了推动从化石燃料向清洁能源的转变，我们提出如下政策建议：

首先，为了减少煤炭在能源消费中的份额，政府应当制定全国能源消耗的长期控制目标和相应的实施方案。

其次，政府应加快天然气的开发利用。优先考虑在生活消费领域推进煤改气，鼓励有效利用天然气分布式发电。由于我国天然气供给的限制，应当控制化工项目的天然气使用，天然气电厂应作为调峰资源，但不再兴建新的天然气发电厂。

最后，鼓励有效且安全地开发利用水电、地热能、风能、太阳能、生物质能和核能。

到2017年，处于使用中的核电产能应当达到5×10^4兆瓦，非化石能源在能源结构中的份额将上升至13%。

（二）工业部门的污染监管

根据国家发改委计划，有21个关键产业受限于《淘汰落后工艺，设备和产品指导目录（2011）》和《2011年产业结构调整指导目录》。通过经济、技术、法律和行政手段，1 500万吨铁、1 500万吨钢材、1亿吨水泥和2 000万吨玻璃的落后产能将在2015年之前淘汰。对于未达到目标的地区，还制定了惩罚措施。

关于工业部门降污监管有三项主要建议：

首先，政府应在重点行业加快推进脱硫（二氧化硫控制），脱硝（氮氧化物控制），除尘（PM控制）改造项目。所有燃煤电厂、钢铁企业的烧结机和球团生产设备、炼油企业催化裂化装置和有色金属冶炼工厂，所有每小时燃烧超过20吨煤的燃煤锅炉，以及除循环流化床之外的所有燃煤机组（CFB）锅炉都必须安装脱硫设备。新型干法水泥窑应当使用低氮燃烧技术并安装脱硝设施，现有除尘设施和工业炉中的燃煤锅炉应该升级。

其次，环保部门对脱硫、脱硝、除尘设备的使用应强化监管，对违规排放的企业制定严格的惩罚措施。

最后，政府应加快在重点行业建立和修正排放标准、油耗标准、石油产品标准、热计量标准以及其他类似标准。同时还应改善工业污染防治，控制技术政策和清洁生产评价指标体系。

（三）居民建筑的节能监管

国外经验说明，随着收入水平提高，建筑能耗将成为一个逐渐上升的能源消费组成部分。而由于建筑物具有至少几十年的使用期，建筑物是否具有较高的节能效果，将对未来数十年的能源消费产生长期影响。在这方面，建议我国参照一些发达国家的经验，全面实行更严格的强制性建筑节能标准。对住宅和商业建筑能源使用的监管将为中国绿色转型作出重要贡献。政府应在率先公共建筑和保障性住房领域积极建立并完善绿色建筑标准。

随着在新建筑中严格执行强制性节能标准，我国可以推动清洁能源技术和设备的使用，如太阳能热水系统，地源热泵，空气源热泵，光伏建筑一体化并结合“电力—热力—冷却”供应系统。供热计量改革和既有居住建筑节能改造，将在改善空气质量特别是北部地区的空气质量中发挥重要的作用。

（四）其他法规和政策

随着我国汽车存量快速增加，汽车尾气排放对于当地雾霾的形成具有非常关键的作用。政府应加强移动源污染防治并加强城市交通管理，通过优化城市功能、规划布局、推进城市和城际轨道交通系统，以及实行城市的智能交通管理而减少城市交通拥堵。此外，政府可以通过鼓励绿色交通，增加使用其他出行方式的成本，来减少汽车的使用。

随着中国向高收入国家迈进和私人汽车的普及，交通能耗和汽车废气排放将逐渐成为更大的能源消费和污染排放来源。发达国家的经验说明，大规模发展城市和城际轨道交通系统，对改善环境意义重大。轨道交通工具的人均能源消费，只有私人汽车的 1/10 左右。许多发达国家在这方面的发展为绿色转型提供了成功的经验。建议在凡是有条件的大中型城市以及城市之间，通过合理规划，大力发展城市和城际轨道交通系统。这对于节能减排和减少空气污染，将具有重大意义，同时也将有利于形成邻近城市之间的同城效应，促进城市群的发展，优化城市布局，改善资源配置效率。

城市绿化的政策，如城市公园、社区花园、河流和溪流、沿海湿地、风景名胜区、森林公园、耕地、木材国土保育区，都对节能减排作出了重要贡献。为了使城市绿化的政策更为有效，政府应着重以下几个方面：

第一，由于城市绿地体系的复杂性，有必要让公众参与计划过程来达成一致协议并减少政策执行中的规制阻力。

第二，规定需要涉及相关利益集团来共同承担建立和升级绿地空间的责任。城市绿地空间的保留需要涉及许多利益相关者，包括绿色非政府组织、城市和农村社区和房地产开发商等。所以通过提供激励并与他们共担责任而将利益群体纳入城镇绿地管理行动计划，对于政府而言非常重要。

第三，城市绿化政策需要正式的立法支持。如果成功被实施，城市绿地管理的可持续性将取决于负担长期责任的实体。长期责任的分配将依靠法律的支持。

八、绿色金融：政策和产业社会责任

（一）简介

绿色金融政策，是指一系列的政策和制度安排，来引导社会资金通过各种金融服务来支持绿色产业的发展。此政策体系有三个目标。其一，引导足够的社会资金投入到绿色项目，以达到国家的总体污染减排目标。其二，在可选的大量项目中，将资金以“给定减排目标，资金使用效率最高”的原则进行配置。其三，避免系统性金融风险。

从经济学角度来看，绿色金融政策就是通过政策和体制安排，纠正在市场价格体系下绿色投资的（正）外部性或污染投资的（负）外部性无法被内生化的缺陷，绿色金融政策目的在于纠正投资领域的扭曲，这种扭曲是由于具有正外部性的绿色投资发展不足而具有负外部性的污染性生产活动过度发展而造成的。在市场价格体系中这样的扭曲不能得到解决，主要的原因是我们目前的价格体系不能充分体现绿色项目的正外部性。

（二）绿色金融产品的分类

1. 绿色贷款

绿色贷款是银行为环境友好型项目提供利率较优惠的贷款，减少对环境的负面影响。绿色贷款包括针对银行个人客户的房屋贷款、汽车贷款、绿色信用卡业务，以及面向企业的清洁技术和能源项目融资、绿色建筑贷款、设备租赁等。

中国的绿色贷款政策还处于初级阶段。现有政策主要是限制“高污染、高能耗”企业的贷款，但很少为环保行业或环境友好型企业提供贷款。截至 2012 年年底，根据不同口径估算，我国绿色贷款目前仅占全国贷款余额的 1.5% ～ 2.5%，表明其未来还有很大的上升空间。

2. 绿色私募股权投资和风险投资

根据清科研究的数据计算得出，2007—2013 年上半年，中国的 VC/PE（风险投资 / 募股投资）总共进行了 694 笔在清洁能源领域的投资，总金额达到 82 亿美元，其中以 2011 年金额最高。有多家公司成功在国内 / 海外上市。而近两年随着 PE/VC 整体在中国遇到“瓶颈”，直接投资于清洁能源的项目数量也有所下降。

3. 绿色 ETF 和共同基金

国外金融市场上已经出现了相当数量的有较好流动性的绿色金融产品，其中以 ETF 指数和基金类产品为主，也包括碳排放类的衍生品等。现在国际上绿色指数主要包括：标准普尔全球清洁能源指数（S&P Global Clean Energy Index，包含了全球 30 个主要清洁能源公司的股票），纳斯达克美国清洁指数（Nasdaq Clean Edge US Index，跟踪 50 余家美国上市的清洁能源公司表现），FTSE 日本绿色 35 指数（FTSE Japan Green Chip 35 Index，环保相关业务的日本企业）。在中国，绿色的 ETF 和共同基金才刚刚起步。目前在 A 股市场出现了部分基金产品，如 A 股富国低碳环保基金、中海环保新能源基金等，但规模不大，且其投资并未严格限定在环保主题范围内。

4. 绿色债券

绿色债券是若干国际金融组织（世界银行、亚洲发展银行）和一些政府支持的金融机构发行的债券。绿色债券主要是为解决与气候变化和其他环境保护有关问题的项目提供资金支持。由于发行者的信用级别较高或享受政府免税等政策，可以以较低的利率来支持绿色项目。

5. 绿色银行

2012 年，英国成立了全球第一家致力于绿色经济加速转型的投资银行，被称为英国绿色银行。英国绿色银行投资的重点是具有较强商业性的绿色基础设施项目，包括海上风电、废物回收、废物再生能源、非住宅能效。目前绿色投资银行可通过股票、债券和担保形式对项目进行投资，但不提供软贷款、风险投资或补贴。投资时会邀请社会第三方共同投资。

6. 绿色保险

绿色保险是进行环境风险管理的一项手段，一旦有不可预见的意外污染事件发生，那么绿色银行就可以通过提供经济补偿和环境整治来帮助企业。另外，对某些行业采取强制购买保险的措施，会将覆盖其未来的环境成本，帮助企业内生化部分环境风险的外部性，减少环境风险过大的投资行为。

（三）金融制度建设对绿色投资的引导

政府经常使用财政资金来纠正环保项目的外部性并对其提供支持。具体方式可以包括：①对绿色贷款贴息；②提供价格补贴（例如 Feed In Tariff）；③为绿色项目提供担保，以降低其融资成本；④政府采购，如建设使用可再生能源建筑、采购新能源汽车等；⑤对绿色债券免税；⑥政府设立绿色银行或投资基金，以部分政府资金带动更大规模的社会资金投入绿色产业。

除了财政资金之外，还有一系列金融体制安排也可以撬动社会资金投入绿色产业。具体包括：①通过立法明确金融机构对所投资污染项目的法律责任；②要求机构投资者在其决策过程中考虑到环境风险和影响因素；③在信用评级中引入环境影响因素；④要求上市公司和发行债券的企业达到绿色社会责任规范；⑤建立绿色机构投资者网络；⑥建立对项目环境成本的量化和评估体系。

（四）对中国绿色金融体系的建议

在本节中，我们总结了七项具体建议，以促进中国的绿色金融体系。

（1）研究成立中国绿色银行，以绿色债券为主要融资来源。鉴于绿色投资的增长速度十分有限，可以考虑由政府作为发起人之一组建一家专业从事绿色投资的银行，充分发挥绿色债券的杠杆作用和专业评估能力的规模效益。

（2）完善财政贴息机制，鼓励绿色贷款。我们建议，财政部门、发改委应当与银行监管部门和金融机构合作，制订一套科学、有效、便捷的对绿色项目的贴息计划。

（3）银行和评级公司在项目评估中引入环境风险因素，建立绿色信贷体系。为了减少绿色项目的融资成本，我们建议强化银行对贷款的环境风险控制。

（4）建立公益性的环境成本信息系统，为决策部门和全社会投资者提供依据。缺乏项目的环境成本信息和分析能力，或者取得这些信息的成本过高，是许多有意向参与绿色投资的机构所面临的一个重要“瓶颈”。我们建议基于自然资本负债的概念建立一个公共的环境成本信息系统。

（5）在若干领域实行强制性绿色保险。强制性绿色保险应广泛应用于海上石油勘探和内河运输等行业，如石油和天然气开采、石油化工、钢铁、塑料等方面均强制投保的行业。

（6）建立上市公司和发债企业的环境信息披露机制。我们建议，国内证券交易所应要求上市公司和发行债券的企业定期发布社会责任报告，披露其环境影响信息。

（7）成立中国的绿色投资者网络，建立投资者社会责任体系。国内最大的机构投资者应当提供资金建立并运作中国绿色投资者网络。

九、情景分析

在这一节，我们基于中国的历史数据，首先假设在基本经济状况和政策不发生显著改变的前提下（我们称之为常规情景），使用基于统计分析的宏观经济预测方法，合并制度分析与经验分析方法以及 CGE 模型方法，预测 2020 年、2030 年、2040 年和 2050 年中国的经济、能源和环境状况变化。在此基础上，再进一步通过上述方法模拟各项绿色转型政策和相关改革对经济、能源和环境的影响。关于上述分析方法和假设条件的解释，请见报告末尾的附录。

（一）常规情形

根据中国 2013 年及以前的历史数据，我们预测过去三十年的高速增长将无法持续，中国将进入一个相对温和的经济增长期，在 2020 年 GDP 达到 80 万亿元，2030 年达到 130 万亿元（均为 2010 年不变价格）。产业结构将缓慢变动，第二产业比重下降，第三产业比重上升。人口大致在 2030—2040 年达到峰值 14.6 亿人，并在此后逐渐减少。城镇化率将继续提高，在 2030 年达到 60%，在 2030 年达到 66%。化石能源消费和碳排放将根据过去的能源强度变动趋势延续。这些结果均列于表 2-6。大气污染物排放的理论变动趋势大致与碳排放的变动趋势一致，但实际变化取决于实施脱硫、脱硝、除尘等减污措施的力度。

表 2-6　中国未来发展预测（常规情景）

年份	2013	2020	2030	2040	2050
GDP（人民币）/ 万亿元	50.9	80.4	130.5	184.3	238.3
GDP 年增长率 /%*	7.7	6.7	5	3.5	2.6
第一产业（占 GDP）/%	10	8.8	7.2	6.2	5.7
第二产业（占 GDP）/%	43.9	39.9	36.1	34.1	33.1
第三产业（占 GDP）/%	46.1	51.3	56.7	59.7	61.2
人口（年末数）/ 亿人	13.6	14.1	14.5	14.6	14.5
城镇化率（占总人口）/%	53.7	61.1	67.1	71.0	73.0
能源消费总量 / 亿吨标准煤	37.5	48.7	62.6	73.4	81.2
化石能源消费 / 亿吨标准煤	33.8	42.8	53.0	59.6	63.4
化石能源占总量比重 /%	90.2	87.9	84.6	81.3	78.0
二氧化碳排放 / 亿吨	84	105.2	127.9	142.4	149.4

注：* 该列 2013 年增长率为当年增长率，其余为相应年份与上一年份之间的平均增长率。
数据来源：作者基于国家统计局数据的预测数。

（二）投资—消费结构再平衡情景

在该情景中，我们假设从 2015 年到 2025 年的第十三和十四个五年规划时期为改革和结构调整时期，假定从 2015 年开始，通过调整政府支出结构，推进财税体制、行政体制、垄断行业分配制度的改革，促进资源配置市场化，改善公共服务和社会保障，促进收入分配合理化，加速普通居民的收入和福利增长，促使过低的消费率提高 10 个百分点，使过高的储蓄率和投资率降低约 10 个百分点。

在该情景下，结构调整将使消费率（最终消费与 GDP 之比）从目前的 50% 上升到 2025 年的 60%，资本形成率将从目前的 48% 下降到 2025 年的 38%。由于目前存在较严重的过度投资和产能过剩，而消费需求不足，因此在一定程度上降低投资率将只在短期使 GDP 增长稍有减缓，但长期而言将因内需增加而加快。

在调整期间和调整期后，化石能源消费、碳排放和污染排放都会显著减少。化石能源消费和碳排放在 2030 年和以后时期都将比常规情景减少 9.7% 左右。各类大气污染物排放减少的程度将不低于 9.7%。

以上情景说明，通过结构调整实现再平衡，将不仅有利于经济持续增长，而且能够显著减少化石能源消费、碳排放和大气污染，对环境保护的效果显著。2030 年化石能源消费将比常规情景减少 5.2 亿吨，二氧化碳排放减少 12.4 亿吨。同时居民消费水平将比常规情景大幅度提高 30%，意味着全社会福利总水平显著增加。

（三）产业结构再平衡情景

中国的产业结构仍然存在工业偏高、服务业偏低的问题。这也是导致环境压力的一个来源。根据近些年来的变动趋势，我们预计在常规情况下，中国到2030年产业结构才能达到目前上中等收入国家的平均状态，即第一、第二、第三次产业占GDP的比例从2013年的10∶44∶46调整到7∶36∶57。但如果发展顺利，中国应该在2030年前进入高收入国家的行列。与高收入国家的产业结构相比，上述结构仍然在相当程度上具有工业偏高而服务业偏低的特征。未来通过资源配置市场化改革，减少土地、电价、贷款方面等对工业的变相补贴，改善服务业的市场环境，将有可能进一步加速产业结构的再平衡。

通过产业结构再平衡的努力，可能在2030年使第一、第二和第三产业的比例调整到介于上中等收入国家（7∶36∶57）和高收入国家（2∶25∶73）之间的水平，估计为5∶30∶65。这仍然高于发达国家水平，但将使2030年的第二产业比重比常规情景降低6个百分点，服务业比重提高8个百分点。

我们的计算表明，上述产业结构变动将进一步减少2030年能源消费6.7%。考虑到投资—消费结构的再平衡本身也会对产业结构发生影响，我们粗略估计这一效应约占一半，已经包括在投资—消费结构调整的结果中了。其余3.3%的节能效果则应归因于产业结构再平衡。

产业结构再平衡情景与投资—消费结构再平衡情景的结果合并，可使2030年的能源消费总量、化石能源消费、碳排放和主要污染物排放都比常规情景减少13%左右，其中化石能源消费从常规情景的53亿吨标准煤减少到约46亿吨标准煤。碳排放将从128亿吨CO_2减少到约112亿吨。

（四）资源税和电价改革情景

目前，中国的资源税税率仍然较低，不利于促进节能、减排、降污。根据本报告第4部分提出的建议，这里假定2015—2025年将大部分石油和煤炭生产企业的资源税税率分次提高到15%，少部分资源条件较差的企业适用10%税率，平均税率13%。

据此计算，资源税改革所产生的价格效应和替代效应将导致煤炭和石油消费分别比常规情景减少8.9%和6.2%。两者合计，这项改革可以减少化石能源消费6.1%，但高碳化石能源将减少8.4%。污染物排放和碳排放减少的幅度分别为8%和7%左右。资源税改革也将改善收入分配状况。

（五）改善能源结构情景

如本章第5部分所描述的，中国政府过去采取了许多刺激可再生能源供给的政策，但不足之处是缺乏对扩大需求的政策支持。我们建议对现行政策进行调整，把重点转移到对可再生能源的需求侧政策上来。

初步估计通过这一政策调整，可使非化石能源占能源消费总量的比重从近年来的每年提高0.5个百分点左右加速到0.7个百分点左右。这样到2030年，非化石能源占能源消费总量的比重能够提高到21%以上，比常规情景提高4.2个百分点。这一政策调整将比常规情景减少化石能源消费5.1%。

（六）发展城市城际轨道交通系统及建筑节能情景

在第7部分中，我们指出，随着中国向高收入国家迈进，交通和建筑能耗将逐渐成为更大的能源消费部分。城市和城际轨道交通系统与私人汽车相比，节能减排和减少大气污染的效果十分显著。我们建议大力发展城市和城际轨道交通系统，以减少私人汽车的使用。此外，全面实行和落实强制性建筑节能标准，对未来的能源节约也将具有重要的意义。

初步估算显示，未来实行这两项政策，到2030年有可能节约能源消费5%～12%。在减少二氧化碳排放和空气污染方面，也基本上具有同等效果。由于数据不足，这里不能给出更精确的计算，我们仅按2030年节约能源和减少排放各5%计算。这构成了绿色转型政策一个举足轻重的部分。

（七）绿色转型政策的叠加效应

在这一部分中我们合并计算上述五种改革和政策调整措施同时实施，对未来能源与环境影响的叠加效应。

第一，推进投资—消费结构再平衡的体制改革和政策调整，合理降低投资率、提高消费率各10个百分点，将使2030年能源消费总量和化石能源消费各减少9.7%。第二，加速产业结构再平衡的政策调整，可以使2030年能源消费进一步减少3.3%左右。第三，推进资源税改革和电价改革，在2030年将使化石能源消费减少6.1%，但高碳化石能源（煤和石油）将减少8.4%。第四，通过推进需求侧鼓励政策促进可再生能源发展，到2030年化石能源消费可减少5.1%。此外，大力发展城市和城际轨道交通，并全面推行更严格的强制性建筑节能标准，估计在2030年还将减少化石能源消费5%～12%（这里仅按5%计算）。

以上各项措施合计，扣除重合部分后，将至少导致2030年比常规情景减少能源消费总量20%，从62.6亿吨标准煤减少到50.1亿吨标准煤。化石能源消费将减少26%，即从53亿吨减少到39.2亿吨，减少化石能源消费接近14亿吨。高碳化石能源的减少幅度更大，可以减少28%，从45.8亿吨减少到33.0亿吨。

随着化石能源消费减少，二氧化碳排放将从常规情景的128亿吨减少到94亿吨，减少 34 亿吨，减幅为 27%。主要大气污染物（包括二氧化硫、氮氧化物、总悬浮颗粒物和可吸入颗粒物等）的理论排放量（未扣除脱硫、脱硝、除尘等降污措施的计算排放量）将减少 28% 左右。

表 2-7 和表 2-8 分别显示了各绿色转型情景对能源消费总量和对化石能源消费变化的叠加效应。表 2-9 是各情景对二氧化碳排放相应影响的叠加效应。

表 2-7 绿色转型政策对能源消费总量的叠加效应

单位：亿吨标准煤

年份	2013	2020	2030	2040	2050
常规情景	37.5	48.7	62.6	73.4	81.2
投资消费结构再平衡	37.5	46.1	56.6	66.3	73.4
产业结构再平衡	37.5	45.4	54.7	63.5	70.0
资源税改革	37.5	44.5	52.8	61.4	67.9
轨道交通—建筑节能	37.5	43.7	50.1	56.3	60.0
合计减少能源消费	0.0	5.0	12.5	17.1	21.3
减少幅度，以常规情景为 100%	0.0%	10.3%	20.0%	23.3%	26.2%

表 2-8 绿色转型政策对化石能源消费的叠加效应

单位：亿吨标准煤

年份	2013	2020	2030	2040	2050
常规情景	33.8	42.8	53.0	59.6	63.4
投资消费结构再平衡	33.8	40.5	47.8	53.9	57.2
产业结构再平衡	33.8	39.9	46.2	51.6	54.6
资源税改革	33.8	38.5	43.5	48.6	51.5
能源结构调整	33.8	38.0	41.3	43.6	43.3
轨道交通—建筑节能	33.8	37.4	39.2	40.0	38.2
合计减少化石能源消费	0.0	5.5	13.8	19.7	25.1
减少幅度，以常规情景为 100%	0.0%	12.7%	26.0%	33.0%	39.7%

表 2-9 绿色转型政策对二氧化碳排放的叠加效应

单位：亿吨

年份	2013	2020	2030	2040	2050
常规情景	84.0	105.1	127.9	142.4	149.4
投资消费再平衡	84.0	99.5	115.5	128.6	134.9
产业结构再平衡	84.0	97.9	111.6	123.2	128.7
资源税改革	84.0	94.1	104.1	115.0	120.4
能源结构调整	84.0	92.8	98.8	103.1	101.0
轨道交通—建筑节能	84.0	91.3	93.8	94.5	89.2
合计减少二氧化碳排放	0.0	13.8	34.1	47.9	60.2
减少幅度，以常规情景为 100%	0.0%	13.1%	26.7%	33.6%	40.3%

根据以上模拟分析结果，各项绿色转型政策是否实施和是否落实到位，将对未来的能源消费、二氧化碳及污染物碳排放有非常大的影响。没有这些转型措施，化

石能源消费量和二氧化碳排放量将持续上升，在2050年都不能达到峰值。在2030年，化石能源消费将达到53亿吨标准煤，2050年超过63亿吨标准煤。二氧化碳排放在2050年将达到150亿吨。而且两者仍将继续上升。

如果上述这些绿色转型政策措施全部落实到位，那么中国化石能源消费量和二氧化碳排放量估计可在2036—2037年前后达到峰值（约为40亿吨标准煤），此后将迎来化石能源消费量和碳排放绝对下降的局面。其中，高碳化石能源消费达到峰值的时期有可能大大早于全部化石能源消费的峰值，有可能在2019年达到33.6亿吨的峰值。这是因为转型过程中扩大了相对清洁的天然气消费，减缓了煤炭和石油的消费。图2-5到图2-7显示了各情景的节能和减排效果。图2-8和图2-9显示了各情景二氧化硫和氮氧化物的减排效果。

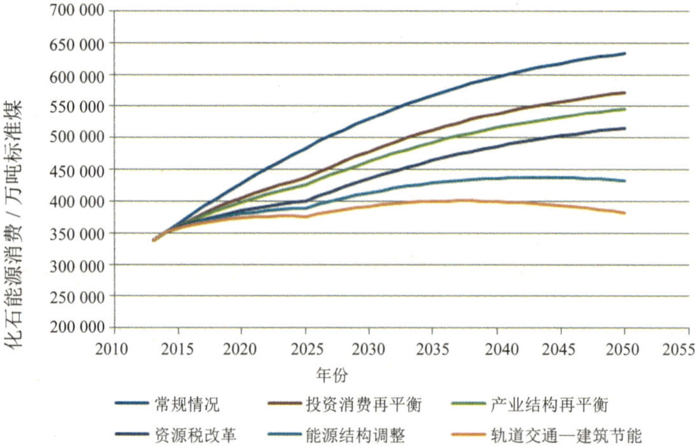

图2-5　绿色转型政策对化石能源消费的叠加效应

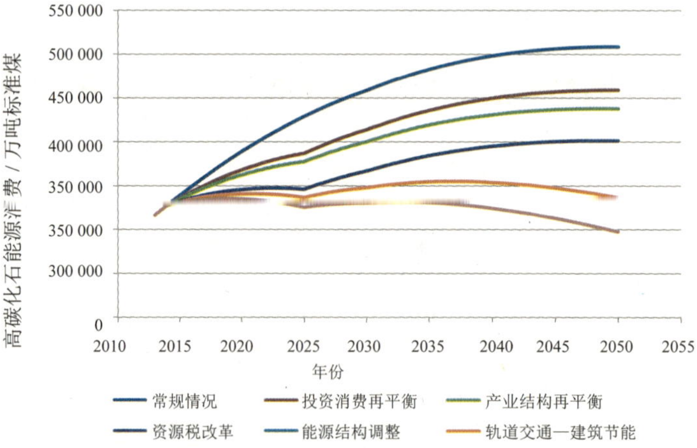

图2-6　绿色转型政策对高碳化石能源消费的叠加效应

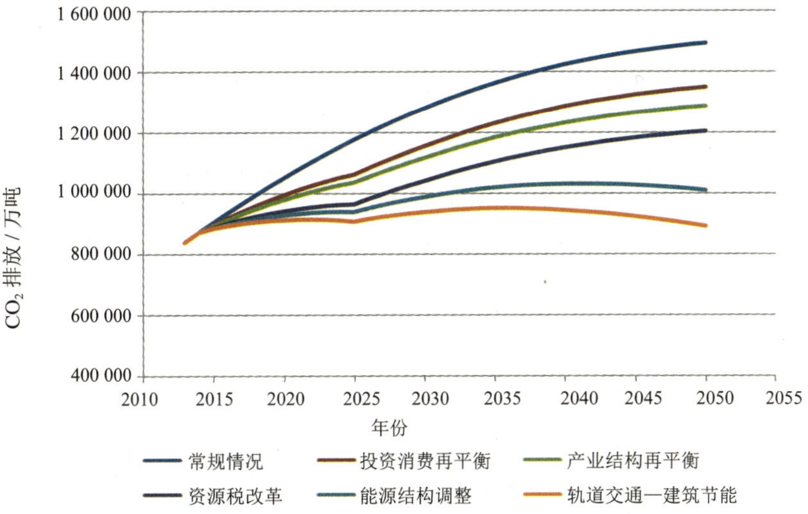

图 2-7 绿色转型政策对二氧化碳排放的叠加效应

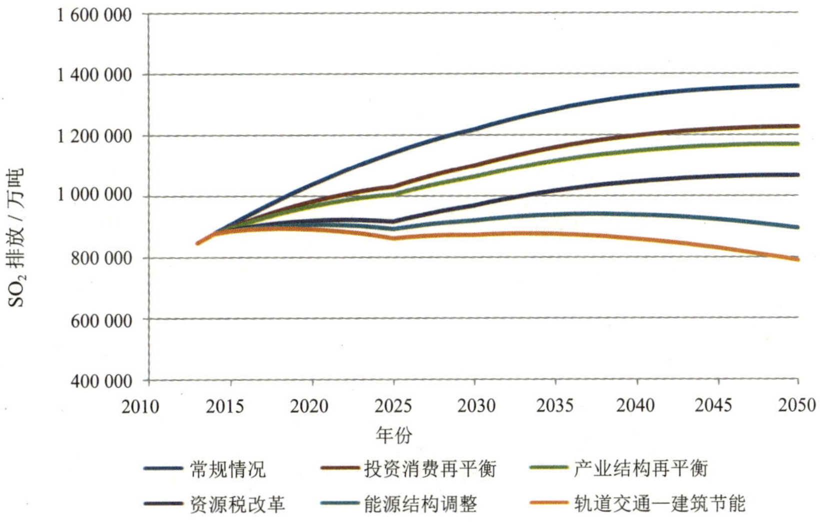

图 2-8 绿色转型政策对二氧化硫排放的叠加效应

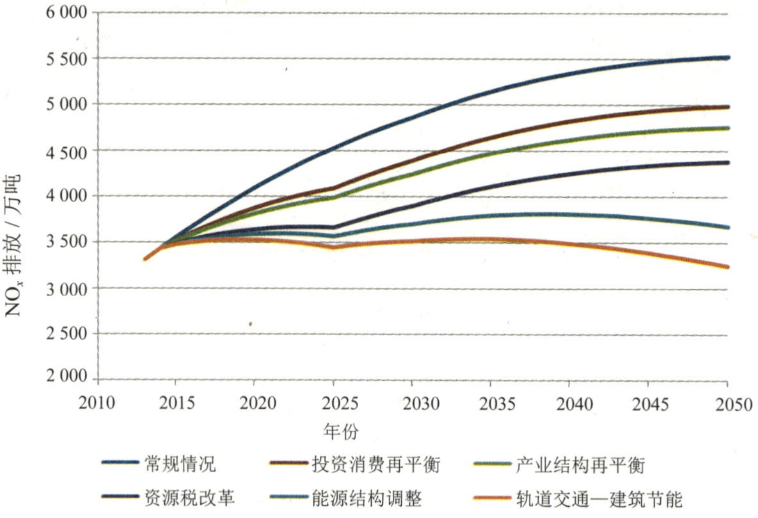

图 2-9 绿色转型政策对氮氧化物排放的叠加效应

从图 2-5 ～图 2-9 可见，各情景中，化石能源消费、碳排放和污染物排放均在 2025 年左右出现一个拐点，在此后之有轻微的反弹。这是因为我们假设投资—消费结构再平衡和资源税改革都将在未来 10 年左右的时间段进行，于 2025 年完成。因此 2025 年以后的一段时间内，转型力度可能变小。不过这种情况仅是一种理论假设，并不必然发生，因为此后还可能有新的转型因素出现（例如因技术创新带来的节能减排等）。

此外还需要说明，这里所列的 5 种转型情景，并没有包括所有可能的转型措施，而只包括了几项重要的和可以量化的措施。不排除通过其他方面的努力和上述几方面的额外努力，进一步加快绿色转型的步伐，使化石能源消费、碳排放和污染排放绝对下降的阶段更早到来。

十、 关于政策建议的总结性陈述

（一）促进经济结构再平衡的政策调整

在过去 10 年里，中国的储蓄率和投资率分别上升至 GDP 的 50% 和 48%。由于过度投资产生的严重产能过剩、一部分公共基础设施的低利用率，以及能源消费加快、污染趋于严重的事实提示我们，在一定范围内降低投资增长率，将不仅不会放慢经济增长，而且会使增长更可持续，并减少资金和能源浪费，为节能减排、减少污染发挥重要作用。

我们的研究表明，消费占 GDP 比重每增加一个百分点，而对应的资本形成占

GDP 比重每下降 1 个百分点，会使能源消费下降 0.97%。我们建议政府采取一系列制度改革和政策调整措施，促进消费率在 2025 年之前上升 10 个百分点，降低资本形成率 10 个百分点（均为占 GDP 的比重）来实现经济结构的再平衡。

同时，我国仍然存在工业比重过高、服务业过低的问题，这也是导致过度消耗能源和环境污染的原因之一。我们建议减少对服务业的准入限制，减少在土地供应、能源价格、税收等方面对工业的优惠政策，对不同产业实行同等待遇，促进产业结构的再平衡。

（二）资源税和环境税

绿色转型需要一系列的政策工具组合，包括法律法规、行政控制、公众参与和媒体监督，以及经济激励和约束。到目前为止，中国政府主要依赖行政管制来应对环境恶化，而这一手段已经变得越来越低效，环境也表现出进一步恶化的趋势。因此，经济政策手段，如税收、补贴和定价机制，就有很大的发挥空间。

我们建议以下措施来全面推进资源税改革和相关的电价改革。第一，根据资源级差，对石油征收 10% ～ 15% 的资源税 （以 15% 税率为主）。同时对进口石油征收同等水平的资源税。天然气的资源税税率可以继续保持在 5%。对进口天然气可免征进口资源税。第二，对煤炭改征从价资源税，在 2025 年之前分三步将税率提高到 10% ～ 15%（以 15% 为主），对进口煤炭征收同等水平的资源税。第三，改革电价形成机制。除限额内的居民用电和农业用电外，所有用电实行同电同价，提高到合理的市场价格水平，不再允许例外。

我们还建议对电力和汽车的消费征收环境税。电力税可以通过基于消费量分级定价征收；而汽车税可以根据汽车型号和发动机的功率所对应的排放量，而实行累进税制。部分资源税收入和所有的环境税收收入应该用于环境目的，而不是成为生产者利润的一部分。

（三）可再生能源的需求方政策

我们需要需求方的政策以鼓励可再生能源的使用。政府应采取强有力的政策来提高可再生能源的发电能力，鼓励太阳能技术在所有的工业与民用建筑以及汽车中的应用。此外，新的法规和政策需要用于鼓励或强制新的绿色技术应用于城市设计和工业建筑。通过促进可再生能源的利用，应将非化石能源所占比重每年至少提高 0.7 个百分点，使之在 2030 年占到能源消费的 20% 以上。

（四）发展轨道交通，推行建筑节能

随着中国向高收入国家迈进，交通和建筑能耗将逐渐替代工业能耗成为更大的能源消费部分。发达国家的经验说明，大规模发展城市和城际轨道交通系统，对改善环境意义重大。城市和城际轨道交通系统与私人汽车相比，具有十分显著的节能、减排和减少大气污染的效果。我们建议在这方面未雨绸缪，及早规划，大力发展城市和城际轨道交通系统，以减少私人汽车的使用。同时，全面实行和落实强制性建筑节能标准，对未来的能源节约也将具有重要的意义。

（五）总量目标控制

我们建议政府每年对能源及煤炭消费总量采取“全国总量目标控制”，以已经存在的“强度目标”为参考。定量指标应该比密度目标更加有约束力。随后，全国定量目标应分解到区域配额（补充某些行业配额），并且需要配套的行政措施和法律手段来支持这一实践。

（六）扩展绿色金融

政府的绿色金融政策对于鼓励金融机构将环境因素纳入自己的利润计算，因此将更多的金融资源配置到“绿色企业”而不是污染行业，是非常重要的。

应当引入金融行业的各种自律准则，例如有关其财务活动等，哪些行业向它们借钱，它们在哪里投资，如何使金融项目的环境影响折价的评价，以及如何共享生态友好型项目。

绿色企业应该成为所有行业企业社会责任（CSR）的重要组成部分。

第三章 生态文明建设背景下的环境保护制度体系创新研究

一、生态文明建设背景和国家环境治理体系

（一）生态文明建设的提出对环境保护的巨大推动作用

中共十八大把生态文明建设与经济、政治、文化、社会事业并列作为中国社会主义现代化总布局的重要组成部分，提出："建设生态文明，是关系人民福祉、关乎民族未来的长远大计。面对资源约束趋紧、环境污染严重、生态系统退化的严峻形势，必须树立尊重自然、顺应自然、保护自然的生态文明理念，把生态文明建设放在突出地位，融入经济建设、政治建设、文化建设、社会建设各方面和全过程，努力建设美丽中国，实现中华民族永续发展。"

中国开展生态文明建设，就是不但要在21世纪中叶实现国家现代化、达到中等发达国家的发展水平，使所有人都享受到现代社会高质量的物质和文化生活，更要建设美丽中国，达到人与自然和谐，实现中华民族永续发展。

生态文明建设的提出，把环境保护摆到更加重要的位置，为环保工作提供了更宽阔的视野和更有力的支撑，也提出了更高的要求。在现阶段建设生态文明，主要是为了解决严重的环境问题和资源的约束，努力使经济发展与环境保护相协调。近期重点在优化国土开发格局、节约和循环高效利用资源、加强生态环境保护以及加强生态文明制度建设四个方面。

中共十八届三中全会对加快生态文明制度建设作出了部署，提出"建设生态文明，必须建立系统完整的生态文明制度体系，实行最严格的源头保护制度、损害赔偿制度、责任追究制度，完善环境治理和生态修复制度，用制度保护生态环境"。这说明生态文明建设的当务之急，在于制度体系的建设。生态文明建设的提出和不断推进，有力地推动了环境保护制度的创新。通过完善并严格执行环境保护制度，不仅有助于解决面临的严峻环境问题，更重要的是构筑了建设生态文明的保障，是对人类文明发展和社会进步的巨大贡献。

全国人大常委会2014年4月24日通过了修订的《中华人民共和国环境保护法》，这是环境保护领域最重要的制度改进。以此为标志，中国生态文明制度体系创新的大幕正式拉开，中国环境治理体系和环境治理能力开始向现代化迈进。

（二）当前严重的环境问题凸显国家环境治理体系的缺陷

改革开放以来，中国社会经济快速发展，到2010年，GDP总量首次超越日本成为世界第二。然而这一骄人成绩背后，却是日益严峻的环境问题。①污染物排放量居高不下。自2005年起，中国SO_2等主要污染物排放量已先于GDP总量达到世界第一，许多地区排放的污染物超过了当地环境的自净能力。②环境质量状况不容乐观，2013年74个按新大气质量标准实施监测的城市中，仅有3个城市空气质量达标，超标率高达95.9%；十大流域水质总体为轻度污染，704个水质监测断面中劣五类水质比例占8.9%；全国地下水较差至极差水质的监测点比例为59.6%；全国土壤污染监测点位超标率达16.1%，耕地土壤污染比重高达19.4%；[①] 汞等重金属污染、持久性有机污染物等也应成为高度关注的环境问题。③环境引发的社会问题加剧。诸如松花江污染等重大突发环境事件时有发生，PX项目等涉及环境问题的群体性事件发生频率增加；环境污染损害人民身体健康，群众反映强烈，对社会生产生活造成重大影响。

当前严峻的环境形势凸显出中国环境治理体系的缺陷。环境治理制度不健全、不到位；环境治理体制不协调、不完整；环境治理机制不完善、不畅通。除制度、体制、机制自身的不足，其相互之间也缺乏支撑、激励和约束，导致环境治理体系的整体运行无序。

总的说来，中国环境治理体系和治理能力的水平显著落后于经济发展，使经济增长的资源环境代价过大，无法支撑可持续发展，亟须实行现代化改革。

（三）推进国家环境治理体系和治理能力现代化

中共十八届三中全会把完善和发展中国特色社会主义制度，推进国家治理体系和治理能力现代化作为今后一段时期全面深化改革的总目标。环境治理体系是国家治理体系的重要组成部分，也面临治理体系和治理能力现代化的问题。

1. 国家环境治理体系

国家环境治理体系是国家环境保护的法规制度、管理体制和运行机制有机结合、相互关联、共同作用的综合系统，是国家环境治理的依据、条件和方式。

环境保护制度是国家根据保护环境的目的、要求和工作程序，制定的一系列法律、法规、政策、规范，它们共同构成对治理主体环境行为及相互关系的要求、约束和激励。环境保护制度在环境治理体系中发挥基础、规范和引领方向的作用。

环境保护体制是国家部门、企业单位、社会组织在环境保护领域的机构设置、

① 数据来源：《中国环境质量报告》。

职能划分及其相应权利的制度安排。环境保护体制是国家环境保护制度所规定的，并成为其重要体现形式，它为环境保护制度的有效实施提供保障。

环境保护机制是各治理主体为了实现环境保护目标、执行环境保护制度的要求，通过环境保护体制的安排，在实施一系列环境保护行动中相互作用的过程和方式，它是有效实施环境保护制度的关键。

环境保护制度、体制和机制构成完整的环境治理体系，是一个不可分割的整体。建设和推进国家环境治理体系的目的是：通过整体、系统、协调的环境保护制度、体制、机制建设和创新，保护生态环境，保证环境安全，提供环境公共服务，实现良好的环境质量、造福人民群众。

环境治理的理论基础是可持续发展理论、生态系统价值理论、自然生态系统平衡进化理论、公共治理理论等。它为随着文明的进步、人类社会与自然界走向和谐发展奠定了理论基础。环境治理主体是国家环境治理的实施者。环境治理主体包括政府、企业、社会组织和公民。政府方面包括中国共产党、立法机构、司法机构、民主党派、各级政府等；企业方面有国有企业、私有企业、外资企业、混合所有制企业、个体工商户等；社会组织方面有工会、行业协会、教学科研机构、社会团体、媒体等；在公众方面有人民群众和群众自治机构。在环境保护制度的规范下，通过环境保护体制明确规定各环境治理主体责任、权利、职能、义务。主体之间建立合作、互动、制衡、监督的相互关系。

2. 国家环境治理能力

国家环境治理能力是按照环境保护制度，通过环境保护体制和机制运行，发挥国家环境治理体系的功能和作用，治理环境保护事务的能力。国家环境治理能力不是政府各种环境保护管理能力的简单叠加，而是所有治理主体能力的有机合成。

国家环境治理能力包括与整个国家和公民利益密切相关的公共环境事务的解决和治理过程，包括环境服务和产品的生产与供给、环境资源的配置与协调、环境政策的制定与实施、国家环境安全的维护、国际环境问题的解决等所有环境治理过程的能力。

国家环境治理能力也是所有与环境相关的公共服务，市场化、社会化的管理和分配过程，还包括社会教育水平、社会组织化程度、公众参与能力、社会认同和凝聚力等软实力。

国家环境治理能力是动态发展的。在公共环境服务要求越来越高、社会经济快速发展和环境问题日益复杂的背景下，环境治理体系要应对传统政府管理体制无法解决的问题，并且要对未来的发展和新的环境问题作出预见和管控。根据新的问题衍生新的国家环境治理制度和能力。

国家环境治理能力大小没有绝对标准，需要在和其他国家对比中得到展现。重要的是适合国情，解决问题。国家环境治理能力既有硬实力，也有软实力，需要吸收其他国家的经验和成果，服务于中国的环境保护和可持续发展。

3. 国家环境治理体系和治理能力的关系

环境治理体系和治理能力是一个有机整体，相辅相成。有了环境治理体系才能发挥环境治理能力，加强提高环境治理能力才能实现环境治理体系的目标。国家环境治理体系体现国家环境治理的性质和要求，具有相对的稳定性；环境治理能力是环境治理体系实现的途径和方法。在建设国家环境治理体系的过程中，同时要重视提高国家环境治理能力，这样国家环境治理体系才能够发挥作用。

4. 国家环境治理体系和治理能力现代化

国家环境治理能力现代化是满足环境保护和可持续发展的需要，把环境保护制度的要求转化成为解决环境问题、改善环境质量的能力和水平。

在完善环境保护制度基础上，通过不断加强环境保护体制、机制的协同、互动，使制度得以落实，才能逐步实现环境治理体系和能力的现代化。同时在治理体系和治理能力现代化过程中，进一步促使国家环境治理制度化和法制化。

环境治理能力现代化的评价指标及其关键特征如下：

（1）和谐：环境治理主体之间及主体内部各方面关系的和谐。

关键特征：明确分配角色和职责。

（2）制衡：形成有效的制衡机制，包括体制、机制和制度之间的制衡，各治理主体之间的监督，同一治理主体内部关系的平衡等。

关键特征 1：整合，以确保均衡考虑环境、经济和社会因素，获取共同利益，并调整各种功能和服务，保证以负责任的方式实施项目，既要保护环境，还能创造经济和社会福祉。

关键特征 2：国家利益与权力下放，考虑国家利益，以便在适当情况下采取全国性的统一做法，摒弃各辖区各自为政，同时，权力下放，在最低的政府层次上分担责任，允许通过灵活方式解决问题。

（3）稳定：环境治理主体应随着形势情况的变化形成自我调节机制，保证环境治理目标稳定实现。

关键特征：随着形势情况的变化形成自我调节机制。

（4）公平：环境治理主体之间的公平，当代人与后代人之间的公平。

关键特征：通过机制和结构实现包容性，使企业和社会各界在环境整治工作方面进行参与和互动。

（5）效率：环境效益、经济效率、社会效率、行政效率同时得以提高。

关键特征 1：在国家、地区和地方政府层次上实现财政可持续性。

关键特征 2：建立综合性的、可获取的信息系统，以提高各部门、行业和社会各界之间的数据可靠性、准确性和交流性，推动以证据为基础制定决策，并协助建立共识。

环境治理思想的历史演变过程，从 20 世纪上半期的单纯治理公害，到下半期的预防为主、防治结合，再到 1992 年提出的可持续发展，到了 21 世纪初则提出绿色发展与公众参与，更加强调企业自愿合作、第三方监督和公众广泛参与。

在推进环境治理体系和治理能力现代化过程中，一方面要给予治理体系中不同主体更多改革和创新动力，另一方面要加强环境保护制度建设。当前中国的环境治理制度体系需要改革和完善，建立社会责任和规则意识，在此基础上，推进合作、约束和创新。强制约束和责任划分可能弱化治理的灵活性、参与性和适应性，但可以保障治理的可持续性和效率，更有利于中国环境治理体系和治理能力现代化的进程。

在生态文明背景下，针对各种新政策和现有政策对环境、经济和社会目标的影响，通过战略环境影响评价，为政府提供具有科学性的独立建议，以转变过去赋予经济发展过多权重的状况，使环境与发展相平衡。

国家环境治理体系和治理能力现代化，要在完善制度基础上，理顺体制和机制，使它们共同发挥作用。这要求各治理主体，首先是党和政府要按照制度办事，依法办事。由于中国长期的集权传统，以及改革开放之前高度集中的计划经济影响，党和政府的管理活动深入到各个层面，权力过于集中，常常不能依法办事，是环境问题突出的重要原因。企业以追求效益为目的，缺乏社会责任感，常常无视环保法规，排污问题严重。而人民群众自身的环境权益观念淡薄，有序参与、依法办事的意识和能力缺乏。为此，党和政府应当以身作则，以提升国家的环境治理能力。

二、环境保护制度体系的现状及问题的根源

只有认真分析中国环境保护制度的现状，准确把握问题的根源，才能为提出的改革思路和建议奠定扎实基础。

（一）环境保护制度体系建设的成效

本节所称环境保护制度，是指环境保护法律法规创设的对环境保护具有保障性作用的强制性规定或规范性要求。研究所涉的环境保护制度边界，基本限定在污染防治和生态保护相关的制度范围。

环境保护制度建设发端于1979年《环境保护法（试行）》，该法创设了建设项目环境影响评价、排污收费、“三同时”等一批环境保护制度。随着环境保护立法推进，环境法制不断加强，环境保护制度不断创立和完善。2014年修订的《环境保护法》设立了环境保护目标考核评价制度、生态红线划定制度等，进一步推动了环境保护制度建设。截至2013年，全国人大发布环境保护方面的法律有10部，与环境保护相关的资源保护方面的法律20部。国务院发布的环境保护行政法规20余件，有立法权的地方人大也制定了上百件环境保护地方法规。据统计，国家法律法规设立的环境保护制度迄今已接近30项，按其适用范围，政府环境责任适用5项，污染预防与治理适用15项、生物多样性与生态保护适用9项[①]，见表3-1。

表3-1 环境保护主要制度

制度范围	主要制度名称	
政府环境责任	1. 环境保护目标责任制度*	2. 环境信息公开制度*
	3. 环境保护目标考核评价制度*	4. 跨行政区污染协调制度
	5. 环境状况公报制度	
污染预防与治理	1. 环境影响评价制度	2. 污染限期淘汰制度
	3. 排污收费制度	4. 污染物总量控制制度
	5. “三同时”制度	6. 生产者环境责任延伸制度
	7. 环境污染调查、监测评估和修复制度*	8. 禁止严重污染设备转移制度
	9. 排污申报登记制度	10. 排污单位环境保护责任制度*
	11. 排污许可证制度	12. 环境与健康监测、风险评估制度*
	13. 污染限期治理制度	14. 污染损害赔偿制度*
	15. 险废物行政代执行制度	
生物多样性与生态保护	1. 野生动物国家所有制度	2. 自然保护区划定制度
	3. 重点保护野生动植物名录制度	4. 自然保护区管理制度
	5. 特许猎捕证制度	6. 生态保护红线划定制度*
	7. 特许采集证制度	8. 生态保护补偿制度*
	9. 建设项目水土保持方案制度	

注：* 是2014年4月修订的《环境保护法》创设或完善的制度。

从总体上考察，历经30多年不懈努力，环境保护制度逐步走向全面和规范，各项制度在防治污染、保护生态、改善环境质量方面，实效性和生命力不断展现出来，对环境保护事业发展发挥着不可替代的支持和保障作用。

为了落实政府环境保护目标责任制度和污染物总量控制制度，国家“十一五”和“十二五”经济社会发展规划中都把主要污染物排放总量作为约束性指标，而且控制的主要污染物种类在增加，取得了经济增长、主要污染物不增反降的效果。为了解决危害群众健康的突出环境问题，进一步落实政府环境保护目标考核制度，落实法律规定“未达到大气环境质量标准的大气污染防治重点城市，应当制定限期达标规划……采取更加严格的措施，按期实现达标规划”，国务院制定了更为严厉的《大

① 国务院法制办公室《中华人民共和国环境保护法典》。

气污染防治行动计划》，初步建立了区域污染防治联控协调机制。为保障环保制度得到有效实施，改革环境管理体制，增强了环保部门的能力和权威性。21 世纪初国家环保部门设立了地区派出机构，强化了对地方政府及企业执行环保法规、规划及标准的监督检查力度。2008 年国务院设立了环境保护部，使环保部门更广泛深入地参与国家经济社会发展的综合决策。

经过多年努力，随着环境保护制度体系的建设发展，环境质量也有了一些可喜的变化。21 世纪初第一个十年，在经济高速增长条件下全国地级以上城市环境中二氧化硫、氮氧化物、可吸入颗粒物（PM_{10}）年均浓度有不同程度的降低；淮河、辽河污染明显减轻，水质有所改善，七大水系劣五类水质断面比例降低了 15% [①]。但是中国环境污染依然严重，一些污染物排放量仍然在增加，环境风险加大，影响群众健康问题突出。针对问题改革完善环境保护制度体系既是发展中国环保事业、改善环境治理、建设美丽中国的治本之策，也是当前的紧迫任务。

（二）环境保护制度体系存在的主要问题

1. 环境保护制度实效性及其体现的原则

环境保护制度实效性是制度适用程度及其适用所产生的环境、经济、社会效益的总称。环境保护制度实效性取决于制度设计是否科学缜密、内涵是否健全合理、执行成本是否低廉等多方面因素，但关键是看其对环境保护是否具有支持和保障作用。 下面将从制度设计、制度内涵方面论述环境保护制度实效性，涉及制度执行有关内容不在本章节论及。判断制度的实效性应体现以下几条原则：

（1）制度是否符合中国经济社会发展的实际情况。

（2）制度是否保持权力行使与制约平衡。

（3）制度是否有效维护客体正当权利。权利核心乃是利益合法性和社会正当性。

如以这些原则来衡量，中国环境保护制度还存在许多问题，有些是明显的缺陷或严重的短板，制度自身的问题也是造成制度难以落实的内在原因。为此，制度的改革对环境保护事业发展显得尤为迫切。

2. 环境保护制度的缺陷

（1）政府环境责任制度的不足

政府环境责任制度不足突出体现在权力责任不对称和环境责任虚设上。

政府环境权责不对称：迄今所有环境保护法律无一例外地授予了政府保护生态环境的行政权力，规定了政府对行政区内环境质量负责的法律职责，但权力与责任

① 《中国环境质量公报》。

不对应，是当前政府环境责任制度存在的突出问题之一。以《自然保护区条例》为例，第十一条规定“自然保护区分为国家级自然保护区和地方级自然保护区”，表明了自然保护区实行分级建设和分级管理制度。《自然保护区条例》第二十三条规定：“管理自然保护区所需经费，由自然保护区所在地的县级以上地方人民政府安排。国家对国家级自然保护区的管理，给予适当的资金补助。”政府环境权责不对应在这里显露了出来：既然规定自然保护区分为国家级和地方级，按照法理和逻辑，自然保护区建设与管理费用就应分级负担。但实际上不管哪一级自然保护区，所需经费都由地方政府负担，国家仅对国家级保护区给予一定补助。而这些地区相当一部分是经济欠发达地区，财政困难。中央政府对国家级自然保护区的财政责任就难以体现了。无论从法理和实际情况看都说不通。

政府环境责任虚设：修订前的《环境保护法》和各单行法都规定地方政府对本辖区环境质量负责，采取措施改善环境质量。尽管如此，政府应该采取哪些措施改善环境质量，如果环境质量恶化了，政府负什么责任，怎样追责，法律并无约束性规定。 修订的《环境保护法》对政府环境责任虽然进一步做了明确，但问题依然存在，如总则对政府环境责任制度表述，仅仅是“应当对本行政区域的环境质量负责”，“应当加大”保护和改善环境的财政投入，制定经济、技术政策“应当充分考虑”对环境的影响，“应当制定限期达标规划”等，对政府未履行环境责任依然缺乏实质性约束。

政府环境责任关乎社会公共服务和公众健康，关系生态文明建设和可持续发展，如果政府环境失责无须承担责任，那就从根本上抽空了政府环境责任制度的核心，这项制度也就缺乏了生命力。

（2）污染防治制度的不足

尽管污染防治制度现已初步形成制度链，制度执行成效比较显著，但诸如环境影响评价制度等仍然存在实体内容狭隘问题。2001 年在起草《环境影响评价法》草案时，起草单位考虑到“政府及其有关部门制定的政策”比建设项目对环境影响更持久、更广泛的情况，提出拟将环境影响评价对象从建设项目拓展到与环境相关的规划和政策制定上。但是这一正确建议触动了某些部门和地方利益，未被采纳。

污染防治制度还存在着科学性和可操作性不强，或缺乏详细程序性规定的问题，严重影响其实效性。如排污许可证制度缺乏具体法律规定，长期以来未得到有效执行；“三同时”制度不严密，处罚过低，执行效果不好，有时形同虚设。

专栏 3-1 美国环境影响评价制度重在政策和重大项目环评

《美国国家环境政策法》（NEPA）于 1969 年生效；该法加强了整个联邦政府对环境保护的意识，并确保环境价值被纳入各机构和部门的决策中。为了实现该目标，《美国国家环境政策法》要求联邦机构针对“显著影响人类环境质量的重大联邦行动”编写环境影响报告（EIS）。此外，相对简单的“环境评估”（EA）用于评估政策或项目的环境影响，以确定是否需要更全面的环境影响报告。因此，编制的环境影响报告数量被限制在可控的范围，每年约400～600份。

为了遵循《美国国家环境政策法》，联邦政府用数年时间来形成政治共识、积累专业知识和建立执行队伍。在公民因担忧大项目对环境产生有害影响而提起诉讼时，法院在强制要求那些不配合的机构遵从《美国国家环境政策法》有关规定方面发挥了关键性作用。此外，该法最重要的作用在于：在评价对土地利用、能源生产、运输、生态系统和关键栖息地管理具有大规模影响的国家政策或项目方案的环境影响时，引入了信息公开和公众参与。

（3）生态保护制度的缺陷

从制度覆盖面、系统性角度审视，生态保护领域既存在制度缺失又存在制度缺陷，主要表现在：

一是国家至今没有颁布生态保护专门法律或单行法律，生态保护制度建设缺乏直接的法律依据。

二是生态保护急切需要的制度诸如生态红线划定制度、生态补偿制度等，虽然在修订的环保法中设立了这些制度，但无实体内容和程序性规定，还需要有具体的制度规定才能得以实施。

三是现有不多的生态保护制度存在覆盖面过于狭窄等突出弊端，难以适应生态保护的总体需求。

为保护物种，国家1988年制定《野生动物保护法》并于2004年修订。该法规定对“珍贵、濒危的陆生、水生野生动物，或者有重要经济价值、科学研究价值的水生、陆生野生动物”进行保护，并确立了野生动物国家所有、重点保护野生动物名录、特许猎捕证审批等制度，表明政府对珍稀性、濒危性、高价值性动物优先保护的责任担当，这些制度对珍稀野生动物保护起到了重要作用。但是，在实践中也暴露出制度自身的局限性，即过窄的制度覆盖面。

珍稀野生动物“濒危灭绝风险”固然与非法猎捕相关，实施特许猎捕证制度有利于降低濒危灭绝风险。但这些物种濒危灭绝风险的关键在于其生存繁衍的栖息地日益缩小和消失，以及食物链严重破坏和毁灭。如果仅限于特许猎捕证这样孤立的手段，却不从保护其生存环境和食物链这些根本环节上建立制度，那么良好的保护愿望终将化为乌有。

专栏 3-2 白鳍豚“功能性灭绝”

白鳍豚被列入国家第一批重点保护野生动物名录，对其实行特许猎捕证制度。尽管如此，这种举世珍稀水中哺乳动物仍然没能幸免于灭绝的命运。

研究表明，20 世纪 80 年代长江生活着 300 多头白鳍豚，90 年代中后期仅剩下几十头。2006 年有关研究机构对长江白鳍豚进行联合考察，从宜昌至上海河口水域一头白鳍豚也未发现。2007 年有关方面宣布白鳍豚已“功能性灭绝”。

3. 环境保护制度体系的缺陷

依照中共十八届三中全会《关于全面深化改革若干重大问题的决定》（以下简称《决定》）提出的“用制度保护生态环境”的要求，现行环境保护制度体系还不健全，在制度体系的设计上、体系建设的指导思想上、体系的覆盖面等方面存在着缺失缺陷等问题。

一是制度体系的设计上：环境保护的制度是随着环境保护事业发展逐步建立起来的，长期以来缺乏一个总体设计，缺乏一部真正的基本政策法律。总体设计应界定环境保护制度的范围，明确实现的目标、主要的原则、制度的架构、执行主体责任权力的平衡等重大问题。总体设计既要有稳定性，又要随着形势的发展不断加以修正完善。

二是体系建设的指导思想上：许多环境保护制度是在生态文明理念提出之前设立的，因此，在制度设计的指导思想上缺乏生态文明导向，未能充分体现尊重、顺应、保护自然的核心理念。

三是制度的覆盖面：虽然污染预防与治理制度覆盖较为周全，然而涉及自然生态保护，以及政府环境责任、环境社会治理方面还存在着明显的制度缺失。

四是制度的衔接：尽管在源头预防、过程管理、末端控制等环节上初步形成了污染防治制度链，但其中某些制度如排污许可制度等仍需完善；许多急需的生态保护制度如生态补偿制度尚未真正建立，离形成“制度链”存在着很大差距。

五是制度的内涵：有的制度还存在一些缺陷，或是内容虚空化、程序规定不到位、与实际情况不符，或是各类主体责任和权力不对等、义务和权利不平衡等，这些缺陷制约着环境保护制度效能的发挥。

（三）环境保护制度体系问题的根源

1. 经济社会发展和环境管理变化的阶段性

改革开放初期，中国国民经济基础十分薄弱，社会发展总体落后于世界平均水平，占世界25%的人口却只拥有2%的经济总量，人民对于改革和发展经济的愿望十分迫切。在这种形势下，国家提出“以经济建设为中心”，既满足稳定社会秩序的要求，也顺应人民改善生活的呼声，对于中国现代化建设具有深远的意义。在这一阶段，包括资源利用、环境保护在内的各项公共事业的发展均顺理成章地以社会主义经济建设为纲。

发展起步阶段，中国经济建设的技术水平较低，以从事简单的加工制造为主，对劳动力资源和环境资源投入的需求较大。此时，中国经过长期的经济停滞，恰恰拥有较好的资源、环境条件。充足的环境资源作为生产要素投入经济生产，可获得显著的边际产出，这反过来助长了社会对环境资源投入的依赖，固化了环境资源投入换取经济发展的思想。

生态系统的耐受性和自净能力使得环境污染具有累积性和迟发性特征。在生态系统承受阈值内，通过环境资源的投入获得大量经济收益，环境破坏所导致的后果却难以及时显现出来。这种非同步性在经济高速发展的初期表现为经济收益大于环境成本，从而形成巨额环境红利，又称为容量性环境红利，如图3-1所示；而宽松的环境保护制度又在容量性环境红利的基础上提供了巨额的制度性环境红利，如图3-2所示。

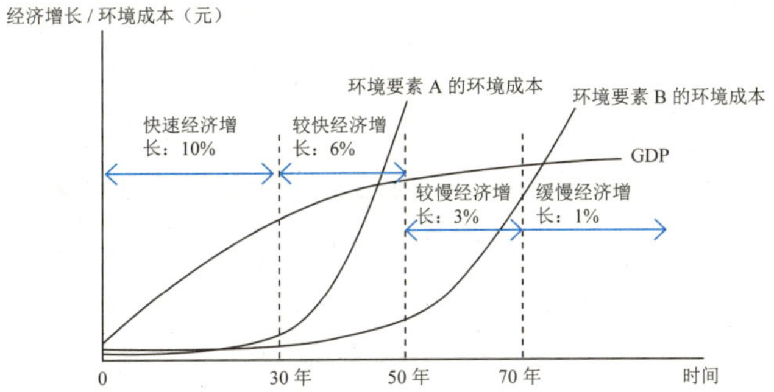

经济增长与环境成本不对称、不同步：
（1）经济增长：即时性、短期性、私有性；环境成本：累积性、滞后性、公共性。
（2）短期内：经济收益 > 环境成本；长期内：经济收益 < 环境成本。

图3-1 环境红利、经济增长与环境成本

环境资源是一类典型的公共物品，其利用与消费不具有排他性，任何经济组织或个人都可通过利用环境获得环境红利。与此同时，在经济高速发展初期，公众对于环境资源的需求以保障生存为主，加上对环境问题变化规律及其危害性的认识需要一个过程，环境质量的退化在相当长一段时期内很难动摇社会上“GDP为导向”的发展模式。

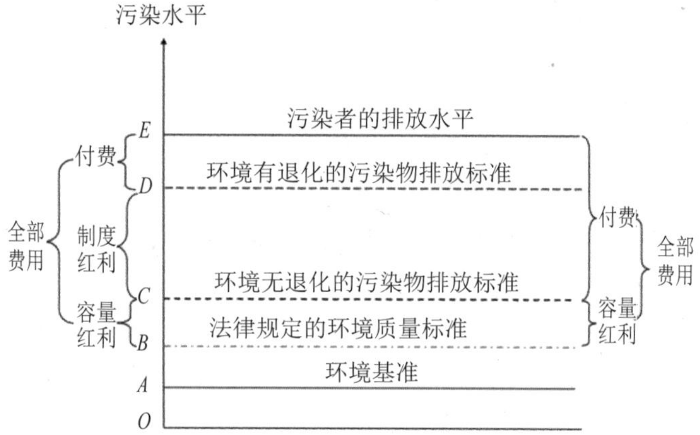

图 3-2　容量性环境红利与制度性环境红利

总的来说，改革开放以来中国环境治理发展缓慢的事实，与国家所处的历史阶段存在密切的因果联系。可是，随着环境承载力日臻极限，环境红利的边际经济收益正在锐减，而环境破坏的效应逐步凸显，经济高速发展初期形成的“环境保护为经济发展保驾护航”观点在发展历程中正遭受巨大挑战，并已经严重影响经济社会的可持续发展。

进入 21 世纪，中国政府采取了一系列举措加强环境保护，推动污染治理。然而，从发达国家的经验来看，环境治理体系的建立与完善大多经历了曲折反复的过程，绝非一蹴而就。中国的环境保护事业从发展初期就受到世界政治经济局势的影响，作为一个发展中国家，不再具有转移或转嫁环境问题的条件，拥有比发达国家更狭小的回旋余地，却面临比发达国家相同历史阶段更高的发展目标，责任大、空间小、目标严，极大地提高了中国环境保护制度体系改革的难度。这使得 21 世纪以来中国的环境治理体系发展依然不尽如人意。

2. 体制上的根源

（1）以促增长为主要职责的政府体制使环境保护往往让位于经济增长

作为发展中国家，在相当一段时间内促进经济较快增长，对于国家稳定、人民生活改善、社会发展进步至关重要，但各级政府的定位必须清晰。在职能定位不清晰的情况下，由于经济增长的需要促使地方政府逐步演化为重要的投资主体和经营主体。长期以来，招商引资、加快 GDP 增长既成为地方政府的主要职能，也是其负责人考核政绩、影响升迁的主要标准。

在这种观念和制度导向下，反映在体制安排上，则是环保部门的授权及能力有限，在政府各部门职能配置中，环保部门长期以来不是政府组成部门，处在明显的弱势地位，难以形成独立监管的体制机制，不能正常履行法律规定的管理职责。同时，对经济发展具有重大决策权力的综合经济部门所承担的生态环境保护职责长期不明确，即使有这方面的职能，在其内部也未受到重视，没能有效发挥环境与发展综合决策和协调职能。

（2）生态环境保护相关职能的横向配置不合理，存在职能分散、交叉、缺位和责权不清等问题

合理的职能配置应当是让每一个部门承担最符合其管理目标的职能，不能让其承担与其管理目标直接矛盾的职能。但目前看，中国生态环境保护相关职能的横向配置不合理。尽管规定了“统一监督管理与分部门管理相结合”的基本法律原则，但实际上这一管理体制尚未真正建立。

在统一监督管理上，环境保护部门缺乏相应的权威与手段。1998 年的机构改革撤销了国务院环境保护委员，赋予新成立的国家环境保护总局组织协调全国环境保护工作的职能，包括协调解决各地方、各部门以及跨地区、跨流域的重大环境问题等。实际上，作为一个非国务院组成部门的总局，环保总局很难担负起这一职能。一方面它的权威性不够，难以参与涉及环境保护的国家经济社会发展政策制定过程，也无法推动将环境要素融入其他部门的绩效考核中；另一方面它也没有足够的手段对各方形成约束力，如它无权决定给有关部门、地区优惠政策和投资项目等，对同级政府部门和下级政府的监督形同虚设。

专栏 3-3 “上海环境保护和环境建设协调推进委员会”机制

2003 年，上海成立了全国第一个由市长挂帅、各委办局和区县政府为成员单位的环境保护和环境建设协调推进委员会，这一跨部门的机构，整合行政、法律、政策资源，形成财力、物力和人力的高度聚焦，负责协调、沟通、检查和评估全市的环保工作。目前除重点推进“环保三年行动计划”外，为国家和地方“清洁空气行动计划”，以及即将颁布出台的“清洁水行动计划”“清洁土壤行动计划”等行动要求，包括城市环境功能区划以及生态红线等体系的建立提供了实施推进平台，有效整合行政、法律、政策资源，形成财力、物力和人力的高度聚焦。

在分部门管理上，部分生态环境保护的监督管理职能被赋予行业主管部门。这带来三个方面的问题。一是由于资源主管部门往往被赋予资产管理职能，它们优先考虑的是本部门的经济利益，环境效益往往被放到次要地位。二是导致生态环境保护的职能分散在各个部门，难以形成监管合力。据有关部门研究，中央政府 53 项生态环境保护职能，环境保护部门承担 40%，其他 9 个部门承担 60%；环境保护部门承担的 21 项职能，环境保护部门独立承担的占 52%，与其他部门交叉的占 48%。

三是导致相关的生态环境法律制度部门化和碎片化现象突出，如把一系列功能相同或相互联系的水资源保护制度和水污染防治制度人为划分开来，有水功能区，也有相近的水环境功能区；有水体纳污能力指标，也有水环境容量和总量指标等。作为管理职能的配套体系，环境监测体系建设也存在类似的问题。

（3）中央和地方事权划分不清，缺乏环境问题上中央监督地方以及解决跨行政区域问题的体制安排

中国法律上属于单一制国家，地方政府相对拥有很大权力，中央政府有关部门对地方政府及其有关部门基本上是业务指导关系，“强块块、弱条条”特征显著。中央事权、地方事权、共享事权划分不清。过去几年，为了督促地方政府落实国务院制定和颁布的环境政策，中央相关部委采取了多项措施，包括设置区域督察机构、加强流域水资源保护机构职能、对地方各级环境保护部门领导干部实行双重领导（以地方党委管理为主）、实施环境保护目标责任制等，以期强化中央对地方环境保护工作的引导和监督。但由于种种原因，这些制度难以真正发挥出应有的作用，如由于缺乏独立的监测、统计和评估体系，中央难以获得真实环保数据，导致环境保护目标责任制容易“走过场”，无法做到令行禁止。

专栏 3-4　联邦制内的政策协调

在澳大利亚，水短缺问题非常明显。2007 年，澳大利亚遭遇千年一遇干旱天气，这使水资源短缺和生态系统退化成为热门话题，这也成为变革政策和制度安排的催化剂。政府无法解决涉及水资源的关键问题，越来越多的人认为这是因为联合治理的失效。为此，澳大利亚于 2007 年设立《国家水法案》，并建立了“墨累—达令盆地计划”框架。这是为了应对干旱和气候变化的潜在影响，也是为了履行澳大利亚的国际环境义务。国家政府机构首次指派一名独立专家评估盆地水资源管理整体规划的最佳方式，以满足盆地及其社区的社会、经济和环境需求。水资源问责制是建立在符合国家环境要求基础上的，而不是基于水资源利用利益控制的资源使用组合。部长的岗位职责发生了明显变化，这是推进改革的关键。许多州还设立了专门的水资源办公室；作为水资源的所有者，这些水资源办公室负责按照国家的立法要求制定水资源共享计划。

CEQ（环境质量委员会）是美国总统行政办公室的一个部门，负责协调美国境内的联邦环境工作，与其他机构合作制定环境与能源政策和计划。委员会每年向总统报告环境状况，监督联邦机构进行环境影响评估的过程，并协调各部门在环保方面的争端。

（4）由于长期不受重视，中国环境保护的人员、设备和财政配置等都很薄弱

由于环境保护长期不能得到足够重视，无论在中央一级还是在地方政府，环境保护部门的人员、设备以及财政配置等，都不足以应对繁重的环境保护的需要。例如，国家环境保护部机关行政编制为 311 名，即使加上环境监测总站和区域督察中心的事业编制人员，也不足千人[①]。相比较而言，美国联邦环境保护局的人员数有 16 000 人。另外，中国各级环保部门经费保障方面也存在明显不足。

基层政府也存在类似的问题，甚至更为突出。层级越低，管理对象越具体，越需要专业管理人才和能力，但实际上层级越低，相应的财政支出和人员配备越少，管理能力越差。虽然近年来各级政府加强了基层环保专业人员队伍建设及监测装备的配置，基层能力有很大提升。但由于基础差，很多地区特别是中西部地区基层管理和执法能力依然非常薄弱，很多情况下形成管不好、不愿管和不能管的局面。

专栏 3-5　发达国家环境部门设置

美国环境保护署（EPA）是美国国家环境管理机构，有 15 913 名员工，2013 财年预算约 79 亿美元。主要职能是：应对气候变化和改善空气质量，保护美国的水域，社区环境和促进可持续发展，化学品的安全和污染防治，人类健康和环境健康。该署有 12 个办公室，每个办公室处下设多个分处，另有 10 个负责所在地区环境政策与执法的区域办公室，除了进行环境评估、研究和教育，环保署还负责与州、部落和地方政府协商，根据各种环境法维护和执行国家标准。

德国联邦环境、自然保护、建设与核安全部（简称环境部）是德国联邦负责环境事务的部门，目前员工约为 1 200 人，2014 年部门预算 36 亿欧元。下设机构德国联邦环境局有 1 400 名员工，自然保护局有约 290 名员工，辐射防护局有 708 名员工，建设与区域规划局和联邦建设、城市事务和空间发展研究所约有 1 250 名员工。

日本环境省有 2 010 名员工（2012 年），机构设置包括：废弃物和再生利用对策部，综合环境政策局，环境保健部，地球环境局，水、大气环境局，自然环境局，日本原子能规制委员会等。

3. 机制上的根源

（1）针对党政决策者的监督考核机制不健全

唯 GDP 的政绩考核机制长期普遍存在，资源消耗、环境损害和生态效应尚未充分纳入经济社会发展评价体系，各级党委、政府的绩效考核体系中环境保护占比

① 数据来源：环境保护部行政体制与人事司。

重过低。这导致不少地方政府缺乏足够的生态保护责任感，环境不作为和行政干预环境执法等现象长期存在，环保部门在执法中“顶得住的站不住，站得住的顶不住”的问题尚未得到解决。上述问题越到基层越突出。

（2）部分现行制度设计不合理，执行不到位，难以适应当前环境管理的需要

排污收费标准过低且未能体现区域差异，排污许可证制度长期未得到有效实施，部分污染物排放标准时效性不强，行业、地方污染物排放标准较少，项目环评和“三同时”制度未得到有效执行，未批先建和越权审批现象严重。执法成本高、违法成本低、监督机制不完善等问题在很多制度实施中仍普遍存在。现行法律（新环保法生效前）规定授权环保部门的行政强制措施在基层难以有效执行，也就无法形成对违法企业的威慑力。当前环境案件的执行绝大部分都要申请法院执行，然而法院执行除受司法体制、地方保护主义影响外，还存在着司法部门重视不够、执行期限较长、力度不大等问题，致使违法行为得不到及时纠正。

（3）促进政府与市场主体、公众良好分工的机制存在缺位，政府、市场和公众的关系有待厘清

虽然各方面逐步认识到了市场机制在环境保护中的重要作用，开始使用排污收费、排污权有偿使用等经济手段来保护环境，但是能够体现生态服务和自然资源价值的市场机制尚待构建，针对环境行为者的激励机制不足，资源低价、环境廉价甚至无价的状况始终没有得到根本改变。这导致企业利用资源的成本和造成环境污染的成本被“社会化”或“外部化”，鼓励了粗放型的生产方式，企业缺乏珍惜环境和节约资源的内在动力和外部压力。

公民环境权利尚未在法律中得到充分体现，且缺乏有效的制度保障。政府、企业与社会公众有效沟通和协商机制仍未形成，公众和舆论参与环境保护监督的制度有待加强。在保障公众环境权益的同时，促使公众履行环境责任和义务的制度，尤其是道德文化等非约束性制度亟待建立。

（四）处理经济发展与环境保护关系指导思想上的偏差

1. 经济发展优先于环境保护

经济发展优先于环保保护的认识在中国资源与环境保护法规、规划和政策中已经制度化。例如《水污染防治法》规定“根据国家水环境质量标准和国家经济、技术条件，制定国家水污染物排放标准”。作为发展中国家，考虑技术经济条件下制定的水污染物排放标准偏低，加上中国北方许多地区河流已无常年地表径流，自净能力极其有限，同时地方面临发展竞争的压力，因此几乎不会自动加严本地区污染物排放标准。其结果是，随着区域内企业数量增加，污染物排放达标依然造成环境

质量恶化的现象较为普遍。《排污费征收使用管理条例》由于强调经济技术条件和排污企业的承受能力，使中国相当长时间里排污收费标准小于企业污染治理成本，造成许多企业宁肯交费也不愿治理污染。

2. 经济发展收益大于环境破坏成本

在贫穷落后和环境承载力强的背景下发展经济，其结果必然是短期内的经济发展收益远远超出环境破坏成本，这一短期内的现象强化了全社会对于“先污染、后治理”合理性的认同。然而，用这种基于短期发展效果形成的发展思想指导长期的发展行为，将造成长期发展质量破坏，这是由于在发展过程中，经济发展边际收益递减而环境破坏边际成本递增。中国事实上已经进入环境污染损害的高发期，环境质量退化，公众健康和生态环境受到损害，产生巨额的治理、损害和修复成本。目前，中国已经出台一些强调保护环境优先的制度措施，但依然局限于一些具体的环境管理手段，而在环境与经济发展战略以及多主体参与环境治理等长期的制度建设上缺乏系统化、前瞻性和整体协调性的安排。

3. 当前经济收益重于未来环境成本

当未来的环境成本让位于当前的经济收益时，产生的环境红利的收益具有即时性、短期性和私有性，而损害则具有滞后性、长期性和公共性。当前社会竞争激烈，相当一部分地方政府、企业和公众普遍存在急功近利的思想，在环境保护问题上反应十分明显。利益的短期性、私有性和损害的公共性、滞后性，使得大多数社会成员不愿意为了减轻将来甚至子孙后代的损害而放弃对当前环境红利的追求。

从结果来看，宽松的环境制度带来巨大的环境红利，会掩盖经济增长的低效率，并减少了企业技术进步的动力，降低其竞争力。将来偿还环境欠债需要付出数倍甚至数十倍的经济代价。

三、环境保护制度体系改革的思路

（一）环境保护制度体系改革的指导思想和基本原则

环境保护制度体系创新是一项复杂的系统工程，要勇于破除体制机制弊端，努力建立促进环境质量改善与经济发展、社会进步相协调的环境保护制度体系。

1. 改革的指导思想及阶段目标

环境保护制度体系改革，要以中共十八大精神和十八届三中全会《决定》为指南，以改善环境质量、建设生态文明为目标；坚持解放思想、破除路径依赖，针对环境保护制度存在的突出问题，提高制度的科学性、可行性和实效性，注重制度体系系统性、整体性、协同性；建立政府主导下多元共治的环境保护制度体系，坚持用制度保护生态环境、保障人民健康，促进经济社会可持续发展。力争到2020年，在环境保护主要领域和关键制度建设方面取得明显成果，基本形成健全规范和运行有效的环境保护制度体系，为实现与全面小康社会相协调的良好环境质量提供制度保障。

2. 改革的基本原则

环境保护制度体系改革应该遵循上述指导思想，坚持以下基本原则：

（1）体现人与自然和谐理念

环境保护制度体系创新，应该秉承“人与自然和谐”基本思想，树立“生态红线”意识，坚持尊重、顺应、保护自然的基本准则，摒弃“征服自然”的错误思想，促进资源节约与环境友好型社会建设。

（2）拓展覆盖面和增强实效性

环境保护制度体系创新应该坚持对制度进行补充、完善和发展。一是填补制度空白，特别要注重在生态环境保护、政府环境责任、环境社会治理领域形成健全的“制度链”。二是拓展制度内涵、增强实效性。增强制度执行的程序性规定，制定制度要进行深入调研和科学论证，综合考虑各种因素；同时要及时修订完善已有制度，以适应环境保护的新形势。

（3）突出系统性和协同性

制度要得到有效执行，必须在制定过程中有全面综合的考虑。系统性包括：环境保护制度体系本身是个大系统，不同类别的制度集合在一起，要有总体的设计；各项具体制度及有关制度形成的制度链都需要系统考虑。

协同性应包括协调及共同发挥作用。应重视环境保护制度体系内各项制度之间的协同作用，特别要重视环境保护各项制度与其他制度之间的协调和协同作用，这是改革的难点，也是应坚持的原则。

（4）强调职能清晰，责权利的统一

制度从规范内容到制度执行，各类主体的职能必须明确，并应考虑制度执行主体是否具有与其职能相匹配的能力。主体的责任、权力和利益应统一，充分体现公平和公正的原则，这是制度得以实施的基本保证。

（二）环境保护制度体系的构建

环境保护制度体系的构建涉及环境保护制度的分类，制度本身有不同的层次，从不同目的、不同角度出发可有多种分类。遵照前述指导思想、目标和原则，考虑到以往环境管理的实践并尽可能与已有的研究工作衔接，面向未来的环境保护制度体系，从制度覆盖的内容来分类，可分为三大类：一是污染预防与治理制度，二是生态保护与修复制度，三是共性或基本的环境保护制度。

1. 污染预防与治理制度

污染防治制度应当覆盖源头预防、过程管理、终端控制各个环节。下面所列的某些制度，不是只适用一个环节，而是可能在多个环节适用。

环境影响评价制度	实施清洁生产制度
污染排放申报制度	污染审计制度
污染排放许可管理制度	污染限期治理制度
污染排放总量控制制度	排污收费 / 环境税制度
污染设备、工艺和产品限期淘汰制度	污染损害赔偿制度
区域限批制度	排污超标处罚制度 / 行政处罚制度

2. 生态保护与修复制度

生态红线划定制度	主体功能区制度
生态红线区禁止开发制度	重点保护野生动植物名录制度
生态红线区保护考核和评估制度	重点保护野生动物特许猎捕证制度
生态红线区破坏行为责任追究制度	重点保护野生植物特许采集证制度
自然保护区和国家公园制度	人工修复制度
生态补偿制度	自然恢复制度

3. 共性或基本的环境保护制度

政府环境保护目标责任制度	环境损害责任终身追究制度（包括行政、民事、刑事责任）
政府环境保护考核评价制度	企业环境信用评价制度
政府环境审计及责任终身追究制度	环境信息公开制度
突发环境事件应急制度	环境保护公众、法人、其他组织举报制度
环境监测制度	环境公益诉讼制度
环境标准制度	公众、法人、其他组织参与监督环境保护制度
环境保护行政执法财政保障制度	环境保护社会组织权益保障制度
企业环境信息报告和公开制度	环境保护社会组织管理制度
环境损害赔偿制度	

上述制度体系能够覆盖环境保护制度的各个方面，但目前所列的制度仅是完善的环境保护制度体系的一部分，这方面还有许多问题需要深入研究。环境保护制度体系总体价值和实践意义，依赖各项制度实体及程序性规定规范化，依赖各项制度的公平、公正和实效性来实现。

（三）生态环境保护管理体制改革

1. 生态环境保护管理体制改革应处理好三个关系

生态环境保护管理体制改革的目标和任务十分复杂艰巨。特别是在社会经济转型、自然资源自然属性和社会属性复杂多变的情况下，加快改革，推动建立适合环境管理需求的生态环境保护管理体制，需要认真研究和处理好以下关系。

（1）处理好政府、市场与社会的关系，明确各自职责

处理好政府、市场与社会关系的目的是明确三者在生态环境保护中的职责，特别是为政府职能定位提供支持。这是推进生态环境保护管理体制改革的前提之一。

在市场经济条件下，政府重要职责之一即是提供传统市场经济失效而不能提供的良好的环境质量、生态服务和自然资源等公共物品或准公共物品，并促使企业外部性行为内在化，承担外溢成本和相应的社会责任。这对实现资源的合理配置是必要的。

在中国，明晰政府的环境保护职责是远远不够的。由于政府身负多重责任，目标也是涉及多个领域，因此政府仍需平衡环境保护与其他职责的关系，在多目标中寻求最优的路径。其中最为关键的是要处理好环境与发展的关系。由于长期以来在环境问题上的欠债，政府需要大大加强环境保护的权重，实现环境保护与经济发展的再平衡。另一个关键的问题是如何培育和壮大市场主体、社会组织、公众个人保护环境的力量，把社会各界的作用充分发挥出来，实现环境保护职能在不同主体之间的合理配置。

（2）处理好统一管理和专业化分工管理的关系

不同自然资源具有各异的自然和社会属性。属性不同，管理的目的和方式也相应不同，为此，宜实行专业分工管理。但从生态系统角度看，不同自然资源相互之间又构成完整的生态系统（或者环境系统），其中的各类要素（水、土、气、生物等）都是相互联系的。从这一角度出发，生态环境保护必须进行综合管理。明确统一管理与专业分工的合理界限，以及生态系统管理职能的归属问题，是管理体制研究需要回答的突出问题。从国际经验看，两种管理模式均有成功的事例，究竟是建立综合性的“大部门”，还是建立专业性的独立监管机构，目前并没有明确的答案。随着各国日益认识到资源和生态环境问题的整体性和系统性，资源与生态环境领域政府部门重组成为新的趋势，但这种重组的模式多种多样。

再有，即是生态系统管理职能的归属问题。同一类资源一般具有多重属性。例如，森林既具有经济属性，又具有生态属性。因此，生态系统管理的职能无论是与自然资源监管职能整合还是与环境保护职能整合都有相应的理论依据，但同时又会产生

一定的职能分割问题。从中国目前实际情况看，自然资源及生态系统的保护，显得更为迫切，将当前分散在各个部门的自然资源保护、环境污染控制和生态系统管理等职能统一起来，可能是优先的选择。

（3）处理好中央与地方事权划分的关系

目前世界上主要发达国家的中央政府和地方政府在生态环境方面的事权划分相对比较明确，除全国性和跨区域性问题外，其他基本归属地方政府管理；中央政府也有具体的行政和财政控制手段，也有一些相应机构如区域、流域委员会或者监管机构去调控、协调、监督地方政府执行国家法律和中央政府的行动计划。如前所述，中国生态环境保护管理体制的问题之一就是中央与地方的协调不够，国家缺乏在环境保护方面有效引导和监督地方行为的体制机制。

考虑到中国是一个超大规模国家，生态环境问题地区性和跨区域性都比较强，在这方面可借鉴国际经验，除保留全国性重大事项和跨区域、流域的事项管辖权外，其他生态环境问题基本归属地方管理；同时建立起引导和监督地方政府有效实施法律、规划和计划的行政监管、财政约束的体制机制，促使地方政府真正承担起生态环境保护的职责。

2. 生态环境保护管理体制改革的总体方向

中国生态环境保护管理体制改革的总体方向应是在生态文明体制改革框架下推进，遵循自然和环境系统的基本规律及管理科学规律，以环保大部制和增强环保部门权威为总体改革方向，进一步健全综合管理和专业分工的格局；要明确中央政府、其他各部门（除环保部门外的），特别是经济社会发展综合管理部门相关的环境保护职责，并建立责任追究机制。同时完善跨行政区域的协调机制以及中央对地方政府的监督机制，从而制约地方政府及其有关部门不认真执行环境保护法律法规、影响实现国家环境目标的行为，增强生态环境监管的统一性、独立性和有效性。

在国家层面上建立授权的独立机构，对环境政策和规划实施情况监测和监督，向国务院定期提交评估报告，并坚持提供持续的公开报告。

专栏 3-6　独立监督和政策评估

德国能源转型计划（Energiewende）的经验表明，通过高级别、独立的监督和评价机制来审查和监督政策的实施状况，并适当地调整政策措施，这是实现转型计划的关键环节。德国能源转型要求德国的经济系统作出意义深远的转型，从以核能和化石燃料的使用为主转型为以可再生能源为主，因此需要新的治理工具。信息交流、对话、批判、支持和监督被视为向低碳能源体系顺利过渡的必要手段。为了减少冗余和降低成本，必须协调好目标、计划和工具。这既需要纵向协调（从国家到州和社区），也需要横向协调（镇、城市和联邦州之间的关系）。由政府委托的独立机构系统地监督和评估能源转型实施情况，《未来的能源》（*Energie der Zukunft*）报告评估了能源转型的进展和挑战，并提出了改进建议。在联邦州和在联邦政府层面上，也建立了针对能源转型的独立咨询和监督机构。

（四）环境管理制度的改革

当前环境管理制度的改革面临环境管理战略转型的问题，应从此方向入手，厘清改革的思路。

1. 环境管理战略转型的定位和思路

（1）环境管理转型的必要性和基本定位

环境管理战略转型是在当前环境管理工作的基础上，基于中国未来一段时期将面临的经济、社会与环境问题，整体、渐进地继承、发展和创新环境管理工作的思路与方式，包括环境管理的目标、方式、工作重点等的调整或转变。在中国不同的经济社会发展阶段，环境问题存在差异性，环境管理也要有针对性的发生转变。

环境管理从重点抓少数主要污染物排放总量控制，向在继续抓好污染物排放总量控制基础上重点抓环境质量改善的方向转变，主要考虑如下：

①便于全面考虑环境问题。影响环境质量的污染物多种多样，相互之间有复杂的变化，仅控制少数几种主要污染物与环境质量变化的联系不一定十分密切。

②环保的根本目的是改善环境质量。各地自然环境差异大，产业结构不尽相同，影响其环境质量的主要污染物也会有所不同。以环境质量改善严格要求和考核地方政府，既给地方政府加大压力，又给其足够的灵活性，大大降低行政成本。

③通过环境监测掌握环境质量变化相对简单，便于国家了解环保真实情况，使对地方政府的环保考核易行，奖惩公平公正。同时环境质量改善与老百姓的感受更加贴近。

④改善环境质量是目的，总量控制是手段，手段可以多种多样，目的只有一个，要防止本末倒置，为控制总量而控制。

但应该说明的是，总量控制依然是当前防治污染工作的重要抓手，应以改善环境质量为导向，不断改进完善总量控制制度。这种转变应当成为中国未来一段时期环境管理的指导思想，并用于指导和统一“十三五”及“十三五”之后的环境管理改革的思路。

（2）环境管理转型的总体思路

“十二五”之前，包括“十一五”在内的较长一段时期，中国的环境管理模式逐步由普遍化的污染防治向重点污染物排放总量控制转变，取得明显效果。“十一五”末期以及“十二五”时期，中国开始关注重金属、$PM_{2.5}$等污染问题，更加注重环境质量、人体健康及环境问题的风险控制三个方面。

总体来看，“十二五”时期，中国采取的仍主要是污染控制的管理模式，并处于向环境质量与风险防控管理模式过渡的时期。“十三五”时期，中国各领域的环境管理工作将开始围绕环境质量管理开展，环境质量将有可能在2020年前后出现明显改善的趋势。“十四五”和“十五五”时期，中国将具备全面开展环境质量管理的条件，主要地区的水、大气等环境质量在2030年前后有可能全面达到国家环境质量标准。在这一过程中，污染控制、环境质量管理和风险防控并不是孤立的，三种管理模式在不同的区域可能各有侧重、互相交织，但主导模式将由污染控制循序渐进地向后两者转变。

2. 环境管理战略转型的制度保障

（1）进一步明确和提升环境管理转型的战略地位

各级环境保护部门要明确环境管理战略转型在生态文明建设进程中的重要性和地位，不断创新管理理念，转变管理思路。要进一步加强理论研究，通过明确环境管理战略转型对环境保护工作以及生态文明建设的重要作用，提升以环境质量改善为目标的管理思想在“十三五”环境保护工作中的地位。

（2）加快构建有利于环境质量改善的经济体系

专栏 3-7　流域生态补偿

2009年河北省开始推广子牙河水系生态补偿的经验，推出了“全省范围的河流跨界断面水质目标责任考核和扣缴生态补偿金”政策，规定当河流入境水质达标（或无入境水流）时，所考核市跨市出境断面的水质化学需氧量浓度监测结果超标0.5倍以下，每次扣缴10万元；依超标倍数递增，超标2.0倍以上，每次扣缴150万元。当河流入境水质超标，而所考核市跨市出境断面水质化学需氧量浓度继续增加时，超标0.5倍以下，每次扣缴20万元，最高至每次扣缴300万元。2013年，全省累计扣缴生态补偿金1.7亿元，用于补偿水源和上游水质保护好的地区，有力地促进了重点流域水质改善。

一是将促进环境质量改善的主导思路纳入经济社会发展相关政策。在制定和实施与环境相关发展战略、专项规划和产业政策时，把能否满足国家、区域、流域环境质量改善的要求作为硬约束，以科学研究为基础，有效协调土地开发、资源利用与生态环境承载力的关系，从根本上减缓未来一段时期环境质量改善的压力。二是结合水、气、土壤等环境质量的改善目标，结合流域、区域的产业结构特征，有针对性地调整传统产业结构和发展模式。三是促进投资转向战略性新兴绿色产业，发展绿色经济。将环保技术、清洁生产工艺等众多有益于环境的技术转化为生产力。完善有利于环境保护、资源节约的财政、金融、价格和生态补偿等经济政策。

（3）加快推进环境管理各领域的转型与制度创新

要以环境质量管理为导向，改革和完善环境保护领域的各项工作。首先，制定“十三五”环境保护规划要进一步突出分区管理、分类指导的原则，提出区域性环境质量指标。其次，在环境科技、环境监测领域都要围绕改善环境质量这个目标开展攻关，完善相关标准、监测手段和措施。建立高质量、及时、完整的环境信息数据系统，以便掌握环境状况、支撑政策决策、促进公众参与、建立环境保护共识。再次，在执行各项污染防治制度时，如环评制度、总量控制制度等，都要把环境质量改善、环境风险控制作为制度执行的出发点和最终目标。最后，重要的是对各级政府及其负责人的环境绩效考核应以环境质量的变化为主要内容，要制定相应的考核办法和标准，完善评价机制。

（五）环境社会治理制度的改革

长期以来，在中国经济发展从计划模式向市场模式逐步转变的过程中，社会组织缺乏活力，社会自治、居民自我调节能力尚未发育成熟，以政府主导的行政指令式的环境治理体系几乎等同于环境治理的全部。行政机制的作用强于市场机制作用，两者又远强于社会机制的作用，形成极不平衡的状态，造成对企业监督不力，违法建设、违法排污屡禁不止；群众了解、参与不够，环境问题引发的群体性事件多发。为此，急需补强三角形稳定结构中的薄弱环节，大力提高中国环境保护社会治理水平。

当前环境保护制度体系改革中要注重对环境治理格局的重构，努力打造政府主导的“多元共治”的环境治理模式。在坚持政府承担环境保护主导责任和有义务提供环境公共服务的前提下，进一步加强“政府—企业—公众”的沟通和合作，充分发挥不同主体的功能和作用，共同推进环境的有效治理。

“多元共治”具体体现在，一是治理主体的多元化，政府要为企业、社会组织和公众更广泛、更直接、更有效地参与环境治理提供制度保障和推进平台，发挥公众及社会组织的监督作用，打造政府和企业两方之外的社会制衡基础；应注重为各类环保民间组织成长创造良好的社会环境，确保社会组织及公众作为治理主体有条件、有能力参与多元化的社会治理。二是治理方式的多元化，在依靠传统行政管制外，加强市场机制作用的发挥，并将与社会各界广泛沟通、协商作为推进环境治理的重要方式；鼓励村民委员会、城市居民委员会、业主委员会等关注和参与环保，充分发挥社区环境自治、倡导绿色生活的重要作用。三是治理渠道的多元化，政府除通过依法推进环境信息公开，为公众参与环境的社会治理提供契机和渠道外，还应建立定期与社会各界沟通、协商的长效机制，鼓励社会各界积极参与环保政策、规划、项目制定和推进执行的全过程；通过面向社会购买服务、促进第三方治理等措施，为各类企业和社会组织参与环境社会治理提供有力支撑和活动空间。

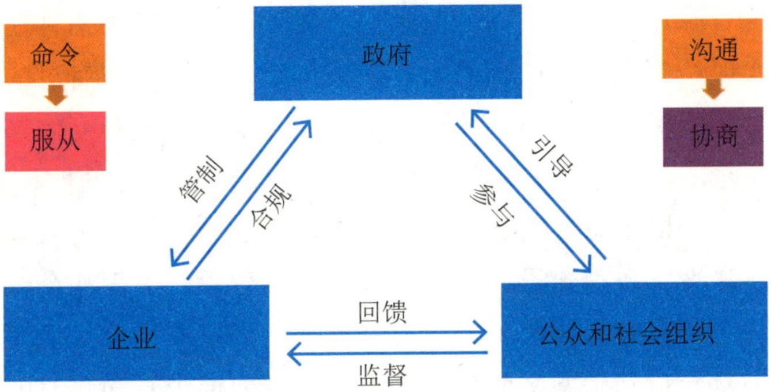

图 3-3 “多元共治”环境治理格局的主体及相互关系

将环境保护责任明确为全社会所有部门和单位（包括各级党的机构、立法、司法机构，各类社会组织、各类企业等）均应承担的责任，而不仅仅是政府的责任。真正的体制创新需要摒弃单一过度依赖政府，或依赖某个部委或政府机构的模式。政府要作为管理人采取行动，并与行业和社会各界合作，倡导在将环保责任纳入政府机构的责任体系。

（六）环境保护制度体系改革的总体思路

推进生态文明建设背景下的环境保护制度体系创新，就是按照国家全面深化改革总目标对生态文明建设的总体要求，对环境保护制度（政策）体系进行改革完善，推动建立新型的人与自然关系。为此，必须集中搞清楚两个重要问题：国家对生态文明建设的总体要求是什么？如何适应这种新要求确定环境保护制度体系改革的总体思路？

1. 对生态文明建设的总体要求

中共十八大和十八届三中全会对生态文明建设的要求，集中起来主要是三点：提高生态文明建设的战略地位；把生态文明建设深刻融入经济、政治、文化、社会建设之中；用制度保护生态环境。最终落脚点是改善环境质量，使经济社会可持续发展，使人民群众满意。

总体要求之一：提高生态文明的战略地位。中共十八大指出，必须树立尊重自然、顺应自然、保护自然的生态文明理念，把生态文明建设放在突出地位。中共十八届三中全会提出要紧紧围绕建设美丽中国，深化生态文明体制改革，加快建立生态文明制度，推动形成人与自然和谐发展现代化建设新格局。这些精神的核心思想就是把建立新型的人与自然关系提升到国家发展总体布局的层面，强化生态环境因素在制定国家发展战略中的基础性和引导性作用。这种定位就决定了未来中国必须在更加严格的资源环境约束条件下追求经济发展，这与过去那种在比较宽松的资源环境条件下实现经济发展的情况是大不相同的，是一种未曾有过的“新常态”。在这种背景下，环境保护制度必须要进行重要的转变，改变制度体系薄弱和执行能力差距过大的局面，大力提升环境保护对于经济社会发展的能动性和影响力。

总体要求之二：把生态文明建设融入四大建设之中。中共十八大要求把生态文明建设融入经济建设、政治建设、文化建设、社会建设各方面和全过程，努力建设美丽中国。这表明建设生态文明不能单靠开展一些资源和生态环保工作来实现，要动员全社会的力量参与到生态文明建设中来：一方面要求党和政府的各个部门都要行动起来，而不是仅依靠环保部门；另一方面不能只依靠政府单一力量，要建立包括企业及社会各界共同参与的、新型社会治理结构。

总体要求之三：用制度保护生态环境。中共十八届三中全会提出“建设生态文明，必须建立系统完整的生态文明制度体系，实行最严格的源头保护制度、损害赔偿制度、责任追究制度，完善环境治理和生态修复制度，用制度保护生态环境”。突出了制度建设对生态文明建设的重要性。制度优先于资金和技术，也优先于道德和自律，这是因为生态文明建设不可避免地要调整和改变原有的经济社会发展方式，触及人们的既有利益，将遇到各种困难，制度是克服各种利益矛盾和阻力的有效途径。同时生态文明建设是长期奋斗的事业，需要建立长效机制予以保障，为此必须建立稳定的制度体系。

2. 环境保护制度体系改革的总体思路

根据国家全面深化改革总目标对生态文明建设提出的总要求，环境保护制度体系改革总体思路应体现以下三个基本思想：

一是坚持依法治国，用制度保护生态环境的方略。要在充分调查研究、科学论证的基础上，制定完善环境保护法规政策和标准，提高法规制度的科学性和可行性，确保制度得以有效实施。对已有环保法规政策和标准加快修改、修订（包括废止）步伐，使其适应环境保护工作改革发展的实际需要。

二是按照鼓励和调动一切积极因素参与环境保护的原则，构建政府主导、市场调节、社会行动的多元共治体制，完善各类主体互相支持、联合行动、监督制衡的制度执行机制，全面提高环境保护制度体系的实施效能。

三是更多地采用“国家宏观指导和监督，地方自主创新”的环境管理模式。根据各地区自然条件差异大、经济社会发展不平衡的特殊国情，解决中国环境问题必须鼓励地方政府因地制宜探索解决本地问题的方式方法。国家环保部门要转变政府职能，明确职能定位，强化宏观指导，提供基本的法规制度和政策标准，减少对地方环境保护具体工作方式方法的统一规定；充分发挥地方政府环保工作的创造性和主动性，体现其对环境质量负责的原则，同时加强监督和信息公开。国家重要环保制度的出台应有不同地区试点作为基础。

四、环境保护制度体系改革的政策与工作建议

环境保护制度是环境保护工作的根本，制度体系改革涵盖内容十分广泛，具体政策建议也非常丰富，必须有所选择。本课题组提出了五个方面的政策建议和若干项具体工作建议，作为环境保护制度改革的重点。这些重点，或过去未得到应有重视，现在应迫切予以强调，或具有创新性，有国际经验可以借鉴并切实可行。对国合会已另设专题研究的内容，本节不再赘述。需要指出，本章政策建议条文上未与前文内容一一对应，但基本精神是一致的。

（一）动员各方面的力量建设生态文明，明确职责，协调政策，整合目标，形成合力

按照中共十八大提出的要求，生态文明建设绝不仅仅是环境保护部门的任务，国务院各部门必须行动起来，使其融入经济建设、政治建设、文化建设和社会建设的各方面和全过程。同时考虑到存在国家相关部门生态文明建设的职责不清、目标分散，流域、区域环境问题缺乏协调，政策制度效率不高等弊端，体制改革上应突出抓好以下几点：

（1）国务院通过制定新的政府部门“三定”方案（定职责、定机构、定编制），进一步明确各部门，特别是综合部门生态文明建设的职能，促使其履行主要职能时切实做到资源节约、环境友好。应将一届地方政府任期内环境质量改善作为其政绩考核的硬约束。定期组织第三方对国务院有关部委及地方政府履职情况进行评估，结果公开。

（2）建立由国务院主管领导任主任的国务院环境保护委员会（或国务院可持续发展委员会），指导协调各部门的环境保护职责、目标和任务，指导协调跨省区域、流域生态保护和污染防治工作，在国家重大决策中充分考虑对环境的影响，对国务院各部门及各地方政府的环境绩效进行奖惩。

（3）在下一届国务院机构改革中，整合各部门污染防治和有关生态保护的职能，重点解决水资源保护与水污染防治、生物多样性保护与自然保护区管理等领域职能交叉问题，确保资源开发管理职能与生态环境保护监管职能相分离，突出环境保护部门统一、独立的监督执法权力。

（二）建立有利于环境保护的激励机制

目前中国的环境保护法规、制度、标准数量不少，但执行得并不好。考虑到生态环境的公共属性和污染损害的外部性，对污染环境者保持高压态势是非常必要的。但对企业、行业及地方政府来说，调动他们保护环境的内在动力也是至关重要的。要把握好管制、惩罚与引导、激励的平衡，大棒和胡萝卜两手都要有，都要硬。从长远看，后者更应作为制度改革的突破点。为此应抓好以下几点：

（1）认真落实国家鼓励环境保护的各项财税、物价、金融等政策，并不断完善。长期以来各级政府环保的财政投入基数较低，中央财政应带头确保环保投入资金增长率不低于财政收入增长率。在明确污染者付费的原则下，设立专项环境污染治理基金（如土壤污染治理基金），为治理污染筹资。环境基础设施的建设运营应更多使用公私合作模式（PPP），吸纳社会资本和技术，充分利用市场机制，降低投资成本，提高运营绩效。

（2）根据“守信激励，失信惩戒”的原则，抓紧建立企业环境信用评价体系。由环保部会同中国人民银行、银监会共同推进，鼓励第三方社会公益机构和组织参与评价。对企业要实行分类管理，遵守环保法规好的要给予鼓励，对大量中小企业，着重提供治理服务平台；对恶意违法排污的企业要严厉打击，予以公示，以儆效尤。

（3）积极推动行业、企业自愿追求良好环境绩效的行动，如龙头企业牵头的绿色供应链计划、环境领跑者计划，推广环境标志产品，实施绿色采购等。政府可以多种形式对优秀者给予奖励。

（4）坚持“谁污染谁付费，谁破坏谁赔偿，谁保护谁受益”的原则，加快推进和完善生态补偿制度，调动地方政府特别是财政困难地区保护环境的积极性。近期大力推广山东、河北等地开展的流域生态补偿试点经验。

（三）加强环境保护社会治理，形成多元共治格局

以环境治理体系现代化的要求来衡量，从治理主体政府、企业、社会三者作用来看，目前社会治理是短板，亟待加强。从现实情况看，环境问题引发的群体性事件增多，政府缺乏公信力，群众对污染企业监督不足等，说明环境社会治理工作也是环保工作的薄弱环节。努力形成政府主导的多元共治格局，是解决中国环境问题的治本之策。为此应抓好以下几点：

（1）要优先制定落实新《环境保护法》确定的公众参与、信息公开、环境诉讼三项要求的具体制度。认真执行已有的环境信息报告和公开制度，重点是企业的排污信息、污染治理信息及其可能带来的环境风险信息等。企业要按规定向政府报告并向社会公开。社会组织及公众有权依法要求环保部门和企业提供环境信息。对不能依法按时提供信息的企业要有处罚措施。使环境保护制度在科学的基础上、在法律的约束下、在公开透明的条件中，得到有效地执行。

（2）要培育、发挥环保组织的作用，营造有利于其发展的社会环境。应制定法规，保护社会组织的合法权益，规范其行为；建立有利于为社会组织提供公共和私人资金、政府购买其服务的机制，以及完善公益项目免税政策；建立对公益环保组织的社会考评制度，引导其健康发展。

（3）鼓励基层组织，包括村民委员会、城市居民委员会、小区业主委员会等关注环境问题的治理，反映公众环境诉求，制定环境保护的社规民约，倡导绿色生活方式，依靠居民自治力量解决噪声污染、垃圾分类等问题，配合政府依规征收污水和垃圾处理费用等。政府要提供环境信息，给予指导和培训，建立定期沟通协商机制。

（4）国合会或有关部门应设立专门课题研究《奥胡斯公约》，以借鉴国际上公众参与环保的经验和多方共治的模式。

（四）必须使环境保护部门的权威、能力和资源与其监督管理职责及任务相匹配

作为最大的发展中国家，经济快速发展，环境问题异常复杂。国家制定了许多法规政策、制度和标准，确定了建设美丽中国的宏伟目标。为实现这一目标，迫切需要一个有权威的机构、一支强有力的队伍作为环境保护工作的中坚力量。但事实是，直到 2008 年环境保护部门才成为国务院的组成部门，这说明环境保护部门长期以来是一个弱势部门，难以担其重任。为此，大大强化环境保护部门的监督管理职责和履职能力，是当前环境保护制度创新的主要目标之一，也是当务之急。应突出抓好以下几点：

（1）落实《环境保护法》中环境保护主管部门“对全国环境保护工作实施统一监督管理”的规定，国务院制定相关行政法规，明确规定环保部门监督同级政府相关部门及下级政府环保工作的权责及工作程序，由环境保护部门会同监察部门实施，结果应公开，以切实提高环保部门监督执法的权威性。

（2）建立统一的环境信息平台，实现及时准确的数据信息共享。制定相关规划、标准和制度，指导各部门和地方环境信息收集发布工作。建立环保部统一管理的国家环境质量监测网，监测数据对国家负责。改革环境统计制度，国家逐步建立以抽

样调查、物料衡算、排污系数法为主的统计数据收集系统，提高统计质量，减少外部干扰。改进《中国环境状况公报》（以下简称《公报》）的编写，丰富细化内容，增加环保工作，特别是对地方政府环境绩效考核的内容，提升环保工作的透明度和该《公报》的影响力。

(3) 加大财政对环保科学研究、监测及信息化能力、监督执法能力的扶持力度，同时提高资金的使用效率。应组织对国家环保机构能力的客观评价，改革环保事业单位，调整精简优化结构，鼓励按市场机制由社会化方式提供各种环境服务。大大增加环保部门公务员编制，使之与承担的繁重任务相匹配，同时提升环境管理人员依法行政及与公众沟通的水平，尽快作出环境管理执法人员尽职免责的司法解释，严格环保法规和制度执行程序，这也是环境管理科学化、制度化、精细化的必备条件。

（五）以提高效率、确保制度有效实施为目标，改革整合环境管理制度

当前针对企业排放污染物的管理制度，有总量控制、环境影响评价、"三同时"、排污许可证、排污收费等多项制度，此外有各项污染物排放标准及环境质量标准作为控制污染的定量要求和目标。但是严重的环境污染和相当数量企业未达标排放的事实，说明制度本身的缺陷和执行不到位的问题突出。需要重新审视这些制度的科学性和合理性，通过完善和整合制度实施的机制，提高其执行的效率，并应依据科学研究新进展和环境管理发展需要，及时修订环保法律和制度。建议突出抓好以下几点：

(1) 以改善环境质量、达到环境质量标准为约束条件，改革并继续实施污染物总量控制制度。研究制定包括主要污染物排放、煤炭消费、二氧化碳排放的全面总量控制制度。探索实施以环境容量为基础的区域性、流域性污染物总量控制制度和行业污染物总量控制制度，把企事业单位排污总量控制纳入排污许可制度管理。修订和完善高耗能、高排放和资源型行业准入条件，明确资源配置的具体要求及能源节约和污染物排放等约束性指标，根据地区资源禀赋、环境容量和生态状况差异，提高环境准入门槛。

(2) 加快出台国家层面的污染物排放许可制度相关法规和实施细则，为在全国范围建立统一公平、覆盖各类污染物、严谨可行的污染物排放许可制度提供法律依据。根据排放标准、清洁生产水平和符合当地环境质量要求的总量控制指标，核定排污单位的排放总量，通过企业申报登记，环保部门向企业颁发排污许可证，将排污单位纳入统一监管。

改革环境影响评价制度，废除"三同时"制度，做好与排污许可制度的衔接，使污染物排放许可成为环境管理的关键制度。可考虑在有条件的省市试点一般工业

项目建设不再做环境影响评价，取消环评审批，由排污许可证代替。今后环境影响评价制度重点用于战略、规划、政策和国家跨区域流域对生态环境有重大影响项目的评价。

（3）完善环境与健康的相关制度，强化生态环境损害赔偿和责任追究，加大造成生态环境损害的企业和个人违法违规成本，这是环保法规有效实施的立足点。除环保部门努力外，强化司法系统追究环境违法行为的责任和能力，充分发挥其作用是关键的一环。及时妥善处理环境损害赔偿纠纷，正确适用环境侵权案件举证责任分配规则；建立环境损害鉴定评估机制，合理鉴定、测算生态环境损害范围和价值，为落实破坏环境者的损害责任提供有力支撑；健全环境公益诉讼制度，法院应及时受理法律规定的机关和社会团体提起的环境公益案件；加大对环境刑事责任的追究力度，确保构成犯罪的违法者得到应有的制裁。

第四章
基于生态文明理念的城镇化发展模式与制度研究

一、城镇化的特征、区域与资源环境的影响

（一）引言

近30年来，中国正经历着一次快速而规模巨大的城镇化进程，这个过程促进了经济社会的发展以及人们生活质量的改善，但是也带来了巨大的资源与环境压力。然而，中国的城镇化进程正经历着历史性的转变，这个转变包括人口的迁徙：从沿海地区转向内陆（中部、西部），从向大城市聚集转向中小城市和镇。这个转变也包括农村人口离开乡村不再仅为追求更高的薪水，而要同时考虑养老、子女教育和选择安放家庭的地方。此外，随着城市居民的富裕程度提高，尤其是中产阶级大量产生，生活需求更加多样化，所需消耗的资源也越来越多。这些变化也预示着内陆地区和中小城市的资源环境压力会进一步增大。总体上说，中国城镇化将继续产生巨大的资源消耗、环境污染的压力，以及中央和地方政府的财政压力。认识城镇化的变化及其特征，对于实现生态文明理念下的城镇化极为重要，是为城镇化选择模式、制定制度提供重要依据。同样重要的是，经济转型已经导致中国城镇化的速度在逐渐放缓。这为中国实现生态文明理念的城镇化提供了一个窗口期，中国的城镇化应利用好这个减轻当前资源环境巨大压力的历史性机会。

（二）我国城镇化的特征与发展趋势

2013年年底，我国的城镇化水平为53.7%，比2010年的49.7%增长了4个百分点，年均增长1.33个百分点，依然保持较快增速。目前年均城镇人口增长1 800万人，其中1 300万～1 400万人为农村转移人口。我国城镇化发展无论从人口规模还是增速方面均为世界罕见。

1. 人口流动与社会变迁

（1）人口流动逐步由大规模、跨区域流动向区域化流动转变

我国长距离、大规模的人口流动伴随着快速城镇化已经持续了近20年。截至2013年年底，共有1.66亿农民工在本乡镇以外地区务工，占全部农民工比重的

61.7%[1]。特大城市是流动人口主要聚集地区，如上海、北京、深圳、东莞等 10 个特大城市中跨省流动人口规模超过 4 350 万人，占全国跨省流动人口的 50.6%。更多的农村人口，特别是“90 后”年轻人更希望远赴他乡，尤其去“北上广”等城市选择“北漂”。

未来在老龄化、劳动力人口总量减少和区域工资水平差距显著缩小等多因素影响下，人口流动呈现出区域板块特征和以县为单元的近域性流动趋势。区域性人口流动趋势表现为以经济发达的城镇群为核心，周边省份的人口持续流入，如安徽省流出人口的 78% 流入江浙沪地区，广西和湖南流出人口的 85% 和 64% 流入广东，河北流出人口的 66% 流入京津地区。同时省内人口流动规模显著上升，外出农民工中省内流动的比重由 2008 年的 46.7% 上升至 2012 年的 53.2%[2]。

（2）城乡双栖、工农兼业现象显著

目前仍有相当部分农村人口选择在就近县城或小城镇从事非农就业，这部分人口多居住在农村，每天往来于城镇与乡村之间。随着我国县（市）域单元社会经济的发展，县城和重点小城镇的非农就业岗位快速增加，促使越来越多的农村劳动力愿意选择在家附近择业，同时生活在农村，形成了较为典型的城乡通勤现象。根据中国城市规划设计研究院组织的全国 20 个县的农村劳动力抽样调查显示，40 岁以上就近就业、农业兼业和务农的比重接近 80%，而 60 岁以上比重超过 90%。同时，随着务工收入的增加，以及更多外出务工人员返乡，更多农村家庭选择就近城镇购房生活，但他们不愿意将农村的宅基地腾退，依然保留农村住房。与此同时，边远农村地区随着人口的持续外流和人口年龄结构逐步老龄化，村庄空心化现象越来越突出。

表 4-1　全国 20 个县的农村劳动力就业地选择抽样调查统计情况

年龄段	务农 /%	农业兼业 /%	本地务工 /%	常年外出务工 /%	就学参军及其他 /%
16 ～ 19 岁	3	2	5	15	75
20 ～ 29 岁	9	9	23	46	12
30 ～ 39 岁	13	25	26	34	2
40 ～ 49 岁	22	37	20	20	1
50 ～ 59 岁	30	43	15	9	3
60 ～ 64 岁	37	46	8	4	5

注：数据为中国城市规划设计研究院 2013 年全国 20 个县域调研资料汇总。

（3）家庭分离、社会空间分异现象显著

目前中国城镇化表现为突出的家庭分离现象。一方面，特大城市落户门槛高、生活成本大，使得农民工、新毕业大学生等人员难以真正落脚，“蚁族”和“蜗居”等居住现象尤为突出。据统计，仅有 0.6% 的外出农民工能够在务工地购房落户。

① 数据来源：《2013 年全国农民工监测调查报告》。
② 数据来源：《2008 年全国农民工监测调查报告》《2012 年全国农民工监测调查报告》。

这些人群由于不能尽快在务工所在地购房安居，使得与父母、子女之间长期分离。另一方面，农村地区却滞留大量老年人、妇女、儿童和其他老弱病残特殊人群。

与此同时，我国的老龄化进程明显加快。2010 年，我国（不包括台湾省数据）人口 60 岁及以上人口为 1.78 亿人，占总人口的 13.26%；农村地区老龄化问题尤为明显；2011 年全国农村 60 岁以上人口老龄化程度已达 15.4%，比全国平均水平高出 2.14 个百分点 ①。未来我国 60 岁以上老龄人口比重将以平均每年 0.35 个百分点递增，2030 年前后我国 60 岁以上老龄人口比重将超过 20%。而我国将在 2015 年前后达到人口抚养比率的拐点，并且老年人口比重超过少儿比重，社会养老与子女教育的负担逐年加重。

2. 人口与产业的聚集特征

（1）沿海地区、中西部地区的聚集态势

目前长三角、珠三角、京津冀是城镇数量和人口最为密集的区域，建成了北京、上海、广州、天津等一批具有国际影响力的中心城市和一批专业化中小城市，初步形成“多中心、网络化”发展格局。未来长三角、珠三角、京津冀依然是我国城镇化的主要空间，也是我国参与全球化竞争的核心区域。因此，这些区域将加快产业升级步伐，逐步由吸引加工制造业为主的产业工人向吸引技术人才、服务人才转型。

同时，随着我国当前宏观经济格局由沿海开发战略向国土均衡开发战略转变，中西部地区迎来新的发展机遇。我国正积极推进长江经济带、丝绸之路经济带、沿边地区开发开放等战略，更多的增长机会将出现在内陆的城镇密集地区、交通走廊地区和沿边口岸地区。如长江中游地区、成渝地区、中原地区将逐步形成新的城镇群和一批内陆边境口岸及其相关的中心城市。

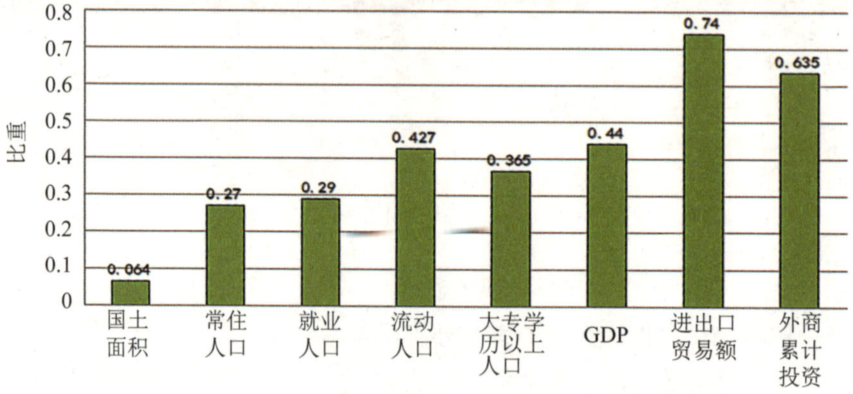

图 4-1 京津冀、长三角、珠三角三大核心城市群发展指标占全国比重

数据来源：中国城市规划设计研究院《优化开发区域城镇群布局与形态》课题报告。

① 数据来源：http://news.xinhuanet.com/society/2011-09/19/c_122056867.htm。

（2）城镇群、中心城市的聚集态势

伴随城镇发展区域化和城镇密集地区发展的一体化，我国将逐步形成以城镇群和中心城市为主体的城镇化发展格局。中心城市产业结构升级推动核心地区向服务经济方向转型，加工制造业向区域转移。因此，未来全国将形成以多个城镇群为主体，一批特大城市为核心的都市区为补充的城镇化空间载体。

（3）县级单元的聚集态势

近年来以县城为核心的县级单元的人口与产业聚集能力有了较大幅度提升。如2010 年中部、西部地区的县（市）域单元城镇人口增长比例分别占该区域城镇人口增长的 70.4% 和 60.0%。县城的快速发展主要缘于政策导向的工业园区建设，公共服务特别是教育、医疗设施吸引农村人口居家迁移，房地产开发吸引返乡人口定居和返乡创业等因素。但同时，小城镇人口聚集能力滞后，特别是公共服务与基础设施建设水平差。2011 年农村（乡镇）千人医疗卫生机构床位数仅 2.80 张，远低于城市 6.24 张的水平。

3. 城镇化的发展趋势与发展新要求

（1）2020 年和 2030 年城镇化水平与速度预测

据预测，我国未来城镇化发展速度总体上趋缓。2013—2020 年我国的城镇化率将年均提高 0.8% ～ 0.9%，到 2020 年城镇化水平达到 60% 左右；2020 年以后年均增速将逐步下降 0.4% ～ 0.5%，2030 年城镇化水平达到 65% 左右。虽然城镇化速度有所下降，但城镇人口增长规模仍十分庞大。有学者提出 OECD 国家用 100 ～ 150 年实现的城镇化，在中国以“时空压缩”方式在 15 ～ 20 年内实现（Marcutillo）。因此，未来相当长一段时期内，我国城镇化发展仍面临着巨大的压力。

（2）农村转移人口的安居乐业要求

在 2020 年以前，我国将促使 1 亿外出务工农民工及随迁家属落户城镇，同时为 1 亿棚户区及城中村居民改善住房和生活条件，此外中西部地区将有 1 亿农村人口转移到城市就业或者定居。为了让大量外来务工人口享受平等的“城市权利”，《国家新型城镇化规划》（2014—2020 年）提出，要将户籍城镇人口与常住城镇人口统计的城镇化水平差距从 2013 年的 18 个百分点缩小到 2020 年的 15 个百分点（2013 年城镇化率为 53.7%，户籍化率为 35.7%）。

（3）城镇既有人口发展的新需求

未来我国城镇中成长最快的是中产阶级，这部分人口随着收入水平的提升将在改善生活品质上有更多需求，并衍生出更多样化的消费需求。主要体现在改善居住面积与居住环境需求，如对休闲健身空间和社会交往的需求，将更多的家庭支出用于医疗、教育、文化娱乐等方面。Euromonitor 咨询公司 2010 年对中国、印度、巴西、印度尼西亚等国家的中产阶级[①]规模增长量做了如下预测，其中中国自 2000 年到 2020 年，中产阶级规模将从不到 1 800 万迅速增长到 2 亿人。

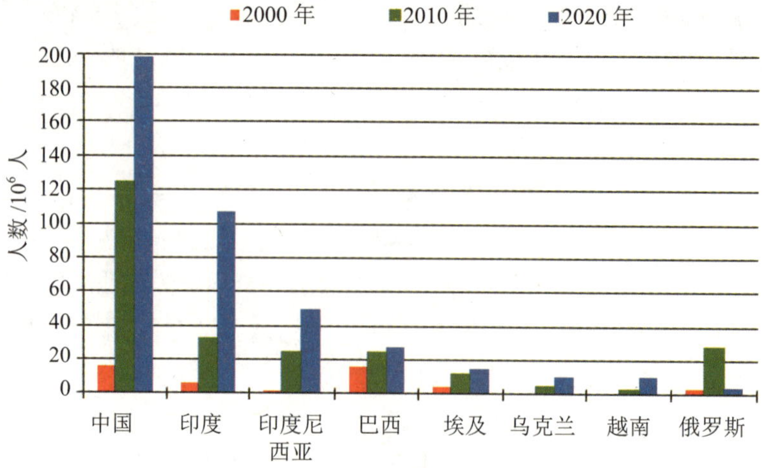

图 4-2　八国中产阶级规模增量预测

数据来源：Euromonitor 咨询公司报告。

（三）城镇化的资源、环境与财政压力将持续增大

1. 资源的消耗将持续增长

首先，伴随着人口增长资源消耗量巨大。新增 1 400 万城镇人口将产生 4.5 亿米^{2}的住宅需求，产生 120 万～ 150 万辆的小汽车需求量，这将刺激更多的钢铁、水泥、复合材料等消耗品的生产，消耗更多的矿产资源。

其次，城镇能源消耗量依然在持续增长。目前我国人均国内生产总值仅为世界平均水平的一半，但人均能源消费已达到世界平均水平。能源消耗的增加，一方面源于城市居民更多样化的消费需求，另一方面是新进入城镇居民的新增能源消耗，这两方面均将在生产、流通、消费等环节产生更多的资源消耗。

最后，城镇空间扩展将占用更多的生态空间，并对自然环境进行大幅度改造。越来越多的既有自然生态系统将转变为都市型生态系统，尤其是对于农用地、林地、湿地的改造更加明显，并引发区域性小气候的改变。如随着城市与城乡过渡地带的持续蔓延，热岛效应、雨岛效应将更加突出。此外，随着城镇居民的休闲、健身、体育等需求增加，也将改造更多的自然空间。

① 按照购买力平价计算的中产阶级年均家庭收入为 5 000 ～ 15 000 美元。

用地空置情况：当前城市用地效率低下的现象仍较突出，如根据国土资源部统计，目前我国城镇工矿的低效利用土地面积达到 5 000 千米 ^{2}，占城市建成区的 11%。又如部分工业用地较多的城市平均容积率仅 0.3 ～ 0.6。2012 年待开发用地中已供用地中有 5% 是闲置土地；全国城镇规划范围内，空闲和批而未供的土地共约 26.67 万公顷。

住房空置情况：根据西南财经大学中国家庭金融调查与研究中心发布的《城镇住房空置率及住房市场发展趋势》调研报告表明，2013 年我国城镇住宅市场的整体空置率达到 22.4%，比 2011 年上升 1.8%。若扣除处于装修、转租状态和部分纳入城镇统计范围的农村住房，据中金咨询公司修正后的空置率仍为 17.7%，高于市场警戒区。

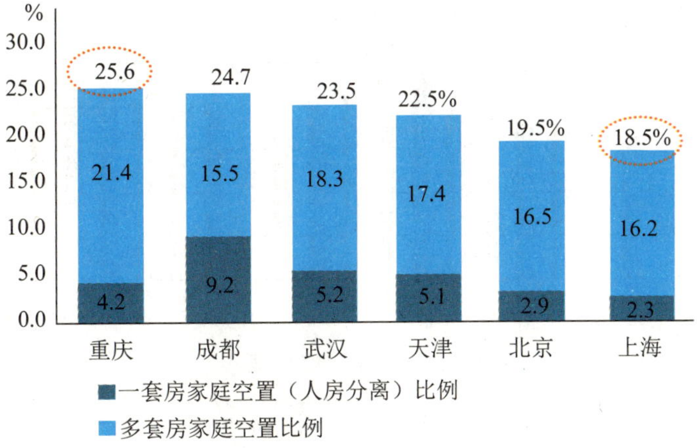

图 4-3　六大城市住房空置率情况

2. 环境污染排放总量仍将增加，并呈现区域化扩散态势

随着我国产业经济从沿海向内陆腹地纵深转移，并伴随着内陆地区城镇的加快发展，我国的污染将逐步从沿海地区向内陆地区转移。由于我国的大江大河为东西走向，沿江而上的产业转移必然加大流域性的环境压力。与此同时，随着我国工业化逐步由中心城市向农村地区扩展，污染问题逐步由城市向农村地区扩散，表现为“大城市—小城镇—农村”关联性污染问题。这两方面变化导致城镇群、都市区等城镇化主要载体的环境矛盾更加尖锐。尤其是近年来我国跨区域、持续性的大气雾霾问题，更是与区域性的面源污染问题直接相关。在环境问题区域化扩散态势下，我国城乡居民的卫生与健康问题将明显加重，未来将给公共财政和居民开支造成不小压力。过去 30 年里，由于水、土地、大气污染导致的恶性疾病发病率和死亡率在显著上升，未来若环境质量继续恶化，这两项指标将继续快速上升，值得高度关注。

2013年，按照新标准监控的74个第一批监测实施城市中空气质量相对较差的前10位城市分别是邢台、石家庄、邯郸、唐山、保定、济南、衡水、西安、廊坊和郑州。京津冀城市占据7个，全部为河北省的城市。京津冀地区超标天数中以$PM_{2.5}$为首要污染物的天数最多，占66.6%。京津冀区域$PM_{2.5}$平均浓度为106微克/米^3，所有城市$PM_{2.5}$均超标，北京市$PM_{2.5}$年均浓度为89微克/米^3，超标1.56倍。

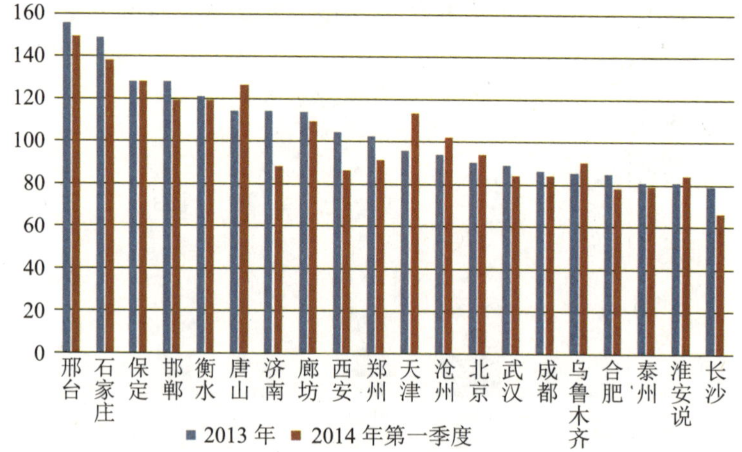

图4-4　74个重点空气监控城市的$PM_{2.5}$指数

数据来源：中国环境监测总站，项目组整理绘制。

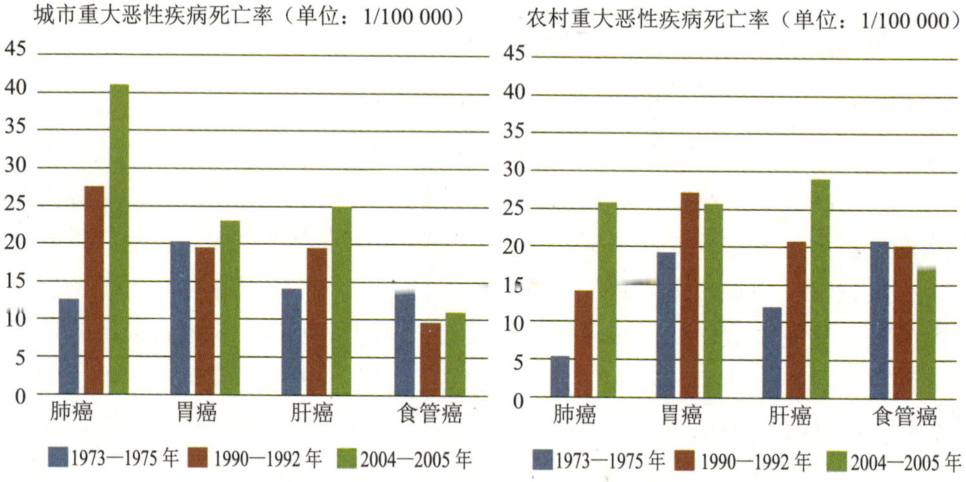

图4-5　城乡重大恶性疾病死亡率变化

数据来源：《中国卫生统计年鉴2012年》。

3. 城市公共财政压力进一步加重

未来我国各级城市的公共财政压力加重主要体现在以下两个方面。一是政府将在公共医疗卫生、环境治理、生态修复、产业升级方面的公共投资将明显增加。我国在上述方面的公共投入长期欠账，同时伴随着新问题的出现，政府需要花更大财力、人力去解决问题。二是政府的公共服务财政开支将明显增加，预计政府未来每年需要投入 1 800 亿～ 2 200 亿美元财政资金用于公共服务事业。特别是我国每年要解决 1 000 万～ 1 200 万进城农村人口的安居就业和社会保障问题。总的来看，未来政府需要增加的公共财政支出将达到地方财政收入的 16% ～ 20%。

政府负债率及土地债务所占比重：国家审计署公布数据显示，全国省、市、县、乡（镇）四级政府负债超过 14 万亿元，其中新增债务规模增幅较大。2014 年穆迪咨询公司在其发布的报告《中国省政府的债务负担显示不同程度的信用风险》中指出，省级单元中债务最高者的债务达到其收入的 156%，最低者为 69%。23 个已公布地方债的省级审计部门的审计报告中显示，由于政府财政对于土地财政的依赖较高，使得土地开发债务占政府债务的比重持续上升。目前，浙江、天津、福建、海南和北京的土地债务比重排在全国前 5 位，均超过 50% 比例，其中浙江以 66.27% 排名第一。

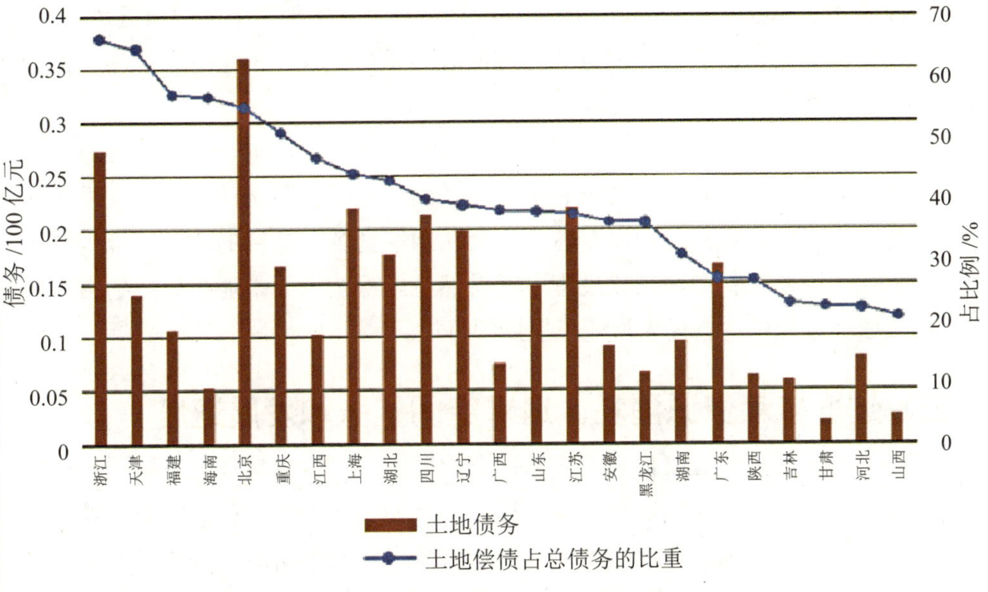

图 4-6 23 个省区市土地债务及占政府债务的比例

数据来源：中国经济周刊《23 个省份土地财政依赖度排名》，http://finance.sina.com.cn/china/20140414/174318792509.shtml

二、当前城镇化的九大突出问题

（一）引言

回顾中国30年的快速城镇化进程，我们可以看到一幅高污染高消耗的不幸图景。土地与住房的盲目开发和城市的快速扩张导致自然环境生态系统和生物多样性的严重破坏，城市应对极端气候和自然灾害的能力下降，既有建筑、设施和棕地不能得到充分利用，城市的宜人环境和历史文化遗产快速消失……所有这些负面现象可以归结为城镇化发展模式的失误，地方政府过度追求城市的空间扩张，试图吸引更多的人口，由此产生自然资源和财政资源的盲目投入，造成了巨大的浪费。而在错误模式的背后，更为重要的是规划、机构与制度层面的原因。既有的各种规划之间、政府之间、部门之间缺乏必要的协同；各级政府缺乏推进城市可持续发展的有效机制。因此，推进生态文明理念下的城镇化，不仅需要改变城市发展的模式、评估体系与绩效考核体系，更需要包括法律、政策、制度、社会监督与公众参与在内的社会治理体系的重建。

（二）现有规划体系未能充分发挥资源环境管控作用

目前对城乡空间资源利用和城镇建设产生重要影响的规划主要由国家发展和改革委员会、住房和城乡建设部、国土资源部三个部门主导，分别是社会经济发展类规划、城镇体系与城市总体规划、土地利用总体规划。由于三个部门缺乏足够协调，在空间与资源利用、引导与管控方式等方面时有矛盾出现，未能对生态环境保护建设和资源可持续利用提供有效支持。

我国从20世纪80年代的项目环境影响评价实践，到90年代末开始的战略环境影响评价研究，而后到法律约束和执行层面的规划环境影响评价，一直采用评价的方式进行环境影响识别，而没有建立一套从国家到各级城镇的法定环境规划体系和技术方法。因此在新型城镇化过程中对自然生态保护方面未能强化规划指引，难以实现城镇化过程中生态优先和环境保护的目标。

（三）过度依赖资源消耗，追求空间扩张和发展速度

在经济快速发展、城镇化水平快速提升的同时，过度依赖资源消耗，追求城镇空间扩张和投资拉动增长的现象不容忽视。我国人均国内生产总值仅为世界平均水平的一半，但人均能源消费已达到世界平均水平。资源密集型产业低水平发展、比重偏大，高耗能产业约占能源消费总量一半。

土地扩张速度和总量均超过城镇化对空间的合理需求，2001—2010年，全国城市建成区面积和建设用地面积年均增长分别为5.97%和6.04%，而城镇人口年均

增长仅有 3.78% ①。国有建设用地出让规模由 2001 年的 1 787 千米 ^{2} 升至 2010 年的 4 326 千米 ^{2}，增加 1.42 倍。全国人均城乡建设用地已从 2000 年的 152.8 米 ^{2}/ 人快速攀升至 2010 年的 175.5 米 ^{2}/ 人 ①。一方面，地方政府通过出租使用权获得土地出让金收入，这既是城市建设的主要资金来源，也是城市开展大规模空间扩张的主要动因；另一方面，依赖土地进行融资，而过度融资导致政府债务风险不断增大 ②。

2001 年以来我国投资增速维持在 20% 左右，远超过 GDP 的增速，而万元固定资产投资创造的就业岗位数则由 2000 年的 0.14 下降至 2010 年的 0.02。在地方政府负债率高、出口下降和国家严格的土地保护政策下，这种高投资、大规模土地开发的发展模式将难以为继。

（四）自然环境、生态系统与生物多样性破坏严重

我国近 30 年快速城镇化过程中，一些城镇扩张到水源地地区，形成对水源的污染风险；一些城镇占用江河洪泛区和蓄滞洪区，形成城市洪涝灾害风险；一些城镇开展大规模削山造地和城镇上山运动，造成山地林地遭受破坏，形成水土流失和雨洪风险；一些城镇占用基本农田，在执行“占一补一”政策时甚至将基本农田调整到山顶，造成对林地生态系统的破坏；这些不顾自然生态系统特征和规律的城镇开发行为造成了自然环境破坏，生态系统平衡被打破，生物多样性退化。

我国南北地跨多个气候带，东西地跨多个地势区，因此各城市资源气候条件不同、灾害气候条件各异，地缘地势有沿海、平原、高山、高原区别，城市具有各自独特的自然山水、大地景观和物种条件特征。但是，我国在快速城镇开发时往往忽视上述特征特色，不尊重自然山水的保护和利用，导致生态系统破坏，出现了诸如洪水、内涝、城市热岛效应不断加剧等问题。

我国城镇发展各自为政，缺乏区域统筹分工，每个城市工业规模不断扩大，污染排放不断增加，致使出现了区域大气污染和流动性相互污染，区域大气环境遭受破坏；江河流域上下游水污染加剧，上游城镇排污影响下游城镇取水，近年来频繁出现影响城市水安全的流域污染事故，如汉江、长江武汉段和山西长治等污染事件。

（五）不重视气候变化，城镇应对极端气候与自然灾害能力差

近年来伴随城市范围的不断扩大，城市也在一定程度上影响着气候变化，研究表明我国大量城市的气候背景发生了明显改变，导致如降水分布和强度的改变、热岛效应、弱风效应等，这在一定程度上加剧了城市地区极端天气气候及环境事件的影响。

① 根据中国国土资源统计年鉴，中国城市统计年鉴和第六次人口普查数据进行计算。

② 截至 2011 年，中国地方政府土地出让收入已经超过 3 万亿元，而地方政府的债务余额也超过 10 万亿元（陶然，国土资源导刊 2013.08）。

在缺乏城市生态空间有效阻隔的情况下，城市热岛随着城市规模增长和空间扩张不断加剧。例如，研究表明华北地区城市热岛效应加强因素的影响明显。我国诸多滨海城市和填海造地的地区，在进行防潮排涝规划设计中普遍没有考虑到气候变暖引发的海平面上升对其的影响，选址时多出于对土地的需求且重视尽可能减少投资成本的原因，缺乏对于抗灾能力的有效充分论证，缺乏城市基础设施的投入建设，因此抗灾能力建设存在不足。

由于缺乏合理的城市生态空间布局和生态功能调节，同时也因排水基础设施建设滞后，缺乏应对极端气候事件的能力，我国城镇近年来备受城市内涝困扰。2010年住房和城乡建设部组织开展的全国范围内351个城市的调研工作显示，2008—2010年全国62%的城市发生过内涝事件，内涝发生3次以上的城市有137个。严重内涝造成城区下穿隧道积水、道路交通中断、城市交通大拥堵、地下车库和车辆被淹。近年来沿海城市遭遇台风影响增多，其带来的强降雨和风暴潮经常导致城市频繁出现内涝。

根据IPCC 2013年6月7日发布的第五次评估报告，我国所处的东亚地区已进入暖湿时期，因此未来在夏季将出现更多的热浪且持续时间长，另外将有频率更高的强降雨事件发生。这将加剧上述极端天气和自然灾害造成的影响，是我国新型城镇化这一阶段面临的外部挑战。

（六）住房与设施建设存在盲目性，“大拆大建”与工业用地低效使用问题十分突出

常住人口快速增长的地区，公共服务设施与基础设施未能根据人的实际需求及时合理配置，导致服务能力滞后，尤其是大量进城务工人员未能公平享受城镇公共服务和保障性住房。新区住房和设施建设超前，却未能聚集人口居住，大量空置商品房造成资源浪费。当前我国住房领域的主要矛盾已经转变为住房价格水平与中低收入群体的住房支付能力之间差距不断扩大的矛盾[①]。但目前地方政府和开发商仍未克服以房地产开发启动新城新区建设的冲动。事实上，合理利用旧建筑改造，为城市中低收入者提供可以支付的住房尚未受到足够重视。

“大拆大建”的模式在旧城改造中十分普遍。大量拆除处于安全使用期的建筑在客观上造成资源的巨大浪费，同时也产生大量难以处理的建筑垃圾[②]，对环境造成压力。大拆后的大建，又要重新投入资源、人力和能源，如此大量消耗宝贵的资源是社会难以承受的，也与资源节约目标相悖。

① 根据《中国统计年鉴2013》，2012年我国城镇居民人均住房面积达到32.9米²，农村人均居住住房面积达到37.1米²，已经超过部分发达国家平均水平。中国指数研究院发布的《2012年全国房地产开发经营数据解读》研究报告显示：2012年，全国商品房和住宅销售均价分别为5 791元/米²和5 430元/米²。

② 根据住房和城乡建设部的统计数据，中国建筑科学研究院编写的《建筑拆除管理政策研究》（2014），中国每年由于建筑过早拆除带来的建筑垃圾增量约4亿吨，约占我国垃圾总量的40%。

此外，工业用地的低效使用问题仍十分突出。地方政府往往牺牲工业用地的市场价值招商引资，造成工业用地快速增长，占比过高，盲目引入的项目经济产出不尽如人意，造成工业用地的长期低效使用。

（七）对绿色交通扶持不够，导致城市交通高消耗高排放

随着城市尺度的不断扩张和高质量绿色交通服务的缺位，居民出行活动对私人机动化交通的依赖性不断加强，步行和自行车出行比例大幅下降，公共交通出行比例徘徊不前，导致城市交通结构失衡。同时，私人机动车的过度使用导致交通拥堵问题不断加剧，并带来更多的能源消耗和污染物排放。电动自行车的优势未被充分认识，存在技术标准执行力度不够、生产和使用管理混乱等问题。

目前公共交通、自行车和步行等绿色交通方式没有得到足够重视，各种方式之间的功能分工和衔接换乘低效，导致整体服务水平不高。特大城市中长距离出行过度依赖地铁，地面常规公交的运行效率受交通拥堵影响和路权空间制约而持续下降，步行和自行车通行空间缺乏保障，且与公共交通方式衔接困难。

（八）缺乏对自然与文化遗产的尊重，城市特色与人性化空间缺失

受经济利益驱使的旧城改造，由改善居民生活条件为目的转变为获取更高的利润，因此出现大规模拆除位于较好区位的建筑群，甚至历史街区①的现象，对城市历史文化资源造成严重破坏，大体量和高层建筑建设破坏了旧城尺度和传统风貌。此外，这种“建设性破坏”还造成城市历史文脉的割裂和社区邻里的解体。由于缺乏对自然的尊重，城市建设“挖山填水”、砍伐古树名木、粗暴改变原有地形地貌等现象频繁出现。

在新区和新建筑建设中，模仿、照搬某些所谓发达城市和建筑样板，造成千城一面的景象，这种单一面貌的文化正在吞噬城市特色。此外，缺乏人文关爱的宽马路、缺乏人性化空间尺度和细节设计的大广场和高楼大厦充斥在城市中，导致居民认同感和家园意识的缺失，造成构成社会结构剧烈变动时期的城市危机。

（九）缺乏推进城市可持续发展的管制与引导手段

政府层面对可持续发展的管制与引导手段和力度仍然不够充分。首先，尚未建立合理的资源价格机制，缺乏促进资源循环利用的经济管制和激励措施，未能正确引导市场开发和个人消费习惯，导致高能耗、高消耗生产生活模式成为主导，造成

① 根据2011—2012年的全国历史文化名城名镇名村检查结果，13个名城已无历史文化街区，18个城市也仅保留1处历史文化街区。

资源、能源的浪费。其次，在跨行政区层面缺乏有效的生态补偿机制和管制政策的执行机制，无法采用交易、置换、补偿等方式从区域层面解决生态功能保育与发展诉求之间的矛盾，从而无法实现区域内行政主体间的协作，共同承担建设良好生态体系的责任。此外，省、市级政府在本行政区内对环境保护与可持续发展方面的立法不足，惩罚力度弱，监管效果较差。同时未能充分利用经济奖惩、财政补助、价格调配、制定技术标准等多种管理方式，对下级行政单元（区、县、乡镇）进行更有效的可持续发展引导。

（十）缺乏促进生态文明的社会治理体系

城市空间快速增长与粗放开发对能源、资源和生态环境造成巨大压力，大量人口处于“半城镇化”状况带来社会不稳定风险，这些城镇化问题的背后是社会治理体系的缺位。

在社会治理中由于缺乏对人的需求的关注，导致新进入城市的农村转移人口和中低收入务工人员未能获得公平和健康的发展权利，难以融入城市和社会；公共品的提供未能覆盖全部城市外来人口和低收入群体，让他们获得平等的义务教育、公共卫生与基本医疗服务、社会保障等基本公共服务；社区的建设过于强调政府管制，未能鼓励居民主动参与推动社区安全、环境建设、居民互助等事务，发挥居民自治的和谐社区在社会稳定中的重要作用。

在社会治理中，缺乏促进公众提高环境保护意识的宣传教育和公众环境保护参与体系的建设。目前政府在公开环保信息，让公众获得充分的环境知情权等方面做的不足，因此未能充分发挥公众、企业和社会组织在环境保护中的监督和帮助作用。此外，未建立支持 NGO 发挥在环境保护和社会治理方面重要作用的有效机制。

三、愿景

（一）引言

“不久之前自然还运行得有条不紊。作为城市的腹地，自然为城市社会的出色成就du其所有。在输入端，它是建筑材料、燃料、水和食物的来源；在产出端，它是一个沉淀池，清理了人们制造的垃圾和产生的排放。在过去的几十年里，我们误以为自然具有很好的耐受性和自我修复能力——自然为城市提供了所需的一切，包括食物、生物资源和能源；与此同时，河流、土壤和空气净化了城市产生的垃圾。”①

① Maarten Hajer and Ton Dassen 《成为智慧的城市》, PBL publishers，2014 年，鹿特丹 2014，第 25 页。

（二）价值倡议

李克强总理在最近的一次讲话中提出：“推进以人为核心的新型城镇化是最大的结构调整，发挥城市星罗棋布带动广阔腹地发展的作用，促进城乡一体化和区域梯度开发，实现新型工业化、信息化、城镇化和农业现代化同步发展。”①

（1）美丽中国——在广袤的城市和乡村里，居民们抬头可见蓝天，享受经济繁荣和现代生活的便利同时，领略湖光山色的自然之美。

（2）生态文明——提倡以资源节约、环境保护和自然生态系统的修复为优先目标，以绿色、循环和低碳发展路径为特色的发展模式。

（3）高效、包容和可持续的新型城镇化——以人为本，提供高质量的公共服务，降低环境污染的风险，促进社会福利均等化并提升城市的宜居性。

实现生态文明的城镇化需要一个完备的规划和政策制定过程，这个过程不仅要重视技术，同时还要兼顾机构、管理和发展模式。图 4-7 表达了规划和政策制定的程序。圆心部分描述了以城市为主体的两个核心领域。第一个核心领域是在致力于规划制定过程中的公众参与，需要以下措施：①制度和监管过程的透明化，从而保证社会成员的公平参与；②政府官员问责制；③利益相关者参与到设计、规划和实施过程中。第二个领域是规划与管理，其中地方政府应承担城市发展的责任，需要保证经济、生态、社会文化的可持续性。

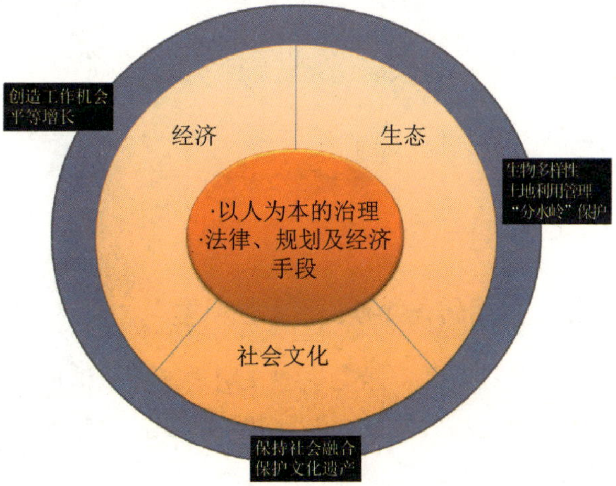

图 4-7 规划和政策制定过程

图 4-7 中的外圆描述在推动生态文明方面，好的城市规划与政策制定过程的主要目标：①经济方面，创造就业机会、给予贫困人口平等的城市服务；②社会方面，

① 2014 年新领军者年会开幕式讲话，China Daily，2014 年 9 月 12 日。

提升社会的凝聚力，彰显城市独特的文化底蕴；③生态方面，重点关注城市在生物多样性、土地利用和森林等方面对区域的影响。

（三）构建“良好城市模式实现过程的评价”体系

新愿景强调从物质导向转向人本导向，人在城市中与区域自然环境的相互作用是规划的核心内容。“以人为本”的核心是：

（1）以城市为主体阐明具体的愿景，并确定前述三方面目标的优先级。

（2）制定与居民切实相关的可持续目标的评价方法，而不仅从招商引资层面来评价。

（3）创造恰当规模的投资和融资机会。

这意味着虽然没有固定的好的城市模式，但必须有一个规划过程，重点关注城镇化对经济、社会、区域生态系统的影响，以及能源、水和土地生态系统管理，从空间视角对市域范围内的资源流和投资规模进行监测管理，并在各个方面都要满足社会公众的意愿。

（1）能源生态系统，节约成本并监测主要能源用户的碳排放足迹，包括建筑、交通运输、水和废弃物。

（2）水生态系统，降低水资源风险并对用水户的耗水量进行管理（家庭与产业、私人与公共部门消费者）。

（3）城市空间与区域生态系统，通过综合诊断权衡空间发展的影响，如土地利用和绿地、基础设施和住房、人口密度和地价极差等指标。

四、行动议程

（一）引言

1. 什么是生态文明的概念下好的城市模型？

由于本特别政策研究报告的主题是生态文明理念下城镇化发展模式与制度，我们将关注重点放在与城镇化相关的社会融合和环境保护问题上，而非单独讨论这些问题。

“好”是一个很主观的词。在城市规划的话语中，“好”听起来有点落伍，但是，人们对“好”的追求是永恒的，规划师使用如“绿色”“复原力强”“低碳”“智能”“健康”“充满活力”和“可持续”等形容词时，实际上也是想表达“好”的含义。但所有这些概念往往只解决单一的问题，而忽视了经济和社会问题。关注可持续发展，就需要在环境或生态发展中考虑社会和经济要素。城市规划具有多维度的综合优势，可以协调多方利益，而城市设计可以发挥至关重要的作用。

2. 如何理解好的城市？

每年都有许多关于城市的排名被发表。比如美世咨询公司（Mercer）、经济学人信息部（Information Unit, The Economists）和《单片眼镜》（*The Monocle*）杂志每年都发表城市宜居指数排名，维也纳、苏黎世、慕尼黑、奥克兰、哥本哈根、墨尔本和温哥华等城市经常榜上有名。使这些城市胜出的空间特质究竟是什么？简单地说应该是城市的品质，如周边的休闲环境、青山绿水、良好的公共交通、都市生活、文化，以及包括水资源管理、能源节约、可再生能源使用、废弃物减量、生态多样性保护等在内的绿色城市战略。

这些特质不能简单地在其他城市复制、拷贝，需要根据城市自身的特征与背景量身定制。城市特质是多维度的，城市设计有时可以优化其所有方面，却也不能完全解决相互冲突的需求。多样性、建筑朝向、建筑密度、功能混合等空间需求都会产生外部性，都会对其他需求带来积极或是消极的影响。如保证所有建筑物均朝阳，在节约能源的同时可能造成布局的重复和单调，从而有损城市宜居性。对城市生活而言，高密度的封闭街坊可以满足可持续发展的要求，但难以满足利用可再生能源的要求。因此，环境需求、人的需求和经济需求常常相互冲突，甚至单个需求内部也存在矛盾。这就可以解释，为什么城市规划很复杂，也不存在一个固定的好的城市模式。但一个完备的规划和政策制定过程会带来好的结果。

城市规划和设计中的生态文明的理念和经验已经存在于许多城市。国内和国际的城市在这一领域的不同做法，应该得到相互学习和交流。

3. 如何认识时间的影响？

时间是城市规划的重要元素：建筑物的主要经济价值在几十年后会逐渐丧失，然后将被新一轮的建设逐渐取代。建筑物也许只存在几百年，但其所构成的街道布局几乎是永久的。改变街道布局非常昂贵，因为所有的建筑都将被拆除重建，所有的业主都需要得到补偿，街道地下基础设施（污水管、电缆等）都需要重建。因此，城市规划对生活质量和人居环境的影响会长达数百年。

大尺度的城市规划应该具有弹性，以适应未来的未知需求。科技变革可能会对空间产生颠覆性的影响。在过去，农业发展、国防系统、汽车普及、互联网等都对城镇产生了重大影响。在未来，新技术也可能有类似的未知影响，如 3D 打印、新交通系统、居民寿命的延长。此外，市民的需求总是处在不断地变化中。

老龄化问题亟须重视。新的市镇或新开发地区最初都居住着年轻人，因此初期建立相应数量的学校是必要的。随着这一代人的变老，这个地区就会需要更多的老、年人住房。同时，城市规划和建筑理念也在不断发生变化，经济和政治环境的影响是未来城市发展必须面对的问题。如果建筑或者整个区域的功能没有对此作出准备，在后期进行适应性改造的费用将非常高昂。同时，这些对基础设施和公共设施改造的控制权应在规划中有所预留。

最后，好的城市模式不一定是新区或新城的扩张。也可以通过改善现有的城市来实现。例如，现有建设用地使用效率的提高、棕地改造和既有建筑物的更新也是生态文明理念下的好的模式。

（二）强化部门协同的城市规划整合作用

1. 原则

城市尺度上的政策连贯性常常指的是住房、水、交通、经济政策、能源、环境、土地和资源等部门之间的协作。政策连贯性的缺乏常用“孤岛（silo）”来表达。综合性的空间规划是联接这些“孤岛”从而影响空间发展的重要载体。更重要的是，城市规划权衡各种利益和想法、确定潜在的协同效应，使其规章制度化并成为一个可行的计划。

2. 标准

应根据中央政府的明确要求整合城市规划，推进政策的协调。 综合性的城市规划中应提出针对地方政府、独立城市发展机构和地方领导（如市长）绩效考核的框架。政策的出台、制定与风险必须透明，鼓励公众参与。

3. 方法与案例

整合中国的城市发展空间规划，将影响和决策应反馈给各相关部门。开展城镇化战略的积极全面的社会影响评估，为利益相关者提供公平的参与机会。通过战略环评来整合城市规划，讨论平衡城市、工业和生态的发展的不同方式，并建立监测和绩效评估的框架以问责政府，并与公众形成良好沟通。在应用规划或评估系统时，应充分考虑建设环境、交通与运输、动态变化、资源承载力（例如能源和水）和城乡经济政策，在规划设计中研究探索城镇化空间诉求可能带来的后果，并寻求协同增效的解决途径。

（三）削弱地方财政对土地开发的依赖

1. 原则

土地开发一直是城镇化的手段之一，而中国城市政府似乎把土地开发视为一台自动取款机，这直接导致土地财政收入在地方政府财政收入中占据很大比重，为城市扩张创造了不良动机，导致大量的建设潮、房地产泡沫与极高的空置率。此外，土地财政也伴随极大风险，因为未来对土地的需求可能会减少甚至停滞，这将会直接导致公共预算的大幅缩水和公共服务的减少。

2. 标准

为城市建立棕地的名录，优先利用棕地，同时出台更有针对性的投资和法规支持措施。从地方政府的角度看，如果能同时创造工作机会的话，这一举措将更有吸引力。

3. 方法与案例

地方政府应该抑制对土地的过度开发，并采取相应措施让财政收入与土地出售脱钩：①地方公共服务的提供可以依据法律或通过房产税的成本回收方式来实现资金支持；②可以申请国际绿色基金；③更灵活地运用公私合作模式（PPP）吸引投资并与私营部门共同分担风险。PPP 不能完全消灭城市扩张的动机，但至少能让利益相关者承当相应的风险。同时，必须确保各级政府获得适当的融资，避免对城市发展产生不必要的负面影响。

（四）优化资源流管理以提升生态服务功能

1. 原则

提升合理利用资源和生态系统保护的意识和能力。城市规划应该结合资源、能源集约高效的理念，自然资本提供的生态系统市场和非市场价值应该得到重视，并纳入城市规划和城市设计的考虑范畴，保证自然与城市居民活动的和谐以及自然资源可持续利用。城镇化会直接或间接对全球生物多样性构成威胁[①]。因此，城市空间被赋予了重要的责任。城市应该依据“生态补偿机制”的原则，构建财税机制去支付其享受的生态服务，并承担危害环境的后果[②]。生态系统服务的概念已经得到普及，但尚未物化并融入城市规划和设计之中。

2. 标准

城市可以比喻成一个生态系统，城市代谢是把资源在城市的流入和流出看作生物新陈代谢的过程，这有助于识别通过提高资源使用效率、加强资源回收和减少资

① McKinney, 2002, Olden et al., 2006.pp.56. http://www.bfn.de/0502_siedlung.html?&no_cache=1.
② 详见 2004 年 CCICED 工作组报告“中国的生态补偿机制和政策，2004.

源使用，改善与资源相关的城市治理能力的可能性。城市消耗资源的同时，资源也在塑造着城市的形态。城市的形状、密度、功能混合度以及建筑形态在很大程度上影响着城市对资源的消耗。较短的出行距离、更有效的流动和对建筑的有效利用使得人口分布集中的城市比蔓延的城市能耗更低。城市体现出的创新活力和号召力是对资源进行全球可持续管理的核心要素。

3. 方法与案例

“美丽中国”框架中所提到的智慧的生活方式、集约的资源利用和宜居性应被视为城市特性的一部分。将资源利用和垃圾的产生最小化，建立资源利用框架，以便于城市能够更好地监测将会造成空置或资源极大浪费的明显投机建设行为，并及时采取措施进行阻止。跟踪污染产出量，出台生态补偿、污染赔偿价格机制。资源使用最小化的原则应作为城市群扩张以及新城建设选址的衡量标准。尤其是对施工建造阶段的资源使用（能源、水、水泥、土地、生态系统）。城市机动性规划也应当成为城市设计不可或缺的一部分，应当依照资源利用最小化的原则得到地方政府的重视。生态系统服务融入城市规划可能有两大支柱：首先是能源流和材料流应该与城市空间规划整合考虑，其次是增强城市的环境资本。

专栏 4-1　温哥华与新加坡案例

温哥华选择整体化的方法解决包括了整个城市群和波特兰地区的问题。地区内城市间的所有活动都是基于整体的经济效应——如何吸引私人投资和经济结算。涉及问题的相关郡县及城市群形成协同机制，共同努力实现生态文明。

新加坡运用创新性的交流沟通手段以及准确的知识交流手段，监督和衡量资源的变化和保护过程。除了“生物多样性索引”和“生物多样性门户网站”运营良好之外，还有专业的博客用于分享与之相关的信息、图片、保护项目、书籍、新闻以及活动等。新加坡还设置了一个国家生物多样性中心作为国家公园董事会的分支机构，成为新加坡生物多样性相关信息和活动的“一站式”服务中心。

资料来源：

http://www.theintertwine.org/biodiversityguide

http://en.wikipedia.org/wiki/National_Biodiversity_Centre_%28Singapore%29

（五）控制城市规模和形态对居民健康的影响

1. 原则

城市合理的规划布局不仅能帮助削减对人口健康问题的担忧，同时也支撑对人口健康问题的适应性措施。城市的形态、规模、结构、布局方式以及建筑材料都会影响通风和热量的集聚，而风可以帮助城市空气循环，提升空气质量。

2. 标准

城市环境对居民健康情况的影响是好的城市的关键体现，如生活方式和行为反映出消费文化和社会情绪；周边环境如室外空气质量、气候变化，特别是大城市群中可预期的热浪频率及严重程度的增加，直接影响身体健康；此外，老年人口极易受到极端天气的影响，倘若亚洲城市保持现状的空气污染水平，在未来的几十年里内将会导致两到三倍的超额死亡率和其他健康问题。因此，中国城市人口的健康促进政策的准则应兼顾如下两个方面：①减少污染和降低现状风险（减缓压力）；②合理设计未来城市群的布局和大小，保证人口健康（增强适应能力）。

3. 方法与案例

城市人口的健康指标（如平均寿命），包括那些不由地方政府管控的指标，都应该向大众公布。在城市布局时，应考虑空气质量与通风效果。另外，在城市设计中，将屋顶粉刷成白色可反射日照，设计屋顶绿化则吸收日光，减少热应力，树木也可以提供阴凉从而调节温度。

如德国在改造前柏林滕伯尔霍夫机场时，面临该场地是用于城市建设还是留作城市开敞空间的问题。最终从城市通风和空气质量的角度作出了决策。城市主要街巷的朝向与城市的主导风向保持一致，是以较低成本改善空气质量的重要方法。这需要对空间规划进行适当修改，同时开展战略环评。

（六）应对气候变化日益显著的影响

1. 原则

越来越多的证据表明气候变化给城市和不断增长的城市人口带来了挑战。联合国人居署 2011 年发布《全球人居城市和气候变化报告》，政府间气候变化专门委员会（IPCC）也在其第五次评估报告中专门强调了城市空间的重要性[①]。我们发现气

① 联合国人居署 (2011), Global Report on Human Settlements 2011 Cities and Climate Change. 政府间气候变化专门委员会第二小组（IPCC Working Group II）, 2013, Impacts adaption and Vulnerability.

候变化会更大程度地影响城市供水、城市基础设施、交通、生态环境及相关服务、能源供应、工业生产和居民健康。总体规划应该包含通过高效利用资源减缓和适应气候变化的内容。

2. 标准

中国应对气候变化的能力较弱，特别是在基础设施落后且规划不到位的中小城市。适应与缓解气候变化是一项长期且系统性强的工程，需要科学技术的投入和政策支持。中国在国家层面上有强大的技术投入和政策支撑，但地方管理能力依旧不足。

3. 方法与案例

在“十二五”规划的指导下，中国制定了从 2013 年到 2020 年的《国家适应气候变化战略》。该战略确定了指导原则、优先领域 / 行业、应对及适应气候变化的试点省份，并制定了详细的策略。当地机构和有关部门需要针对《国家适应气候变化战略》来调整现有的政策和机构。新战略还全方位识别了亟须解决的基础设施上的空白，重点分为城市、农业和生态三个领域，具体优先事项如下：基础设施、农业、水资源、沿海地区和海洋水域、森林和生态系统、旅游业和其他行业、人类健康。

专栏 4-2　深圳、鹿特丹与库里提巴案例

中国深圳是大陆地区第一个加入 C40（应对气候变化城市间联合会）的城市；苏州提升城市宜居性和促进历史文化遗产保护，并获得 2014 年李光耀世界城市奖。

荷兰鹿特丹“适应气候变化战略”满足应对气候影响和适应气候变化的需要。另外，2008 年在 C40 体系内成立的“连接三角洲城市项目（Connecting Delta Cities）”建立了协调气候适应能力的机制，包括资金支持，鼓励邻近地区、同一流域或类似气候条件的区域建立沟通与协调机制。

巴西库里提巴：建设弹性城市以实现城市的可持续复兴。库里提巴引入了世界上第一个快速公交系统，70% 的日常通勤者都使用快速公交。库里提巴与哥本哈根同为人均碳排放量最低的城市 (2.1 吨二氧化碳当量)。

资料来源：

http://www.c40.org/cities/shenzhen/blog_posts

http://www.deltacities.com/cities/rotterdam/climate-change-adaptation

http://www.triplepundit.com/2011/06/top-10-globally-resilient-cities/ ANTHER REF

（七）提倡善用自然和财政资源的精明发展

1. 原则

在满足就业增长和经济发展需求的同时，平衡社会和谐以及环境可持续性的规划编制和实施过程。

2. 标准

李克强总理“三个一亿人”的战略提供了重新审视城市政策、空间规划和资源管理过程的机会，让中国的城市朝着更优化的生态文明范式演进。这一战略在空间上的落实应遵循以下三个原则：①为城市居民发展经济；②保护和循环利用土地、水以及大气资源；③必要时通过战略性的环境政策和投资手段进行生态补偿。

3. 方法与案例

应重新审视棕地再开发和绿地开发两种城镇化路径。对已经具有较好的基础设施配备的废旧工业用地进行再开发，且有机会实现混合开发利用。短期看很昂贵，但从长远看，棕地开发更能抓住土地价值的潜力，从而实现可持续发展。

将风险理念系统性融入规划过程。城市通过建筑物和基础设施来创造财富，了解这些资产所面临的风险至关重要。这些风险不仅与经济结构的变化有关，还受到天气和气候变化的影响。降低前一种风险需要在城市所依托的经济基础受宏观经济结构调整的影响发生改变时，重新评估空间规划。例如，产业的兴衰取决于它们的竞争力。众多的欧洲城市经历了有价值的固定资产沦落为低价值棕地的过程（鲁尔河谷的钢铁制造和煤炭工业的衰落就是很好的例子）。气候（例如台风和洪水）同样可以毁坏有价值的固定资产。在气候变化和不可预测的极端天气下，可以通过综合运用投资以及促进公众参与的制度手段增强城市抵御灾害的自我恢复能力。

度量需要综合诊断来管理的对象。运用可以落实到空间上的诊断方法，来辨识需要管理的可持续发展目标，并且建立客观的数据采集和分析系统来报告实施成效。关键在于通过法律、行政和经济的手段建立规划、融资和实施的框架来实现目标。另一个关键点在于根据辅助性原则①，设计参与式的行政管理体制，使城市相关利益群体的观点、诉求和反馈能持续地传达给决策者。

① 辅助性原则秉承了欧洲自由主义思想传统，主张个人首先应自负其责；只有当个人无能为力时，公权力才予以介入；而在公权力内部，也应先由下级政府承担解决问题的责任。可见，辅助性原则是“一种自下而上的组织原则”，越是在政府结构的下层，越具有对事务处理的优先权；政府层级越高，越具有辅助性。

（八）坚持绿色交通和公交导向的城市开发

1. 原则

应关注公交导向的发展策略（TOD），交通与土地利用一体化对中国城市发展至关重要。不能“人口先增长，再建设公共交通系统”。城市发展与公共运输系统应齐头并进，通过连接社区的“绿色走廊”改善交通站点和周边居民区之间的衔接，通过流量控制和有效的空间规划控制空气污染。新技术可以减少污染，如电动自行车减少空气污染，智能汽车共享系统减少了公共空间的停车数量，宽带网络提供了在家工作和电话会议的可能性，减少出行需要。

2. 标准

城市交通的可持续发展模型可能会根据城市面积、人口、经济等条件的不同而有所区别。对于人口超过百万的城市，大运量交通系统是一个好的可行模式；而紧凑系统，如轻轨、单轨铁路、BRT（快速公交）、电车和公共汽车的组合将更适合中小城市。欧洲很多城市通过整合交通和土地利用来振兴本地经济和改善城市市容。同时，农村和城市郊区的交通可通过电动车代替汽车的方式来解决，减轻大气污染。

3. 方法与案例

城市应根据其社会经济与人口规模来制定可持续交通发展模式。促进大运量公交的发展，关注高品质 TOD 所创造的更高利润和财政收入，加强交通与土地利用一体化可以产生巨大的价值[①]。鼓励私营部门的参与将有利于缓解政府的财政负担。

专栏 4-3　伦敦案例

伦敦将公交列为市场交通政策重点，通过交通规划、融资、定价以及出行需求管理对公共交通进行优先配置。开发多模式的公共交通系统，实现无缝换乘。同时建立一体化票制票价体系，分区计价，有高峰和非高峰出行、长距离、短距离和换乘优惠等区别。

伦敦开发了一系列有效的交通需求管理工具。2003 年，开始对进入市中心区 21 千米^{2}的社会车辆征收进城费，收费区域的交通量减少了大约 30%，氮氧化物、悬浮颗粒物（PM_{10}）和二氧化碳浓度分别下降了 13.8%、15.7% 和 15%。2007 年，

①2013 年世界银行报告：转型城市和交通。

收费区域进一步扩大至40千米^2。政府鼓励在城市外围国铁、轨道交通车站周边建设大型停车场，并减免停车费，引导市民换乘公共交通工具上下班。伦敦公共交通投资来源包括政府投资、地方公共团体投资、银行贷款、债券、私营公司资金、道路拥挤收费等。为迎接2012年奥运会，伦敦市宣布了一项总额为100亿英镑、为期5年（2005—2009年）的公共交通基础设施投资规划，包括Stratford车站、地铁和地上铁路改造、DLR轻轨延伸、Emirates Air Line项目等。

启示与政策方向：

（1）推行可经营项目投资主体多元化，建立市场配置资源的机制，拓宽投资资金渠道，加强政府引导，鼓励社会资本的充分参与。

（2）推动多种公共交通方式一体化规划建设、运营管理，制定灵活的票制票价政策。

（3）大力发展公共交通，同步推进其他配套政策，包括分区差异化政策、拥堵收费政策、低排放区政策、停车—换乘政策、慢行交通促进政策等。

（九）以人性化尺度和自然、文化遗产的保护彰显城市特质

1. 原则

城市特征是城市规划中的重要议题。人们会对区域、城市、街道或住所产生心理认同感。居民对周边环境感到认同时，会以更强的自豪感和责任感对其进行维护，使之更容易吸引游客和投资者。

2. 标准

城市、地区、街区、街道或建筑应当有别于其邻近的单元，具有自身的辨识度。这意味着城市或区域应当注重将自身特有的自然地貌、文化景观和建筑传统等特质发扬光大。应运用专业技术知识对空置房屋进行再利用的调整和改造。此外，对城市尺度的感知源于对人行道尺度的感知。在人的视觉高度上，公共空间的人行道应该更生动、美丽、安全并富有多样性，促使人们主动选择慢行交通。

3. 方法与案例

设计小尺度格网道路系统，增加行人过街的便捷程度，保证人行道和自行车道的安全。让建筑窗户和入口面向道路，从而唤起行人和住户之间对彼此安全的关怀，杜绝长距离内无出入口的情况，不鼓励沿街设置围栏。沿街打造生动的“城市基座”，例如商店的橱窗或者公共服务设施。基座可能只占10%的建筑立面，但却在90%

的程度上决定了建筑的视觉外观①。沿街建筑类型应多样化，避免单调的重复。沿街种植树木或其他植被，以提供阴凉、净化空气，并且成为鸟类的栖息地。开展公共参与，提升居民对片区的认同感和所有权意识。

专栏 4-4　德国 IBA 埃姆歇公园与荷兰港口案例

德国 IBA 埃姆歇公园。1990 年的 IBA 埃姆歇公园项目改变了鲁尔区污染、废弃的工业景观，成为一个充满工业标识的生态恢复景观。在这里，人们举办文化娱乐活动，吸引游客，使当地人民为自己的工业遗产而自豪。过去曾是储气罐、高炉和工厂等工业设施的棕地被重新利用，如今已成为地区的标识。

西欧港口的重建计划（阿姆斯特丹、安特卫普、汉堡、伦敦和鹿特丹）

近年来港口活动的规模逐年扩大，目前的大型集装箱船无法进入西欧历史悠久的港区，因此港区向大海方向扩张，港区旧址则在城市中闲置。这些空置区域在伦敦（Isle of dogs）、鹿特丹（Kop van Zuid）、汉堡（Hafen-city）、阿姆斯特丹（IJ oevers）和安特卫普（Eilandje）被重新开发成具有混合用途的功能，并发挥了滨水和历史遗址的双重优势。

（十）构建提升资源使用效率的国家财税政策框架

1. 原则

鉴于中国的城镇化发展速度、其过程的可见性及相关的政治承诺，这是促使关键参与者达成一致、实现可持续发展的绝佳机会，同时也涉及激励资源的高效利用、满足中产阶层增长的消费需求以及协调各政府机构之间的利益。

2. 标准

将资源利用效率作为可持续城市化政策的切实并可量化的目标。

3. 方法与案例

加强培训教育和经济激励，通过加强综合规划和监督的协同力度，以城市行动和试点的手段来改善城镇化对资源的依赖。建议中央政府针对核心自然资源，建立税收优惠政策框架以及遵循“谁污染，谁埋单”原则的生态补偿政策。将既有措施

① 延伸阅读：http://www.thecityateyelevel.com/。

整合在统一的框架内，并关注在中国城镇化过程中土地、淡水与化石能源的污染问题，并在城镇化背景下检验这一框架的效能。

（十一）通过公共参与推进人为本的城镇化

1. 原则

任何形式的公民参与均需要大量的时间、沟通、冲突与合作。公民根据自己的专业和生活经验进行参与。全球化带来的经济和社会的变化，可以通过个人环境里身份稳定的过程和有意义的活动来抵消。

2. 标准

参与需要透明度和决策权，明确要求、具体任务以及固定的时间框架。 经验表明，在商议关键问题、主题和任务时，外部评审和协调是必要的。同时，给参与的公民和其他利益相关者提供足够的支持，如信息的充分与透明，是鼓励公众参与的关键。地方政府必须做好充分准备和专业培训来实施。ICLEI 认为大城市有高度的创新性。这些发现将会有益于中国 50 万人以上城市吸收新移民的城镇化过程。

3. 方法与案例

自 20 世纪 90 年代起，德国海德堡市就采纳了相关政策，鼓励居民参与涉及自然环境的各项主要发展计划和项目。最重要的城市整体或单一地区的政治策略，都存在利益相关者的广泛参与，包括学术界，私营部门，社会、文化、环保等非营利组织，妇女和移民等少数群体。在海德堡市的“可持续性管理”项目中，工业界和学术界围绕中小企业的可持续发展问题进行了深度参与，使得超过 100 家企业都开展了环境管理。

五、政策建议

（一）引言

城市是增长的引擎、创新发展模式的榜样和环境保护的领跑者，同时也是拥有高品质生活、繁荣和健康的地方，拥有这些特质的城市可以被认为是好的城市。本次研究认为，并不存在好的城市的固定模式，但可以通过具有关键特质的好的治理过程来构建好的城市。这些特质在一定程度上已经存在于中国的很多城市，但是需要得到加强，这样城市才可以在指导中国迈向生态文明的道路上承担更多的责任。

城市要承担这一重要的领导角色，必须有更好的财力、人力、社会资本、自然资本和建成环境的支撑。城市应当具备相关的工具和网络，以辅助其作出知情决策并予以实施。这些工具涉及城镇人口、环境健康问题、棕地利用和节能状况的监测。城市生态指标除了和历史数据做比较之外，还应该与国内外最佳实践进行比较。战略环境评价（SEA）应该在城市规划中得到更有效的应用：①涉及所有相关的政府机构和其他利益相关者的决策；②提供主要的设计比选方案以进行讨论；③提供了后续绩效评估的基础。

1. 以综合性空间规划来诊断问题，制定发展目标和约束条件

对于仍处在快速工业化和城镇化进程中的中国，空间问题与资源短缺是城镇化与生态环境保护、资源可持续利用之间的最大矛盾，因此增强空间布局合理性、提高资源的集约程度和使用效率是实现生态文明的城镇化的首要问题。目前对空间布局和资源利用具有重要决策能力的部门之间缺乏足够的沟通协作，难以在空间快速变化和资源快速消耗的过程中及时通过有效而协同的政策实现管控和引导。解决这一重要问题的办法应当是：加强空间信息系统建设，准确获取并整合多个部门的基础数据；加强综合性评估与诊断；改善多部门政策与规划协同，最终实现环境保护与资源可持续利用的共同目标。

建议一：建立健全省市两级空间管制体系，促进城镇化集约高效发展，保护生态系统。在省级层面建立基于整体生态安全和环境保护的空间管制制度，建立以重要生态保护区和生态敏感地区为重点的生态保护红线制度；进一步强化限建区的许可制度，如对位于生态敏感区、重要生态服务功能区的城市明确开发规模上限，建立负面清单；立足省级空间管制，制定特大城市地区和城镇密集地区的城乡一体化规划；确定城市增长边界，统筹生态空间、生产空间、生活空间布局。

建议二：构建有利于环境与居民健康的城市布局，促进绿色交通发展。以多中心和保护“绿心”的城镇群发展替代单个特大城市持续蔓延的模式；通过控制城市规模和形态、合理布局城市主要街道和开敞空间，来创造并维护低成本、有效的城市通风走廊，带来新鲜空气，在规划中注意预留战略性用地和重要交通设施用地；以公共交通引导城镇密集区的空间布局优化，并缓解现有城市交通系统的压力，加强区域性铁路与城市地铁网络之间的无缝衔接；为行人、电动自行车和自行车保留路权，制定电动自行车安全与环境技术标准。

建议三：严格执行国家建设用地标准①，严控城镇空间不合理增长与无序蔓延，鼓励存量建设用地和旧建筑的再利用。对于超过国家人均城镇建设用地标准30%以上的城镇，由中央政府出台限制新增建设用地的相关政策，避免因盲目投资和开发继续产生“鬼城”“空城”。鼓励挖潜存量用地与棕地合理利用，提高工业用地使

① 《城市用地分类和城市建设用地标准》（GB 50137—2011）和《镇规划标准》（GB 50188—2007）。

用效率；积极推进老城区和既有建筑物的更新改造；加强空置住房统计与信息系统建设，准确获取基础数据，制定需求导向的规划。

建议四：立足多部门协作，推进区域协同治理和生态文明城镇化试点工作。在区域层面建立环境共治和核心资源共享地区的协同机制，重点对京津冀地区（针对大气污染和产业转型）、长三角地区（针对区域水环境污染和水资源配置）和珠三角地区（针对土壤污染和综合治理）开展区域协同治理试点；在流域上下游矛盾突出的地区试点生态补偿机制和开发权转移机制。在城市层面选择试点，推进“生态文明的城镇化模式”示范工程，尝试多部门协同推进环境治理、宜居性提升、绿色城乡交通、可持续社区与市民化试点工作。

2. 建立健康的财税体制和适应性的发展模式

好的规划必须为未来的需求预留足够的空间，例如为应对长期气候变化引发灾害的准备、为老龄人口服务的新的基础设施和公共设施等。城市要承担更多长远持续发展的责任，必须要有长期持续的财政做支撑。但是中国许多城市的财政正在陷入土地依赖的危机，因此要重构政府的财政、税收体制，削弱地方财政对土地收入的依赖，以应对未来不确定的发展需求。

建议五：地方财政应逐步与土地开发与出让脱钩。转变为以目标导向为分配原则的中央财政预算，建立地方财产税或其他城市开发建设税费，以替代现有的土地财政模式。在土地供给中，应该保证具有较高优先级的对环境较为敏感的绿地空间资源掌握在公共部门手中。在土地市场的建立中，要防控土地收入依赖和财政风险，只有在非常特殊的情况下才能允许地方政府参与有风险的土地开发项目。

建议六：应该更加关注城市应对气候变化的能力和其他城市环境类规划，建立适应气候变化风险评估框架以及相应的财政应急资金。框架除了需要考虑潜在的危险之外，还应考虑城市应对极端天气、灾害事件和其他气候变化影响导致的财产损失、基础设施损坏、人员伤亡以及负面经济效应的能力。

建议七：通过发行绿色债券等方式鼓励社会资本参与，建立长期有效的财税鼓励机制，降低城市生活对资源与能源的消耗。如绿色债券可投资公共交通、垃圾处理（管理）等绿色基础设施建设，并通过使用者收费、租金和税收等方式偿还；以适度的财政补贴或税收减免，推进老旧住区、既有建筑的节能保温改造以及城市住房与设施的适老化改造，以应对中国人口老龄化挑战。

3. 落实以人为本的城镇化

以人为本的城镇化需要改变社会治理模式，完善法律、行政和监督体系，配套相应的绩效评估、政绩考核和问责制度；构建信息公开和公众参与等保障性制度。提升政府官员和公众的可持续发展意识，改变发展模式与生活方式。以人为本的城镇化要尊重人的心理感受和地域归属感，通过历史文化保护和人性化尺度设计，来建设宜人的公共空间和美丽城乡，让变迁中的城乡居民记得住乡愁。

建议八：加强对参与城市发展决策的官员（尤其是市长、书记）的培训教育。提高其资源节约、环境友好、低碳绿色发展方面的知识水平，设定环境发展目标，并将其作为官员升迁过程中的考核必备程序。建立奖励机制，鼓励在建设绿色城市的过程中实行创新性举措的政府官员。构建面向公众的生态文明宣传教育体系，包括家庭消费、绿色出行、垃圾分类和能源资源循环利用。以社区为基础，提倡资源节约、低碳绿色的生活方式，建立从小学至中学相应的教育体系。

建议九：城市设计应立足人的尺度。城市布局和路网规划应当适宜步行和自行车出行，街道应易于行人穿越，慢行道路应尽量联通和便捷，建筑的底层与围挡的设计应更加宜人，加强公共空间的无障碍及便利性设计。加强对自然与文化遗产的系统保护，增强居民的文化认同感。通过既有建筑和设施的充分利用，延续城市历史文化多样性；应用本地材料，建设质朴人居环境，彰显城市特质；倡导“小规模、渐进式、多方参与”的更新方式，促进居民生活条件改善、业主获利，延续历史文脉和传统记忆。

建议十：建立普适性的污染和极端气候灾害信息等基础数据库和城市规划战略决策的实施评估体系，建立信息公开制度、政府官员绩效考核与问责机制。定期预测评估由空气污染和气候变化带来的对城市居民健康的风险，包括公布基础数据，作为绩效考核的重要内容。省、市级有关法律法规中应当明确定义个人和社会组织的参与权，为社会治理的公众参与提供可靠的法律依据。在城市规划的相关法律和官员的绩效评估中应明确公众的“知情权”和“话语权”。

第五章 生态保护红线制度创新研究

随着工业化、城镇化的快速发展和资源开发活动加剧，我国资源约束压力持续增大，生态系统退化依然严重，环境污染仍在加重，生态系统服务功能难以支撑我国经济社会可持续发展。为建立生态保护机制，2013 年中共中央十八届三中全会通过的《关于全面深化改革若干重大问题的决定》中，将划定生态保护红线作为加快生态文明制度建设的重点内容。明确要求“划定生态保护红线。建立国土空间开发保护制度”“建立空间规划体系，划定生产、生活、生态空间开发管制界限，落实用途管制”。

生态红线实施的关键是红线落地和生态红线的有效保护，即如何科学确定生态保护红线范围，并落实到空间上；如何确保生态保护红线不被开发和随意变更。为了实现上述目标，迫切需要建立生态保护红线保护的制度与机制，协调不同部门、不同区域、土地所有者和经营者等利益相关者的关系，推动生态保护红线实践的顺利实施。

一、生态保护红线制度创新的必要性和紧迫性

我国人口数量巨大，粮食安全保障压力大，长期过度开发生物资源与生态系统，导致生态系统的严重退化。自 2000 年以来，工业化和城镇化快速发展，水土资源资源开发强度加大，自然生态系统持续丧失，土壤保持、水源涵养、防风固沙、洪水调蓄等生态系统服务功能退化，泥石流、滑坡、湿地萎缩、河流断流等生态环境不断恶化，严重威胁人们生命财产与经济社会的可持续发展，国家生态安全形势严峻。

为加强生态保护，构建国家生态格局，2011 年，《国务院关于加强环境保护重点工作的意见》（国发 [2011]35 号）明确提出，在重要生态功能区、陆地和海洋生态环境敏感区、脆弱区等区域划定生态红线。中共十八届三中全会通过的《关于全面深化改革若干重大问题的决定》中，将划定生态保护红线作为加快生态文明制度建设的重点内容。明确要求“划定生态保护红线。建立国土空间开发保护制度”“建立空间规划体系，划定生产、生活、生态空间开发管制界限，落实用途管制”。将划定生态保护红线作为明确严格保护的空间范围、确定生态空间、建立国家生态安全格局的重要机制。

（一）生态系统服务是经济社会可持续发展基础

人类福祉和发展在很大程度上依赖于生态系统提供的“生态系统服务”，但我们往往把肥沃的土壤、年复一年的气候条件、降雨、清洁的水源、广袤无垠的湖泊和海洋视作是理所当然的事情，相信树木生长、昆虫为粮食作物授粉都是源于自然的恩惠。其实这些服务并非免费的，我们不能心安理得的索取。它们可能也正在以一定的速度和规模遭受着不可逆转的损害，急需人类的悉心保护。

生态系统服务可以分为四类：①供应服务——饮用水、木材、燃料、鱼类、医药资源等；②调节控制——作物授粉、废弃物分解、水质净化、侵蚀调节和洪水控制、碳储存和气候调节等；③文化服务——娱乐休憩、宗教、精神、知识等；④支持服务——光合作用、养分循环、土壤和水循环等。

生态系统服务具有极高的经济价值。从全球范围看，生态系统服务每年的经济价值高达 1 250 000 亿美元。我国具有多种多样的生态系统类型，占据全球土地总面积的 6% 和拥有全球 20% 的人口，也是生态系统服务的主要受益者。每年生态系统服务的经济价值也远远超过国民生产总值。

即使生态系统服务的经济价值无可争议，但是其中的部分服务却是无形的，甚至难以在国家审计中予以确认或审计。如果生态系统服务开始丧失，特别是在人类面临洪灾、泥石流、台风、干旱或者亲眼目睹宝贵的土壤、海岸线、房屋和亲人被洪水冲走时，生态系统服务的经济价值就能充分体现出来。

生态系统服务对于人类健康、安全和可持续经济发展至关重要，但是生态系统服务的产生取决于森林、草地、耕地、湿地和海洋等生态系统状况和功能。然而，越来越多的迹象表明：随着经济社会的快速发展，生态系统正在以相当危险的速度退化，人类引发的气候变化也正在给业已退化的生态系统施加额外的压力，加速生态系统的退化。

（二）国家生态环境形势日益严峻

我国经济社会发展迅速，但也带来沉重的生态环境代价。土地复垦、森林砍伐、过度放牧、采矿、过度捕捞、环境污染、水资源过度开发利用等对生态环境带来严重损害，生态环境安全面临严峻挑战。

由于长期的过度开发，全国 90% 以上的森林与草地不同程度受到损害，60.6% 的森林与 68.3% 的草地严重退化，导致一系列严重的生态环境问题。全国水土流失面积 167.75 万千米 ^{2}、土地沙化面积 182.35 万千米 ^{2}，南方喀斯特地区石漠化面积 9.56 万千米 ^{2}。自 2000 年以来，全国有 5.69 万千米 ^{2} 的农田、草地、森林与湿地生态系统类型转化为城镇生态系统，4.06 万千米 ^{2} 草地、湿地等自然生态系统开垦为耕地。

全国有面积在 5 公顷以上的矿产开发点 52 566 个。矿产资源开发生态环境破坏和环境污染严重，地面沉降、滑坡、溃坝等次生地质灾害频发，对人民生命财产造成重大损失。如2008年9月8日，山西省临汾市襄汾县发生尾矿库特别重大溃坝事故，造成 277 人死亡。2010 年 7 月 3 日，福建上杭县紫金矿业发生污水渗漏事故，造成过汀江千吨鱼中毒死亡。

同时生态系统人工化加剧，天然林、灌丛、草地和沼泽等自然生态系统的面积均下降，其中，天然林面积减少了 10.3%，我国东部湖泊面积减少了 2.7%，自然海岸线长度减少了 10.7%，野生动植物自然栖息地减少，生态系统提供服务功能的能力下降，威胁国家经济社会的可持续发展，国家生态安全形势严峻。急需建立保护机制，保障具有重要生态功能的自然生态系统不被开发和损害。

（三）国家生态安全格局尚未形成

长期以来，我国对生态保护做了大量努力，建立以保护生物多样性与自然遗迹为目的的各级自然保护区、湿地公园和地质公园等，以可持续利用自然资源为目的的风景名胜区、森林公园等。还将生态保护落实到国家区域发展战略规划中，在国家主体功能区规划中，将具有重要生态功能的区域划为限制开发区，将依法保护的自然保护区等划为禁止开发区。

目前我国自然保护区面积约占陆地总面积的 15%，这一比例已经达到甚至超出了发达国家水平，但自然保护区主要分布在青藏高原的高寒地区与西部荒漠地区，与我国生物多样性格局不匹配，而且保护区之间相互隔离，对我国生物多样性难以有效保护，此外还有 30% 的自然生态系统类型、20% 的野生动物、40% 的高等植物尚处于保护区以外。

重要生态功能区自提出至今，其保护思想已被广泛接受。《全国生态功能区划》中提出的 50 个重要生态功能区总面积 237 万千米 ^{2}，《全国主体功能区规划》中提出的 25 个重点生态功能区总面积 386 万千米 ^{2}，分别占国土总面积的 24.7% 和 40.2%，《中国生物多样性保护战略与行动计划》中提出的 32 个陆地生物多样性保护优先区面积 232 万千米 ^{2}，占国土总面积的 24.2%。重要生态功能区、重点生态功能区与生物多样性保护优先区均是战略性规划，没有落地机制，没有明确的保护范围，缺乏明确细化的管理措施、产业准入环境标准及保护机制，难以实施严格保护，区内关键的生态区域面临被开发建设、资源开采蚕食的威胁。

我国生态保护区域类型多、面积大、覆盖广，空间上重叠，缺乏协调机制和管理措施，难以保障国家生态安全。因此，划定生态保护红线是建立国土空间开发保护制度、整合各类保护区域的重要手段，是科学构建国家生态安全格局的基础。

（四）生态保护体制和机制不健全

由于历史和现实的原因，我国的生态环境保护体制建设落后于污染控制，具体表现在：

（1）政府的生态保护管理职能分散在各个部门，采取按生态和资源要素分工的部门管理模式，缺乏强有力的、统一的生态保护监督管理机制，存在政府部门职能错位、冲突、重叠等体制性障碍，造成国家公共利益和部门行业利益的冲突。

（2）各部门都从部门利益出发，积极推动制定本部门所管理的资源法律，并通过法律加强自身的授权和权力，造成法律法规之间的矛盾，“政出多门”加大了基层部门执行有关法律法规的难度。

（3）在规划和政策制定上各自为政，相互衔接不够，使生态保护标准各异，划建生态保护区的目的与分类体系不同，措施综而不合，极不利于国家对生态保护的宏观调控。

（4）由于一些分工不够明确合理，造成多头管理，执行分工时职能越位、交叉和重复，在一定程度上加重了生态环境的破坏，突出表现在物种保护与自然保护区管理、水资源管理与污染防治等方面。

（5）资源管理部门政企不分，既有资源保护、监督生态建设的职能，又有经营和开发资源的任务，这种局面显然不利于生态环境的保护。

划定与严守生态保护红线是一项综合性很强的系统工程，目的在于从国家层面统筹考虑生态环境保护工作，将资源开发利用、环境管理、生态保护等众多领域进行有机整合，协调各主管部门职责与利益，实行严格的生态保护制度，从而达到改革当前的生态环境保护管理体制之目的。

二、建立生态保护红线制度的基本需求

建立完善的生态保护红线制度是一项系统工程，任重而道远。当前，需要开展的基础性工作或者需要回答的问题包括：生态保护红线的定义与特征是什么？确定影响生态保护红线实践的关键因素是什么？如何划定生态保护红线？如何监管生态保护红线？如何建立生态保护红线区的奖惩措施和法律保障？建立生态保护红线制度需要改革的关键点是什么？研究并澄清这些问题是建立生态保护红线制度的前提。

（一）生态保护红线定义与特征

虽然国家政策文件相对明确地引入生态红线概念，但是对于这一概念的理解和具体内容却存在不同差异。不同机构已经独自说明并采用自身理解观点。因此，急

切需要对此概念制定明确的普遍接受的定义，以便更好地理解、协调和实践生态保护红线。

1. 生态保护红线定义

生态保护红线是指为维护国家和区域生态安全及经济社会可持续发展，提升生态功能、保障生态系统服务持续供给必须严格保护的最小空间范围，提升和保障的生态系统服务包括水源涵养、土壤保持、防风固沙、洪水调蓄、生物多样性与自然遗产保护，以及灾害防护功能。

生态保护红线包括生态系统服务保障线、人居环境安全保障线和生物多样性保护线，它既包括自然与人工生态系统，陆地与海洋生态系统，也包括分布在重要生态功能区域的退化生态系统。

2. 生态保护红线的特征

（1）红线内部特征

红线是指必须严格遵守的边界线（如建筑红线、道路红线等）以及必须遵守的标准与要求（如环境排放标准，工业产品质量标准）。出于不同原因或目标，目前出现过多红线，如耕地保护红线、水利红线、湿地红线等，但我们只能建立单一生态保护红线，而非多条红线或不同颜色的其他线条。此外，红线只是划分需要特殊保护措施或限制活动和发展的空间。在红线之内，不同土地单元根据生态功能类型加以标注，配套不同的保护措施，在此基础之上，不同土地单元的所有者、管理者和适用的法律规范有所不同。

应该指出的是红线只是不得突破的最后一道防线而已。红线之外的土地同样具有重要的生态功能，同样需要不同级别的保护、管理和控制措施。在许多情况之下，红线界定的土地需要外部缓冲和互联互通。

因此，红线可以视作是土地利用分类系统之中的一种类型，包括所有土地单元和海洋区域生态保护需求的确定，区分以生态保护为主导功能的土地与其他用途土地，如农业用地、建设用地等，但是也需要注意保护其他土地利用类型的生态功能。

红线之内的不同区域，可能具有不同的生态功能，如水源涵养功能、生物多样性保护功能、防风固沙功能等，需要相应的管理部门采取不同的保护措施，确保生态保护红线内生态功能不降低。

（2）生态保护红线与其他红线的关系

不同红线的本质和目的不同，部分确定空间面积，即范围边界线，另一部分则确定数量而非空间，即质量控制线。例如耕地保护红线仅要求保护足够面积的耕地，以保证长期粮食安全，耕地保护红线可以在地图上确认并标注，但是也可以通过其他替代方法完成（表 5-1）。

表 5-1　不同部门的红线

序号	名称	部门	主要内容	特性
1	三区四线	建设部门	三区：禁止建设区、限制建设区、适宜建设区；四线：绿线（各地绿地控制）；蓝线（地表水体控制线）；紫线（历史文物控制线）；黄线（基础设施控制线）	空间限制区域比例
2	耕地保护红线	农业部	18 亿亩耕地	数量
3	水资源红线	水资源部	水资源开发利用控制红线；用水效率控制红线；水功能区限制纳污红线	数量
4	森林生态红线	国家林业局	林地和森林、湿地、荒漠植被、物种	数量 / 质量

可见，红线之间可能存在重叠情况。农业部门红线保护之下的土地可能承担着重要的生态功能，特别是地形陡峭区、重要集水区和脆弱地区。部分农业用地可能对生物多样性的保护发挥着重要作用——鹤的摄食区域、朱鹮的繁殖区。因此，生态保护红线可能与农业部门红线重叠，这要求确认需要采取特殊保护措施或控制使用的部分农业用地。

为保护森林和保护水资源而划分的红线可能出现重叠的情况更为频繁。这些重叠可以通过土地利用规划程序加以协调，在分配和合理利用土地过程中可以考虑所有类型重叠的情况。

（3）生态保护红线的部分特点

根据生态保护红线的概念、内涵及保护要求，生态保护红线划定后，应满足如下属性特征：

①性质不变。生态保护红线保护的主体目标包括生态系统服务保护、生态环境敏感区、脆弱区保护及生物多样性保护，生态保护红线区块应明确固定，红线区域内部的自然环境本底与生态系统类型保持不变。

②功能不降。对于生态良好的重要生态功能区，生态保护红线发挥的生态服务功能不能降低；对于生态敏感区、脆弱区，生态保护红线区域应采取生态修复与治理措施，不断改善生态功能。

③面积不减。生态保护红线划定之后并非永久不变，当生态保护红线边界和阈值受外界环境的变迁而发生变化时，应当适时进行调整从而确保基本生态功能供给，但生态保护红线区域面积不可减少，而应随生态保护能力增强和国土空间优化适当增加。

（4）生态保护红线目标

生态保护红线的定义表明其目标就是保护或恢复重要生态功能，支持经济社会可持续发展。生态保护红线主要发挥三类功能。首先，保护最重要的土地，以便提供调节和支持功能，如保护水资源、土壤形成/保护和气候调节等。其次，生态保护红线保护并维护对生物多样性至关重要的区域——保护重要物种种质资源、典型生态系统类型和基因资源。这些都是国家自然遗产的重要部分。最后，生态保护红线包括生态敏感/脆弱区域，这些区域的生态系统可能容易遭到侵蚀、洪灾、泥石流、沿海台风等灾害的威胁。

（5）生态保护红线界定的作用

生态保护红线无法单独解决中国所有的生态系统功能退化问题。它仅仅是应该采用的系列手段之一。面对我国水资源短缺、土地退化、生物多样性丧失等一系列生态问题，划定生态保护红线对于缓解或应对这些问题具有重要意义（表5-2）。

表 5-2 我国面临的主要生态问题和生态保护红线的作用

序号	面临生态问题	原因和驱动因素	需要采取的措施	生态保护红线作用
1	陆生生物多样性丧失	栖息地破碎化和丧失、过度捕猎、环境污染	加强保护区体系管理、控制过度旅游、限制捕猎和野生动物贸易、提高栖息地面积和连通性	改革保护区体系，增加保护面积，加强自然栖息地保护
2	水生生物多样性丧失	大坝建设、栖息地碎片化和丧失、环境污染、过度捕捞、外来物种引进	大坝周围建立“鱼梯”，恢复重要湖泊，重新开通重要河流的通道；加强湿地保护、控制捕捞、增强水系连通性、防止污染	提高对部分湿地和集水区的保护；恢复部分水生生态系统
3	农业生物多样性丧失	农业活动转变和经济变化	提供推广传统品种的激励措施，保护野生作物近缘植物	保护区缓冲区提供维护传统品种的机会；保护区有助于保护作物野生近缘植物
4	海洋生物多样性丧失	沉降、污染、过度捕鱼、毁坏性捕鱼方式	保护产卵区，改变捕鱼方式，控制、减少土地污染源	有助于规定捕捞区域、更好地保护重要产卵区
5	外来物种入侵	地貌变化、贸易、引种	严格控制外来物种、加强外来入侵性物种监督，制定控制措施和管理条例	作用较小，存在间接作用
6	候鸟数量减少	河口和潮间带土地复垦和污染、鸟类捕捉	恢复并保护足够潮间带摄食区域和高潮栖息区域的飞行通道，防止环境污染、禁止捕鸟	有助于确认应该避免海岸复垦的重要栖息地
7	草地退化	原有草地破坏、过度放牧、气候变化和地下水位下降	减少畜牧、暂停误导性虫害控制（鼠兔）项目，保护关键功能性草地	作用重大，可以帮助确认最需要保护、减少畜牧的草地区域
8	沙漠化	原有植被破坏、气候变化、过度放牧和地下水位下降	保护并重新种植植被、减少畜牧、减少使用木材、控制水力喷射	作用重大，可以帮助确认强化保护和生态恢复的重点区域
9	沙尘暴	土壤松散和砂砾细小的地区植被覆盖率低	提高自然植被覆盖，严格控制耕种活动	确认必须保护或恢复植被的敏感区域，产生间接作用
10	河流断流、干涸	集水区上流森林、草地和湿地丧失，上游过度利用水资源	加强集水区自然植被保护，改善植树造林技术和农业活动	帮助确认并保护重要集水区

续表

序号	面临生态问题	原因和驱动因素	需要采取的措施	生态保护红线作用
11	湖泊水量减少、干涸	引水工程、上游过度利用水资源、抽取地下水资源造成地下水位降低、气候变化	提高引水和抽水管理、提高灌溉效率、加强水资源节约	作用小，间接作用
12	河道泥沙淤积	水土保持措施不足，陡坡种植、森林覆盖面积减少，工程设计不当	提高林业和农业活动，所有工程项目采用严格的环境影响评价，道路和其他建设项目选址谨慎	可以确认最容易出现水土流失的区域，但是部分是在红线之外的森林和耕地区
13	水环境和土壤污染	工业和家庭废弃物控制薄弱、过度使用化肥和农药	采用更高环境标准，加强环境污染控制执行力度。完善农业活动、推广使用绿色肥料和统一化虫害管理	作用重大。可以帮助确认污染源位置，尽量降低对自然生态系统的影响
14	空气污染和酸雨	过度使用煤作为燃料	降低对煤的依赖程度、提高能源使用效率、采用碳上限政策	作用轻微，因为空气污染流动性强，可以影响生态系统
15	森林火灾	混交林转变成易生火灾的松林或竹林、气候变化、土地利用变化	推广种植本土物种的混交林，特别是阔叶物种、禁止刀耕火种	作用有限
16	极端天气事件	人为引发气候变化的结果	维护防护带，防治沙漠化、保护海岸线和河岸带	轻微调节作用，确认重要防护带
17	气候变化	碳排放增加，土地利用变化、绿色植被和生物群落减少造成固碳能力降低	通过强化植被覆盖和森林与湿地碳储存能力来提高碳固定	有助于保护植被，提高退化土地的碳汇并减少部分气候影响

（6）生态保护红线管理的其他需求

生态保护红线对于生态系统服务和生物多样性的保护作用，不仅仅依赖于生态红线的划定、保护和有限管理，还与其他相关的管理措施密切相关。这些其他的管理需求对于充分发挥生态保护红线的作用具有举足轻重的作用。这些需求包括：

①人居安全风险区——划分其他不适合或容易出现风险的居住区域或特定用途区域，因为这些区域靠近有毒性废弃物、放射性物体、地震活动中心、大坝、国家安全设施等。

②缓冲区——生态保护红线之内的土地需要建立缓冲区，以免遭受不同外来环境影响，例如上流水污染源、机场和道路噪声和其他可能影响保护目标的周边土地使用。这种关系是双向的，因为生态系统同样可以减轻并解决部分环境问题。

③控制人口增长——控制生态保护区域内人口。

④控制碳排放——如果中国和 / 或世界其他地区持续增加碳排放，生态系统面临的压力也将逐步增加。

⑤农业可持续发展——即便保留足够土地用于满足长期粮食生产需求，依旧需要稳定人口数量、维持农业用地肥力。

（二）生态保护红线组成、划定程序与责任

1. 生态保护红线组成与划定程序

生态保护红线的划定可以依据重要生态功能保护红线、生态敏感区/脆弱区保护红线和生物多样性保护红线确定，并且陆地生态保护红线和海洋生态红线可以采用类似的体系和方法统一划定。

（1）重要生态功能保护红线

我国重要生态功能区包括陆地重要生态功能区和海洋重要生态功能区。

① 陆地重要生态功能区

陆地重要生态功能区包括《全国生态功能区划》中的国家重要生态功能区、《全国主体功能区规划》中的国家重点生态功能区，主要类型包括水源涵养区、土壤保持区、洪水调蓄区、防风固沙区等。

水源涵养区：指通常分布在河川上游，以涵养水源、保护水质为主要功能，同时具有调节区域水分循环、防止河流、湖泊、水库淤塞等功能的重要区域，对于调节径流，减缓与控制水旱灾害，合理开发、利用水资源具有重要意义。

土壤保持区：指水土流失风险较高、生态系统土壤保持功能居于主导地位的区域。

洪水调蓄区：指能够调节洪流、蓄滞洪水的地理区域，包括通江湖泊、沼泽等湿地。江河洪水调蓄区在保持流域生态平衡，减轻自然灾害具有重要作用。

防风固沙区：指具有固定沙源、减缓风速、阻挡风沙作用的重要区域，对于有效控制沙漠化扩张，防止区域风沙灾害发生与蔓延具有重要意义。

② 海洋重要生态功能区

海洋重要生态功能区主要包括水产种质资源保护区、国家级海洋特别保护区和海洋公园等。

③ 其他重要生态功能区

此外，除上述已经明确的保护区域，具有极为重要的生态系统服务地区也是生态红线的保护范畴。

（2）生态敏感区/脆弱区保护红线

我国生态敏感区/脆弱区包括陆地生态敏感区/脆弱区和海洋生态敏感区/脆弱区。

① 陆地生态敏感区/脆弱区

我国陆地生态敏感区主要包括《全国生态功能区划》中的生态敏感区，生态脆弱区包括《全国生态脆弱区保护规划纲要》与《全国主体功能区规划》中的生态脆弱区。

生态敏感区：陆地生态敏感区主要包括受人类活动、气候变化、环境污染等影响易于引发生态问题的区域。水土流失敏感区、土地沙化敏感区、石漠化敏感区、河湖滨岸敏感区等是我国主要的陆地生态敏感区类型。

生态脆弱区：陆地生态脆弱区主要包括降水、积温、地表土壤基质等条件较难保障植被快速自然恢复需求，频繁受大风、干热等不利气候影响以及受洪水、风浪等强烈冲蚀的区域。东北林草交错区、北方农牧交错区、西北荒漠绿洲交接区、南方红壤丘陵山地区、西南岩溶山地石漠化区、西南山地农牧交错区及青藏高原复合侵蚀区等是我国主要的陆地生态脆弱区类型。

② 海洋生态敏感区 / 脆弱区

海洋生态敏感区 / 脆弱区类型主要包括海洋生物多样性敏感区、海岸侵蚀敏感区、海平面上升影响区和风暴潮增水影响区。

海洋生物多样性敏感区：指分布于我国海域和海岸带已建保护区以外的生物物种资源丰富区，如鱼虾产卵场、洄游通道、红树林、海草床和珊瑚礁生态系统等，对于海洋生物多样性保护具有重要意义。

海岸侵蚀敏感区：指受海水波浪和潮汐作用影响强烈，多年或近年处于蚀退状态的自然岸线。

海平面上升影响区：指因全球海平面上升叠加区域地面沉降引起的相对海平面持续上升所导致的海岸带淹没区。

风暴潮增水影响区：指发生风暴潮时，实况潮位高出天文潮位所导致的海岸带淹没区。

（3）生物多样性保护红线

生物多样性资源是维护国家生态安全的物质基础，是实现经济社会可持续发展的战略性资源。针对生物多样性保育功能，生态红线划定的对象主要包括已经建立的自然保护区、生物多样性维护区及关键动植物及生态系统栖息地。

自然保护区：指对有代表性的自然生态系统、珍稀濒危野生动植物物种的天然集中分布区、有特殊意义的自然遗迹等保护对象所在的陆地、陆地水体或者海域，依法划出一定面积予以特殊保护和管理的区域。

关键物种及其栖息地：指珍稀濒危、受保护或具有区域特有性、代表性及重要资源价值的动植物物种及其栖息环境。

关键生态系统分布区：指珍稀濒危、受保护或具有区域特有性、不可替代性的生物群落及其生境。

生物多样性维护区：指自然生态环境良好，生物资源丰富，对于维系基因、物种、生态系统多样性具有重要意义的区域，包括国家明确的生物多样性保护重要生态功能区以及《中国生物多样性保护战略与行动计划》（2011—2030）中确定的35个生物多样性保护优先区。

红线划定可以制定三种分类线条，以两种颜色的多边形（土地单元）表示——基础单元和推荐单元。在组合三条线时，可能在生物多样性保护区和生态功能区之间出现不少重叠区域。确定是三种类别之中任何一种的基础单元应该自动纳入生态保护红线。任何标注为两个或更多类别的推荐单元同样应该纳入生态保护红线。仅仅标注为一个类别的推荐单元则由当地规划机构再次选择。

最终生态保护红线应该区分不同等级（国家、省级、县级等），应该在最终确定之前接受所有相关机构审核。

基于国家目标确定县市级生态保护红线：生态系统服务保障红线 + 生物多样性保护红线 + 人居环境安全保障红线→部门间审核→审批国家生态保护红线→审核并批准省级规划，制定省级生态保护红线，整体面积不得减少→精确至县市级，整体面积不得减少→纳入县市级土地利用规划→协调县市级土地利用规划和生态保护红线→审核并纳入当地规划，与土地所有者沟通协商→审批县市级生态保护红线。

2. 协调土地利用规划过程

中央政府责任：制定区域目标和作为生态保护红线建立的生态系统质量要求，确定国家重要生态功能区，包括跨省界区域或者是重要“分水岭”，制定红线管理标准。落实国家目标，把中国国土面积的35%纳入生态保护红线之内，确定生态保护红线内生态系统质量标准。

省级政府责任：向地方政府解释国家目标，同周边省份携手合作，制定跨界生态保护红线，并且保证地方土地利用规划不会导致任何省级生态保护红线区域面积净减少的情况。

地方政府责任：确认生态用地，解决冲突目标，通过土地利用规划，保证实现确认生态用地的目标，当地人民和当地部门代表应该参与土地利用规划。根据国家标准，管理生态用地，并加以报告。

3. 与当地土地所有者和规划者协商

与土地所有者和当地规划者开展讨论与协商，以求达成一致，制定一份获得广泛同意的生态保护红线图。在这一阶段，主要依靠当地机构的执行和激励机制的作用，以及实施生态补偿的方法。

（三）生态保护红线监测、评估与管理

1. 生态保护红线监管的基本原则

定义——明确权威，地方政府之中的决策机构应该与负责执行监督的机构相分离；系统性——各级政府和不同机构之间应该相互协调；重点——关注合法性和执行情况；规则——已经明确定义并可以有效执行；可预测——透明、规则和信息驱动行为；参与——公民与社会；知情——监督、明确与透明；诚信——诚实提供；公平——争议解决机制。

2. 生态保护红线管理责任

建议生态保护红线土地的管理责任继续由目前的责任机构承担（表 5-3）。生态保护红线界定过程将增加许多新的保护区域，新增区域如果属于森林或湿地，那么多数归国家林业局管理；如果属于草地（包括山脉），那么归国家农业部管理；如果属于海洋，那么归国家海洋局管理。新增区域应该审核新保护区定位的可得选择，参照具体保护需求，这些需求可能适于即将改革的一种或其他现有保护区分类之下的分配。许多现有保护区分配不当，可能需要调整保护区定位，采用更加合适的分类。在进行上述选择和重新分配的过程中，应该重点保护生态功能，提供优先机会，以便增强保护效果。

表 5-3　自然保护地类型及管理部门

类型	管理部门							
	林业	环保	农业	海洋	国土	住建	水利	其他
自然保护区	×	×	×	×	×	×	×	×
森林公园	×							
国家湿地公园	×							
国家风景名胜区						×		
国家地质公园					×			
国家水利风景区							×	
水产种质资源保护区			×					
水源保护区							×	
文化林								×

3. 生态保护红线内的开发建设活动管理

针对不同类型的保护区，需要有明确具体的管理要求和管理措施（表 5-4），并区分不同保护区之间保护要求，分类做好各类保护地的监管工作。在生态保护红线内生物多样性保护区域中，有时需要规定范围更大的缓冲区，在缓冲区之内进行

的部分活动应该加以控制。

表 5-4 不同类型保护区人类活动管理措施

开发建设活动	生物多样性保护区	风景 / 遗产保护区	生态系统服务保护区	森林红线区	敏感区或脆弱区
栖息地恢复	Z	C	C	OK	OK
住房 / 城市扩张	P*	P	P	P	P
工业建设	P	P	P	P	P
农村建筑	P*	P	P	C	C
大坝或引水工程	P+ 缓冲	C	C	C	C
森林砍伐	P	P	P	C	P
捕猎	P+ 缓冲	P	C	C	P
清理植被	P	P	P	C	P
抽水	P	C	C	C	P
污染物排放	P+ 缓冲	P	P	C	C
道路建设	C	C	C	OK	C
畜牧业	P	Z	P	Z	P
种植	P	C	OK	OK	OK
耕作	P	C	Z	C	Z
旅游业通道	Z	Z	C	OK	Z
采矿	P	P	P	Z	P

注：P= 禁止，P+ 缓冲 = 红线区域之内禁止，在适当较远缓冲区进行；C= 控制；Z= 只能在指定区域之内；OK= 通常允许；*= 保护区可能包含小面积区域，允许实施建设工程。

4. 停止国家确定生态保护红线备选区域内主要开发和规划的审批

为了防止生态保护红线遭到系列规划和索赔的影响，需停止已经确定为重点生态功能区之内的主要开发项目。在生态保护红线最终获得同意之后，这些冻结的开发项目如果位于生态保护红线之外的话，可以重新启动；如果位于生态保护红线之内的话，应该终止。

冻结措施同样可以视作一项大范围意识教育措施。普及生态保护的重要意义，推动当地机构尽快完成生态保护红线边界确定，以便加速“解冻”中止的开发项目。

5. 红线界定费用

生态保护红线界定、划分、立法、教育和宣传，以及生态红线界定、生态红线监督、执法和生态红线修订均属于政府职责，这些活动的全部成本必须由各级政府承担，但是成本可以通过对生态保护受益者征收税费的新方式来收回。

管理保护区、保护森林或实施生态恢复的成本同样主要由政府承担，应该由相关机构收回。这些成本可以由生态旅游、公共或私营机构捐赠或联合管理合作商的收入来抵消。生态保护责任涉及的成本是政府支出的基本组成部分，不建议称作生态补偿。

由于生态保护红线界定使得部分土地使用者丧失开发机会，“生态补偿”一词建议仅适用于向个人、公共或私有土地所有者支付的情况。生态保护红线的划定和保护需要强调当地社区的参与（表 5-5）。

表 5-5　不同保护机制典型案例

时间	地点	机制类型	简述	适用性说明
2000 年以后	西部省份	退耕还林	把地形陡峭的耕地恢复到原有的森林或草地	补偿期限不够长，农民同时选择经济作物而非生态恢复
2008 年以后	多个贫穷省份，多数在西部	省份之间横向支付	受益省份向提供水资源服务的省份转账	只有一小部分资金真正花费在生态保护工程之上
2008 年以后	全国	森林管理	保护森林的个人或家庭得到补偿	经济林同样允许存在，但是对于完全的保护工程缺乏兴趣
2010 年以后	青海	社区联合管理自然保护区	当地社区因保护和监管自然保护区的保护情况而得到补贴	社区投诉称没有警察权力来驱逐非法捕猎者和淘金者
2013 年以后	海南	回购鱼塘	转变成红树林	过高费用导致错误索赔和建造假鱼塘

6. 生态保护红线制度保障

监督、报告、遵守与执行是一项重要工作，必须独立并分离于任何拥有生态红线界定或管理责任的机构。这项工作拥有两大功能：（1）监督与报告：根据管理条例规定，监督并公开报告地方、省级和国家政府在规划和管理方面的表现。成立国家信息数据库，绘制生态价值和区域地图。（2）监察与执行：制定生态管理规程。实施管理规程和执行情况审核并公开报告。

（四）生态保护红线实践需求

如果要使生态保护红线不停留在战略规划层面，那么应该突出生态保护红线的可操作性（表 5-6），增强生态保护红线在维护国家生态安全、建设“美丽中国”中的作用。生态保护红线实践需要具备的关键要素包括：

（1）程序（方法、步骤、审批、申请）。

（2）机制（管理机构以及划定、监督和管理红线的责任）。

（3）制度和法律（完善保护区体系框架，增加保护区体系分类、保护生态用地、区分责任）。

（4）能力（人力、培训、指导原则、技术、资金）。

（5）公共参与。

（6）融资机制。

表 5-6 建立红线制度的程序

序号	程序	参与人员	难度	备注
1	决定需要的红线类型	技术专家	简单	完成大部分
2	达成一致标准	技术专家	简单	完成大部分
3	划定空间红线	技术专家	简单	完成部分
4	协调不同机构和利益相关者的区划和规划	专家、政府和利益相关者	相当困难，部分出现妥协	需要广泛参与和咨询
5	统一规划审批	不同级别政府	困难	高级政府必须拥有规划权
6	调整法律和监管框架	专家和立法者	简单但是进程缓慢并且复杂	首先解决重点事项
7	协调不同层次规划	不同级别规划者	困难	自上而下和自下而上
8	实施	监督人员、开发商和融资者	相当困难	重大管理挑战
9	红线修订	技术专家	相对简单	持续过程

1. 生态保护红线实施的指导原则

生态保护红线的实施指导原则包括：①预防原则——保障生态安全；②生态保护红线包括陆地和海洋生态系统；③重要生态功能区和敏感区 / 脆弱区都是生态保护红线组成部分；④面积不得减少、服务功能不得降低、性质不能改变；⑤统筹兼顾、分类指导——共同目标和标准但有区别的解决方案和方式；⑥污染责任者赔偿——采用严厉罚款和控制损害生态系统开发项目的措施，开发商不得从任何非法开发中获益；⑦奖惩兼用——中国所有土地非常宝贵，并且采用激励政策和市场机制来推动采取措施，同样采用惩罚体制；⑧应该对保护受益者征收税费，收回生态保护红线划定、监管成本；⑨管理和监督 / 评估功能分开。

2. 改革保护区体系

为了解决保护区类型多、管理交叉重叠等问题，需要针对现有保护区体系进行全面改革。改革包括：建立保护区分类框架，根据保护区类别允许根据实际情况采用不同的管理措施。制定包括国家和省级公园等分类的标准说明和管理目标，以便实现生态旅游收益和上述区域之内生态、风景、文化和生物多样性价值保护的平衡。

制定国家保护区体系规划，确定保护区体系的整体目标和保护区之内独立的角色。框架应该阐述并拓展区划体系，确定每个保护区类别可以划分成为不同等级和使用类型的区域，从严格保护到游客区，管理区、行政区和可持续利用外部缓冲区。

针对保护区使用类型和等级（国家、省级、县市级），公布合理的新管理条例。管理条例应该明确说明保护目标、管理责任、管理步骤、执法步骤、融资机制、公共参与、许可联合管理安排等。

应该将这些管理条例纳入保护区整体法律之中。此外，保护区需要适当预算，用于体系规划和管理以及保护区独立单位的支出。

3. 生态保护红线制度法律保障

除了需要修订保护区法律框架之外，更加应该审核并加强整个生态红线界定程序。界定程序过程可以根据国务院决策启动，但是需要法律背景、审批规划、标准、目标、步骤和预算。

现有的核心框架是土地利用规划和开发规划审批，主要接受《中华人民共和国土地管理法》管理，法律明确规定："国家应该严格控制土地利用。各级人民政府应该制定土地利用总体规划，严格管理、保护并开发土地资源，消除任何土地非法占用。单位和个人应该严格根据土地利用总体规划确定的土地利用用途使用土地。"

"一书三证"作为规划落实的核心体系，与国土、环保等其他部门的审批程序紧密结合，成为流程紧密的建设用地审批程序，确保土地开发活动满足规划、国土、环境等多元管控目标。在生态保护红线管理中具有很好的借鉴意义。"一书三证"是指《建设项目选址意见书》《建设用地规划许可证》《建设工程规划许可证》和《乡村建设规划许可证》，是我国城乡实施规划管理的基本工具。

《建设项目选址意见书》是城乡规划主管部门按照国家法律规定，对需要有关部门批准或者核准的，以划拨方式提供国有建设用地使用权的建设项目，在报送有关部门批准或者核准前向建设单位核发的同意选址证明文件。这些项目一般为重大和限制类固定资产投资项目，如涉及农业水利、能源、交通运输、信息产业、原材料等。选址意见书内容包括项目基本情况、选址的主要依据，建设项目选址、用地范围和具体规划要求。其中规划依据要求建设项目与城市规划布局协调，与城市交通、通信、能源、市政、防灾规划衔接，配套的生活设施与城市生活居住及公共设施规划协调，对城市环境可能造成的污染影响做评价，并且与城市环境保护规划、风景名胜、文物古迹保护规划协调。

《建设用地规划许可证》是城乡规划行政主管部门核发的，建设单位向土地主管部门申请征用、划拨和有偿使用土地的法律凭证。以划拨方式提供国有土地使用权的建设项目，需由城市、县人民政府城乡规划主管部门依据控制性详细规划核定建设用地的位置、面积、允许建设的范围，核发建设用地规划许可证。建设单位取得规划许可证后才可获得所划拨的土地。以出让方式取得国有土地使用权的建设项目，在签订国有土地使用权出让合同后，建设单位应当持建设项目的批准、核准、备案文件和国有土地使用权出让合同，向城市、县人民政府城乡规划主管部门领取建设用地规划许可证。

《建设工程规划许可证》是城市规划行政主管部门依法核发的，确认有关建设工程符合城市规划要求的法律凭证，是建设活动中接受监督检查时的法定依据。没有此证的建设单位，其工程建筑是违章建筑，不能领取房地产权属证件。

《乡村建设规划许可证》是建设单位或者个人在进行在乡、村庄规划区内，进行农村村民住宅、乡镇企业、乡村公共设施和公益事业建设前，经乡、镇人民政府审核后，报城市、县城乡规划行政主管部门确认建设项目位置和范围符合规划的法定凭证，是建设单位和个人用地的法律凭证。

4. 能力建设与公众参与

鼓励积极参与生态红线界定体系和新保护区体系的规划和管理。制定并实施规划，以便社会各界（政府与非政府）参与生态保护红线区域规划和管理。

5. 生态保护红线区奖惩措施

虽然法律可以明确说明生态红线界定区域之内开发控制相关的管理条例，但是仍然需要使用其他激励政策，推动执行和遵守管理条例。

（1） 决定处罚和补偿等级的原则

决定处罚和补偿等级的基本原则包括：①谁污染，谁赔偿——采用重金罚款和遏制损害生态系统开发项目的手段，并根据损害程度实施差异化赔偿；②处罚应该达到一定标准，保证开发商不会获利于任何非法开发项目；③公平原则——损失者应该得到补偿（特别是农村地区）；④受益者应该缴纳税款，支付红线界定成本；⑤应该收回全部运营成本（外向性）。

（2）激励政策

激励措施可以包括：①行政部门表现评估应该纳入“绿色”表现评估；②地方行政管理人员应该承担因疏忽或错误决定而产生的生态损害责任；③税收激励政策可以鼓励不同生态保护红线区域之内的适当类型开发；④生态系统服务支付（森林保护、碳储存、保卫、汇报、救火、植树造林等）。

（3）处罚措施

处罚措施可以包括：①对生态保护红线区域之内的生态系统污染者处以罚款 / 拘禁；②对生态保护红线区域之内的生态系统或物种造成损害的个人处以罚款 / 拘禁；③没收或拆除生态保护红线区域之内的不当开发项目或设备；④没收生态保护红线相应区域之内非法的陷阱、围栏、采集材料或驯养动物；⑤对生态系统服务的主要受益者征收税费——水、土地、矿产、产品使用者；⑥商品与产品（包括木材、水、煤等）成本应该包括所有环境外部性。

（4）补偿依据

生态补偿的主要依据包括：①因建立生态保护红线区域而对个人家庭或公司造成经济利益或土地 / 房产价值损失；②对因野生动物破坏而造成的私有房产损害进

行赔偿；③对自愿放弃生态保护红线区域之内的农业 / 畜牧权利的个人进行补偿。

三、生态保护地管理国内外经验借鉴

截至目前，国际上尚无“生态保护红线”一词，但是，根据生态保护红线的概念与内涵，国际上在自然生态保护地建设与管理方面具有许多值得借鉴的经验，世界自然保护联盟（IUCN）根据保护的目标和管理措施建立了保护地分类体系。美国、加拿大等发达国家在自然保护体系的建设与管理方面有 100 多年的经验可资借鉴。

（一）国外自然保护地体系

1. 世界自然保护联盟保护地体系

IUCN 一直致力于推动全球自然保护地建设，将保护地（Protected Area）定义为：一个具有明确范围的，可识别并管理的地理空间，可通过法定的或其他有效方法，实现对其与自然相关的生态系统服务和文化价值的长期保护。IUCN 在总结归纳现状的基础上对全球自然保护体系进行了系统分类。1994 年，IUCN 发布了《保护区管理类型指南》，依据自然保护主要管理目标，将自然保护区划分为 6 种类型。IUCN 保护区体系越来越被各国接受和借鉴 , 一些国家（如澳大利亚等）还将此分类系统纳入国家自然保护区建设和管理的相关法规之中。联合国自然生态保护园区名录 (UN List) 也将此体系作为统计世界各国自然生态保护地数据的标准结构模式。

根据保护、管理和利用水平，IUCN 保护区分类体系又可分为三大类，即严格保护类（Ia、Ib、II）、栖息地 / 遗址管理类（III、IV）和可持续利用类（V、VI），目前，全球严格保护类占自然生态保护地总数的 15.4%，其覆盖的面积占所有自然生态保护地总面积的 38.3%。

随着人类活动的加剧和自然保护意识的提升，全球保护地数量和面积的增长速度迅猛（图 5-1），保护范围也从陆域拓展至海域。IUCN 下属的世界保护区委员会（WCPA）收录的 104 791 个保护地覆盖了地球表面超过 2 亿千米 ^{2} 的面积，其中大部分是陆域，并覆盖了超过地球表面 12.2% 的陆地面积，海域保护面积仅占地球海洋面积的 0.5%（图 5-2）。

表 5-7　世界自然保护联盟（IUCN）自然保护地分类体系

序号	名称	特 征	管理目标
Ia	严格自然保护地	一个地区或海域，拥有出众或具代表性的生态系统 / 地质或生理特点与 / 或物种，可作为科学研究或环境监察	科学研究
Ib	荒野保护区	一大片未被改动或只被轻微改动的陆地与 / 或海洋，仍保留着其天然特点及影响力，没有永久性或重大的人类居所，受保护或管理以保存其天然状态	野生环境的保护
II	国家公园	一个天然陆地与 / 或海洋区域，指定为：保护该区的一个或多个生态系统于现今及未来的生态完整性；禁止该区的开发或有害的侵占；提供一个可与环境及文化相容的精神、科学、教育、消闲、访问基础	生态系统的保护和游憩的需求
III	自然遗址	一个地区拥有一个或多个独特天然或文化特点，而其特点是出众，或因其稀有性、代表性、美观质素或文化重要性而显得独有	特殊自然特性的保护
IV	栖息地 / 物种管理保护地	一个地区或海洋，受到积极介入管制，以确保生境的维护与 / 或达到某物种的需求	通过干预管理的方法实现保护的目的
V	陆地 / 海洋景观保护地	一个附有海岸及海洋的陆地地区，在区内的人类与自然界长时间的互动，使该区拥有与众不同及重大的美观、生态或文化价值特点，及有高度的生物多样性。守卫该区传统互动的完整性对该区的保护、维持及进化尤其重要	陆地 / 海洋景观的保护和游憩的需要
VI	需要经营的资源保护地	一个地区拥有显著未经改动的自然系统，管制可确保生物多样性长期地受保护，并同时可持续性地出产天然产物及服务，以满足社会的需求	自然生态系统的可持续利用

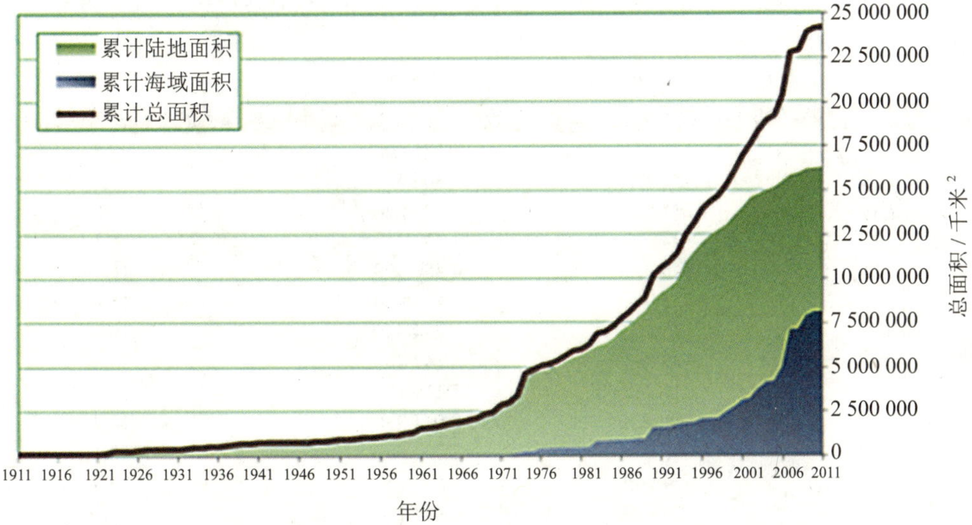

图 5-1　全球保护地面积增长图

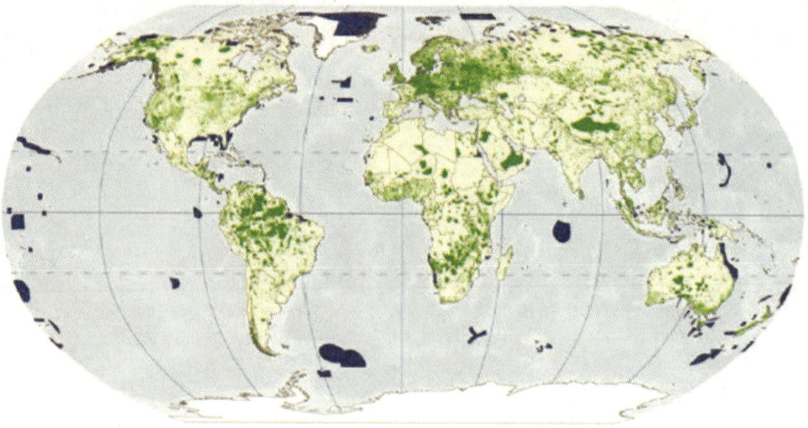

■蓝色区域—陆域保护地 ■绿色区域—海域保护地

图 5-2 全球保护地分布图

数据来源：IUCN 2012。

世界各国陆域保护地占国土面积的比例变化幅度很大（表 5-8）。中美洲和南美洲陆域保护地占国土面积的比例最高，均超过 20%；北美、东亚、东南亚、非洲东南部、加勒比地区与巴西保护地占国土面积的比例也较高，在 20% ～ 15%；欧洲因包含广阔的西伯利亚地区，故陆域保护地占国土面积的比例被拉低，只有 12.4%，实际上欧盟地区陆域保护地占国土面积的比例非常高；澳大利亚、大洋洲、北非和中东、北亚及南亚的陆域保护地占国土面积的比例偏低，均小于 15%。

表 5-8 全球各地区陆域保护地面积情况（Chape et al., 2005）

地区	保护地陆域面积 / 千米^2	陆域国土面积 / 千米^2	陆域保护地占国土面积比例 /%
中美洲	133 731	521 600	25.6
南美洲	2 056 559	9 306 560	22.1
北美洲	4 231 839	23 724 226	17.8
东亚	1 904 342	11 799 212	16.1
东南亚	715 218	4 480 990	16
非洲东南部	1 825 918	11 487 920	15.9
加勒比地区	36 469	234 840	15.5
巴西	1 305 864	8 547 400	15.3
欧洲	634 248	5 119 172	12.4
澳大利亚	831 420	8 011 930	10.4
非洲中西部	1 293 206	12 804 860	10.1
大洋洲	54 949	553 058	9.9
北非和中东	1 226 928	12 954 170	9.5
北亚	1 789 006	22 110 050	8.1
南亚	339 058	4 487 510	7.6

2. 国外自然保护地体系及特征

许多国家根据自身的生态环境特征与社会经济体制，建立适合本国生态安全要求的自然保护体系与管理机制。

（1）美国自然保护地体系

美国是世界上最早建立自然保护区的国家。目前，美国已经建立起以国家野生生物避难所体系、国家公园体系、荒野地保存体系和国家海洋保护区计划为核心，以森林、土地利用等的管理为辅助的保护区体系。

①国家野生生物避难所体系（The National Wildlife Refuge System）。该类保护地是根据《候鸟协定法案》《候鸟狩猎和保护法案》《候鸟公约法案》《土地和水保护基金法案》《濒危物种法案》《鱼和野生生物协调法案》等建立的，主要目标是通过保护和恢复生态环境来保护野生生物。它具有恢复、保护、发展和管理野生生物及其生境的功能；具有保护和保存濒危物种及其生境的功能；具有通过对野生生物和原野土地的管理获取最大资源效益的功能。国家野生生物避难所体系保护区由美国鱼类和野生生物署具体负责管理，有时也涉及土地管理局等其他部门。

②国家公园体系（The National Park System）。该类保护地是根据《国家公园法案》建立的一类保护区。建立的主要目的是向公众提供接近和欣赏自然和历史的机会，同时加强对区域内风景和自然资源的保护。国家公园体系保护区的组成和名称十分繁杂，共分为三个类型的保护区：a. 自然类保护区（Natural Sites），包括国家公园、国家纪念物、国家保护区、国家禁猎地等；b. 娱乐类保护区（Recreation Sites），包括国家娱乐区、国家海洋、国家湖滨、国家风景道、国家河流、国家原野性和风景性河流等；c. 历史类保护区（Historic Sites），包括国家历史区、国家历史公园、国家战场等。

国家公园体系的保护区由内政部下属的国家公园署具体负责管理。

③ 荒野地保存体系（The Wildness Preservation System）。该体系保护地是根据《荒野地法案》建立的一类保护区。建立的主要目的是为现在和未来美国国民保护荒野地的持久性资源。该体系在美国现只有一种类型，即荒野地保护区。需要指出的是美国的荒野地保存体系与其他各类保护区之间存在着地域上的重合，某一地域被确定为荒野地的时候很可能早就是野生生物避难所、国家公园或林务局管理下的国有森林的一部分，把它们进一步确定为荒野地保护区的目的是为了加强对这些区域的保护。荒野地保护区的管理者包括林务局、土地管理局、鱼类和野生生物署、国家公园署等多个部门。

④国家海洋保护计划（The National Marine Sanctuaries Program）。该类保护区是根据《海洋保护、研究和保护区法》建立的一类保护区，建立的主要目的是保护、

恢复和改善生态环境，使依赖这些海洋区域生存和繁殖的生物资源得到保护。海洋保护区的管理由商务部负责。

上述4种体系的保护区构成了美国保护地的主体。除上述4种体系外，美国还有一些其他类型的保护区，如列入国家森林管理体系的一些区域。美国的保护区名称繁多、类型复杂，在国际上也并不多见。

（2）加拿大自然保护地体系

加拿大也是世界上最早建立保护区的国家之一。保护区的管理水平也在世界上居领先地位。加拿大的保护地总体上分为两大体系，即野生生物保护区体系和国家公园体系。

①野生生物保护区体系。野生生物保护区体系的保护区分为：迁徙鸟类避难所和国家野生生物保护区2个类型。前者是依据1917年颁布的《迁徙候鸟公约法》而建立，主要为了保护迁徙鸟类；后者是依据1973年颁布的《野生生物法》而建立，其保护对象则包括其他野生生物。野生生物保护区体系由隶属于加拿大环境部的野生生物署负责管理。

②国家公园体系。国家公园在加拿大保护区系统中占有很大比重，建立国家公园的目的是“长期保护加拿大重要的、有代表性的自然地区，鼓励公众了解、鉴赏和享用这些自然遗产并将它们健全地留给后代”。国家公园依据《国家公园法》，由隶属加拿大文化遗产部的加拿大国家公园署负责管理。

加拿大国家海洋保护区原称国家海洋公园，为国家公园系统的一种类型，也由国家公园署管理。

加拿大地方保护区体系基本一致。同样分为野生生物保护区体系，但各省或大区的保护地分类系统不尽相同。如安大略省227个省立公园分为旷野公园、自然保护区、历史公园、自然环境公园、水道公园、游憩公园6个类型。每一个类型都有其特定的目标，以及相应的规划、管理和自然遗产教育的方针政策。

（3）英国自然保护地体系

英国的保护区分类系统比较复杂，除了自然保护区外，英国政府还以法律的形式规定了其他一些应加以特殊保护或具有特殊用途的区域。英国的保护区类型多达21个，其中国内立法确立的保护区类型有16个，欧盟有关法律或指令确定的保护区类型2个，纳入国际条约的保护区类型有3个，依照欧盟法律和国际条件确定的保护区是在国内法确定的保护区中筛选出来的。英国的保护区类型仅是国内立法确定的就有16个，主要包括自然与景观保护两个方面：

①自然保护。以自然保护为主要目的保护区共有以下5种类型：根据《国家公园与乡村通行法》（1949）而设立的“自然保护区”（Nature Reserves），根据《野生生物与乡野法》（1981）建立的“具有特殊科学意义的地域”（Sites of special scientific interest）、“海洋自然保护区”（Marine nature reserves）、鸟类“特殊保护区”（Area of special protection），以及“地区重要性的地质区”（Regionally Important Geological Site）。

②景观保护。以景观保护为主的保护区共有4种类型，但均属于广义范畴的保护区。包括国家公园（National Park）、具有突出自然美的区域（Areas of outstanding natural beauty）、遗产的海岸（Heritage Coasts）与国家风景区（National Scenic Areas）。

（4）澳大利亚自然保护地体系

澳大利亚是目前世界上唯一一个推行环境法典的国家。1999年，澳大利亚颁布了《环境保护与生物多样性保存法》，根据该法律，澳大利亚的保护区体系由以下5类保护区构成，即世界遗产地（World Heritage Sites），国际重要湿地（Wetlands Of International Importance），生物圈保护区（Biosphere Reserves），联邦保护区（Commonwealth Reserves），保存区（Conservation Zones）。

前三类是按照国际公约或因参照国际组织活动而设立的保护区；后两类则是按照自然保护需要设立的保护区。

联邦保护区是澳大利亚保护区的主体，根据法律，联邦保护区分为以下类型：严格自然保护区、荒野地保护区、国家公园、自然纪念物保护区、生境和物种管理保护区、陆地和海洋景观保护区、资源管理保护区，这种分类方法完全对应于IUCN的保护区分类系统。保存区则是在一个区域被确定为联邦保护区前加以管理的区域。

由于澳大利亚是一个联邦制国家，各州均有立法权，因此各州的保护区名称及其地方分类系统均有差异。如昆士兰州自然保护法规定该州的保护区划分为11种类型，维多利亚保护区类型也有10种之多。

（5）日本自然保护地体系

根据日本《自然环境保全法》《自然公园法》以及《森林法》等相关法律，保护区系统主要有以下3类：

①自然环境保护区：根据《自然环境保全法》而设立的一类保护区，根据保护对象和管理要求分为：a. 原生自然环境保护区：几乎未受人为活动的影响，仍维持有自然环境的原生状态的地域；b. 自然环境保护区：面积一般在10公顷以上，并符合某些特定条件的自然区域；c. 都道府县立自然环境保护区：是由都道府县知事比照自然环境保护区标准（有关面积的规定除外）而划定的区域。

②自然公园：根据《自然公园法》设立的一类保护区，是指为保护自然环境、优美风景地并增强对该地区的利用，以确保国民健康、休闲和接受教育的场所为目的而设置的地域性公园。具体分为：a. 国立公园：能够代表日本风景的具有非常突

出的自然风光的一定区域，由国家进行管理；b. 国定公园：经有关都道府县的申请，并比照国立公园的标准而指定的具有优美的自然环境的风景地，由都道府县进行具体管理；c. 都道府县立公园：由都道府县知事根据条例指定的具有优美环境的风景地，由都道府县管理。

③森林保护：指为保护自然环境的需要，以国有林为对象而设立的一种保护区，具体可分为以下 7 个类型：森林生态系统保护区、森林生物遗传资源保存林、林木遗传资源保存林、植物群落保护林、特定动物栖息地保护林、特定地理保护林和乡土森林。

除了上述保护区类型外，日本还有根据《有关鸟兽保护和狩猎的法律》而设立的鸟兽保护区、根据《有关灭绝和濒危灭绝的野生动植物物种的保存的法律》设立栖息地保护区和根据《文化财产保护法》设立的天然纪念物等保护区类型。

（二）国外自然保护地管理现状

1. 建立了相对完善的法律保障体系

国际上各国非常重视自然保护地建设和管理，很多国家通过立法加强对自然保护地体系的建设和管理，完善的法律体系明确了管理的授权和责任归属。如美国涉及自然保护地的基本法包括《国家公园基本法》《自然保护区法》《国家环境政策法案》《联邦濒危物种法案》《联邦咨询委员会法案》和一些专门的法律；《俄罗斯联邦特保自然区法》全面规范了俄罗斯特别自然保护区域的建设和管理工作。此外，如德国《自然和景观保护法》、日本《自然环境保全法》《自然公园法》《森林法》、加拿大《国家公园法案》《加拿大野生动植物法案》等都明确了本国自然保护区、国家公园等保护园区管理规范。欧盟 Natura 2000 自然保护网络依据《栖息地指令》和《鸟类指令》对 27 个成员国的保护区域进行约束和管理。各国自然保护地的管理程序、职责和保护要求均受上述法律约束。

除此之外，这些国家还针对个案保护园区管理制定专门法律，如美国《黄石公园法》等，这在很大程度上使具体保护地在管理上有法可依。

2. 多数国家构建了统一管理的保护体制

各国政体不同，但都建立了适合自己国情的自然保护地管理体制。大部分国家的自然保护地由一个部门主管，且多由环保部门管理各类自然生态保护园区。例如，英国建立了直接受环境部部长领导的“自然保护委员会”负责自然保护园区的管理；意大利 1986 年通过第 349 号法律规定，意大利国家公园、自然保护区等生态环境保护的管理职能由新成立的国家环境部来承担，标志着国家对于某些环境问题的重新集中管理；1987 年德国通过《自然和景观保护法》规定德国联邦环境、自然保育及核能安全部具体负责自然保护区、国家公园等自然保护体系统一管理。1993 年以前，韩国环境厅、海洋水产部、建设交通部、山林厅等分别负责陆地、海洋、城市公园、森林范围内的自然保护管理工作。1993 年成立环境部后，自然保护园区包括自然保护区的管理工作逐渐统一划归环境部负责。日本、澳大利亚等国也经历了类似的发展过程。俄罗斯、德国、南非、芬兰、瑞典、泰国、印度等国家都由环境部负责自然生态保护园区统一监管。国际上，由环保部门负责自然生态保护园区管理是发展趋势。

3. 统一监管实现科学规划

无论是北美，还是欧洲、澳洲、亚洲大部分国家的自然保护地体系均有统一的部门监督管理各类自然保护地，从而便于统一监管、评估和规划，确保了生态系统完整性，提高了保护成效。多数国家均对本国的自然保护地体系作出详细规划，根据保护目标划分、确定不同的保护类别和级别，为科学管理保护地提供了指导性参考依据。如美国基于生态分区原理开展的全国自然保护地体系发展规划、欧盟基于 IUCN 保护区分类系统对欧洲自然保护地网络建设作出详细的发展规划（即 Natura 2000）；新西兰主管部门制定了两部管理方面的最高法定政策，即《保护总体政策》和《国家公园总体政策》，为各类自然保护地制定保护管理策略和保护管理规划等提供指导。

（三）我国自然保护地

自 1956 年我国建立第一个自然保护区以来，我国建立了多种类型的保护地，包括自然保护区、森林公园、湿地公园、风景名胜区、地质公园、水利风景区、水产种质资源保护区、世界自然文化遗产地和水源保护区等类型（表 5-9），总数 8 264 个。

表 5-9 我国自然保护地

保护地类型	合计	国家级	其他
自然保护区	2 669	363	2 306
森林公园	2 747	747	2 000
国家湿地公园	429	429	—
风景名胜区	962	225	737
地质公园	319	218	101
水利风景区	639	520	119
水产种质资源保护区	452	282	170
世界自然遗产			47
合计	8 264	2 784	5 480

1. 自然保护区

自然保护区是指对有代表性的自然生态系统、珍稀濒危野生动植物物种的天然集中分布区、有特殊意义的自然遗迹等保护对象所在的陆地、陆地水体或者海域，依法划出一定面积予以特殊保护和管理的区域。我国有自然保护区 2 669 个，总面积 149.76 万千米 ^{2}，占国土面积的 14.94%。其中国家级自然保护区 363 个，面积 94.15 万千米 ^{2}；省级自然保护区 876 个，面积 40.89 万千米 ^{2}；市县级自然保护区 1 430 个，面积 14.73 万千米 ^{2}。

2. 风景名胜区

风景名胜区是指具有观赏、文化或者科学价值，自然景观、人文景观比较集中，环境优美，可供人们游览或者进行科学、文化活动的区域。我国有风景名胜区 962 个，总面积 19.7 万千米 ^{2}，占国土面积的 2.1%，其中国家级风景名胜区 225 个，面积 11.7 万千米 ^{2}；省级森林公园 698 个。

3. 森林公园

森林公园是以良好的森林景观为主体，融合自然景观与人文景观，利用森林多种功能，以保护森林资源、弘扬生态文化、开展森林旅游为宗旨，为人们提供具有一定规模游览观光、休闲度假、保健疗养、科学教育、文化娱乐、野外探险等活动的场所。我国有森林公园 2 747 个，总面积 17 万千米 ^{2}，占国土面积的 1.8%。其中国家级森林公园 747 个，面积 11.7 万千米 ^{2}；省级森林公园 1 238 个；市县级森林公园 762 个。

4. 地质公园

地质公园通常指一个领地内含有一个或者多个拥有科学研究价值的遗址，这种科学研究价值包括地质、考古、生态以及文化价值。 我国有国家地质公园 218 个，面积 8.6 万千米 ^{2}，占国土面积的 0.9%；有世界地质公园 27 个。

5. 湿地公园

湿地公园是指以保护湿地生态系统、合理利用湿地资源为目的，可供开展湿地保护、恢复、宣传、教育、科研、监测、生态旅游等活动的特定区域。我国有国家湿地公园 429 个，面积 2.3 万千米 ^{2}。

6. 国家水产种质资源保护区

国家水产种质资源保护区是指为保护和合理利用水产种质资源及其生存环境，在保护对象的产卵场、索饵场、越冬场、洄游通道等主要生长繁育区域依法划出一定面积的水域滩涂和必要的土地，予以特殊保护和管理的区域。我国有国家水产种质资源保护区 282 个。

7. 国家水利风景区

国家水利风景区是指为保护和合理利用水产种质资源及其生存环境，在保护对象的产卵场、索饵场、越冬场、洄游通道等主要生长繁育区域依法划出一定面积的水域滩涂和必要的土地，予以特殊保护和管理的区域。我国有国家水利风景区 520 个。

8. 世界自然文化遗产地

我国有世界自然文化遗产地 47 个，总面积 3.72 万千米^2，占总面积的 0.4%。大多数世界自然文化遗产与自然保护区、风景名胜区、森林公园、湿地公园等重叠。

（四）国内外经验借鉴

综合分析国际（英国、澳大利亚、加拿大、美国、马拉西亚、印度尼西亚、泰国等）和国内（深圳、北京、浙江和江苏）生态保护地管理方面的经验和教训，以下管理经验值得借鉴。

（1）没有其他国家具体采用生态保护红线这一概念，但是所有国家均采取措施保护生物多样性和重要生态用地。

（2）多数国家拥有范围广泛的保护区及其分类，从严格保护的自然保护区到多用途管理区域。国际自然保护联盟分类规定了严格保护类、栖息地 / 遗址管理类和可持续利用类三类。

（3）多数国家额外规定了不同的生态系统服务保护土地——例如，绿化带（英国）、保护森林（印度尼西亚）、国家森林（美国）、特殊科学价值区域（SSSIs）（英国）等。

（4）多数国家采用不同机构参与并负责的方法。重要的是，不同机构可以协调行动，明确区分角色和责任，充分交换和交流信息。

（5）多数国家承认应该把保护生物多样性和生态系统服务纳入更加广泛的规划过程之中。南非好望角植物区项目采用的市级空间规划就是一个不错的例证。南非实施的“工作换取水源”项目是另一个成功典例，项目移除湿地的入侵性植物，节约水资源，提供就业。

（6）各国日益认识到公众和当地社区的参与不能仅仅局限在意识教育与宣传，同样应该扩展到决策与共同管理之中。

（7）研究证明需要建立透明、公开决策，独立监督和公共问询的制度。

（8）政府日益认识到保护生物多样性需要采用覆盖所有区域的方式，保证区域互联互通，以便迁徙、再分布和适应变化气候。

（9）多数国家拥有不同法律的复杂历史，但是法律应该相互兼容。法律应该定期修订更新，多数法律更新可以通过框定顶层设计、附属管理条例和制定规划和预算的方式完成。完善的法律无法保证高效的表现，因此需要有效遵守执行这些法律。

（10）多数国家已经建立土地覆盖、土地利用和土地所有权数据库/地籍簿系统，构成土地利用规划、区划和土地开发审批的参考基础。

（11）生态补偿模式正在不断出现，特别是农业和保护相关（欧盟和美国），另外热带雨林保护（巴西、圭亚那和哥斯达黎加）支付模式也在逐步使用。

（12）在生态红线界定方面身先士卒进行试验的中国直辖市和城市已经取得不同程度的成功，但仍面临协调难、执法难、融资难、管理薄弱等突出问题。

为了在海洋和沿海地区实施生态保护红线界定，减少生态风险，中国拥有着不同的选择。其中一种就是模仿陆地已经采用的方式——确认拥有高生态系统服务价值（包括提供和调节服务）的沿海/海洋区域，确认提供多项服务的重点区域以及具有经济价值的区域。另一种选择就是采取类似于系统保护规划的措施，规划重点识别拥有高度保护价值的沿海和海洋区域，可以利用以下标准加以识别：物种丰富度、特有性和栖息地多样性；生态脆弱或敏感区域；高度迁徙或移动性物种。

不管采用何种方法，需要解决数据短缺和信息不一致的问题。研究频繁的区域，例如渤海，相关数据丰富，分析程度较多，然而其他区域缺乏此类信息。我们应该全力以赴，保证所有海洋地区以及沿海地区采用标准、一致的分析评估体系，确保有效采取保护措施。国际经验已经表明：确认生态系统服务保护最大化区域的最有效方式就是利用等级化方式，从最大地理范围开始。其中一个例证就是哥伦比亚的海洋之花海洋保护区，在这个保护区之内，划分不同用途区域，反映不同生物物理特件和不同价值。海洋之花海洋保护区和生物圈保护区覆盖 65 000 千米^2，包括圣安得列斯群岛、旧普罗维登西亚和圣卡塔利娜，是哥伦比亚在加勒比海西部的一个部门。这个区域属于海洋保护区，区域之内的沿海和海洋生态系统（包括珊瑚礁、红树林、海草床、沙滩和深水）。环境、住房和国土开发部在 2005 年 1 月宣布成立海洋之花海洋保护区。这是哥伦比亚成立的第一个海洋保护区，也是加勒比地区乃至世界最大的保护区。海洋保护区只是海洋之花生物圈保护区的一个部分，而海洋之花生物圈保护区是联合国教科文组织人与生物圈（MAB）计划在 2000 年宣布的世界生物圈保护区网络中的一个部分。为了在广袤的海洋区域实行生物圈保护区计划，圣安得列斯群岛、旧普罗维登西亚和圣卡塔利娜可持续发展团体——卡洛琳娜（区域性群岛自治团体）成立并管理这一生物圈保护区。

四、主要结论

（一）中国生态环境保护面临严峻挑战

我国政府采取大量措施改善环境状态，并取得显著成效；但是由于自然生态系统脆弱和经济社会发展的影响，我国仍面临着生物多样性丧失、土地退化、自然灾害频发等问题，对经济社会可持续发展构成严重威胁。并且自然生态的持续恶化加剧了自然灾害发生的风险，对生态文明建设带来巨大挑战。

生态安全格局尚未形成，不同生态地理区域仍面临着不同的生态风险。人口大规模迁移至沿海地区或者迁移至流域下游地区，沿海地区面临的风险更为严重。只有通过有效保护自然基础设施和恢复重点多功能生态系统服务区域才能抵消人类活动对生态环境退化和服务丧失的影响。

海洋生态环境，重点在于确认并保护关键区域（特别是潮间带）和提供生态系统服务的区域。不论是通过已有的规划程序，例如海洋空间规划，还是通过采用生态保护红线界定手段，应该着重考虑土地、淡水和沿海系统之间的连通性，因此，应该以统一的方式，界定生态保护红线和设计生态保护与恢复项目。

（二）生态保护红线制度是保障生态安全的重要举措

我国高度重视生态环境保护，并大力推动生态环境保护与管理改革。遏制生态退化状况需要采取新的重大行动，落实低碳经济等相关举措，采用经济、金融、社会和政策、机制等方法，着力铲除生态问题产生的根源。

划定生态保护红线与加强红线区域管理是解决生态环境问题的重要途径。这些界定线即将确认中国不得遭到损害或必须加以恢复的陆地与海洋生态系统的重要生态服务功能，以便为社会和经济发展提供服务。但是它们并非是维持生态系统服务的必要的唯一部分，只有在生态保护红线划定和管理成为整个改革的一部分时，生态保护红线政策才能取得成功。

建立海洋生态保护红线为中国迎来一次千载难逢的机遇。在已有的海洋空间规划过程之中可以划分重点区域加以保护或恢复，提高海洋和沿海生态系统服务。中国的人口分布趋势表明：未来沿海地区面临的压力不会降低，一方面是沿海工业化带来的直接压力，另一方面是流域上游地区土地和水资源使用带来的间接压力。但是建立并维护海洋生态保护红线界定区域相比于陆地而言更为简单，生态补偿实施简便甚至不需要。目前，正值把生态保护红线界定纳入中国沿海和海洋规划过程之中的大好时机，将为海洋和沿海地区可持续发展提供保障。

（三）明确生态系统服务重要区域和监管职责是关键

我国生态系统脆弱、生态问题多种多样且区域特色明显，有必要统筹目前的各类保护地，确定具有重要保护价值的区域，并由相关责任部门统一协调管理，保证生态重要区生态系统服务的稳定、持续供给，保障区域生态安全。

目前，各类保护地的管理分属于不同部门管理，面临着缺乏总体统筹与协调、责任分散且问责机制缺乏、保护交叉重叠、缺乏完善的管理办法和执行措施等问题，迫切需要加强生态保护重要区域的统筹规划和监管。

不应该把生态保护责任视作是政府的一项责任。社会所有人都需要参与到生态保护红线界定、保护、监管以及管理办法的执行之中。

（四）生态保护红线制度建立与实施任重而道远

目前我国正在划定生态保护红线，但是相关的机制、政策、法律并不完善，这将对生态保护红线区域的保护带来巨大障碍。国内外经验表明：生态保护红线制度的建立和实施需要改进和完善以下工作：

（1）缺乏切实可行的重要生态系统服务功能区域管理办法，需要明确保护红线的概念与内涵，明确生态保护红线管理细则，严守生态保护红线。

（2）缺乏系统的生态保护红线界定方法，需要对生态保护红线统筹规划、分类管理，并不断调整和完善界定和管理办法。

（3）目前确定了重点生态功能区，但主体功能区规划主要属于战略规划，生态保护红线如何“落地”方面，需要进一步与其他管理手段相结合，增强生态保护红线的可操作性。

（4）目前保护区体系是生态保护红线的重要组成部分，但是保护体系尚不完善。缺乏统筹规划、海洋和沿海地区保护区少、保护区保护与发展冲突大，需要扩大沿海地区和海洋地区保护区，完善自然保护体系，构建生态保护网络。

（5）土地利用规划体系已经基本落实，并在合理利用土地中发挥了巨大作用。但是土地利用规划体系缺乏生态土地类型，需要增补和协调生态用地与其他用地类型的关系。

（6）海洋规划、沿海规划和流域规划相互补充，目前，海洋空间规划已经完成，但是生态保护关键区域识别和外部生态退化影响的关注程度不足。

（7）耕地红线经验表明：耕地红线在解决省级和地方政府执行冲突的过程中，目标制定方法相当有效。生态保护红线界定需要采取自上而下与自下而上方法相结合，相互协调，并且加强监督、执行和报告。

（8）地方政府和地方老百姓对于政策的成功至关重要，但是他们缺少相关知识和动力，需要加强能力建设和实施激励政策，例如公众参与政策、生态补偿制度等。

（9）生态保护红线管理需要：强化部门之间的协调性、管理与监督分开、问责制、公众参与、透明监督和及时报告。

（10）停止生态保护红线候选区域的开发建设活动，降低生态保护红线实施过程中管理成本。

五、政策建议

（一）完善和明确生态保护红线的内涵与体系构成

明确界定生态保护红线的内涵。生态保护红线是指为维护国家和区域生态安全及经济社会可持续发展，提升生态功能、保障生态系统服务持续供给必须严格保护的最小空间范围，提升和保障的生态系统服务包括水源涵养、土壤保持、防风固沙、洪水调蓄、生物多样性与自然遗产保护，以及灾害防护功能。

生态保护红线构成。生态保护红线包括生态系统服务保障线、人居环境安全保障线和生物多样性保护线，它既包括自然与人工生态系统、陆地与海洋生态系统，也包括分布在重要生态功能区域的退化生态系统。

确定生态保护红线国家目标。依据我国生态问题、生态敏感性和生态系统服务重要性空间特征，建议将国土面积的 35% 的区域确定为国家生态保护红线，保护生态系统服务重要区域与生态高敏感区，保障国家生态安全。

尽快制定《生态保护红线管理办法》。以《环境保护法》为基础，建议国务院尽快制定《生态保护红线管理办法》，规定生态保护红线的定义与内涵、划定方法、管理体制、规划、批准的程序与方法、保护目标与管理要求、生态补偿办法、环境准入准则、监督考核办法、违法处理办法以及相关的责任机构。

（二）完善空间规划体系，明确划定生态保护红线

土地利用规划体系中增设生态用地类型。在现有的土地利用规划体系中，增设生态用地类型，形成包括农业用地、建设用地、生态用地与未利用地四个类型的新的土地利用规划分类体系。并将生态用地作为确定生态保护红线的依据和协调不同部门生态保护红线用地的基础。生态用地是指以提供生态系统服务为主导功能的土地类型，包括生物多样性保护地、自然遗迹地、水源涵养地、土壤保持地。

将生态保护红线纳入各类空间规划。建议在国土规划、土地利用规划、城乡规

划等空间规划中，明确划定生态保护红线，从规划层面强化生态保护红线划定的重要地位，从土地利用规划角度保障和强化生态保护红线区的生态保护。

在海洋空间规划中划定海洋生态保护红线。在协调海洋各类战略性规划的基础上，通过海洋生态功能区划和海洋其他空间规划，确定海洋生态保护红线，保护海洋保护区、重要河口生态系统、重要滨海湿地、重要渔业水域、特殊保护海岛、自然景观与历史文化遗迹、重要滨海旅游区、海岛、砂质岸线、砂源保护海域等具有重要保护价值的海域，维护海洋生态健康和生态安全。

专栏 5-1　生态用地与保护地的关系

一旦生态用地的概念得以明确，生态用地管理就非常重要。将生态用地整合到中国生态保护体系中，可参照下述流程决策。

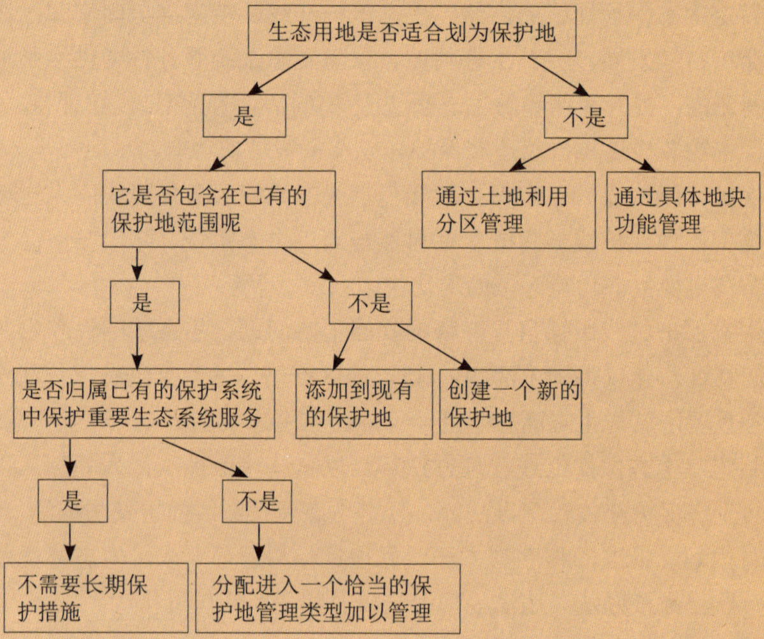

（三）建立自然生态保护协调机制

当前的制度设计要求针对生态保护体系以下方面进行改革：建立协调机构和问责机制；生态保护红线的定义、目标；生态保护红线监管、评估和管理。建议自然生态保护管理机构，从以下方面强化生态保护红线监管工作：

制定国家生态保护战略与政策。依据我国面临的主要生态问题和生态保护需求，强化生态保护顶层设计，从保护目标、空间架构、保护措施、保护政策等方面制定国家生态保护战略与政策，避免不同类型保护区交叉重叠和保护资源浪费，提高生态保护效率与成效。

实施统一协调与管理国家自然保护地。制定国家生态保护红线规划与国家生态保护地规划，统一对我国自然保护区、国家公园、生态功能保护区等主要类型自然保护地进行管理。

生态保护红线监督与报告。实施生态保护红线区域统一监管机制，建立基于卫星遥感与地面监督相结合的监管技术体系，对生态保护红线区域生态保护状况进行定期监测与评估定期报告生态保护红线区域生态环境状况、变化趋势、保护成效和面临的问题，为生态保护红线区域的生态保护提供科学依据。

规划、组织区域重大生态建设与恢复工程。以我国生态保护红线区域生态系统状况、生态环境问题为基础，加强区域重大生态建设与恢复工程的顶层设计和统一部署，针对生态保护红线区域出现的生物多样性丧失、水土流失、土地沙化、石漠化和盐渍化等问题，统一实施区域重大生态建设与恢复工程，保障生态保护红线区域生态系统服务的持续供给。

实施生态补偿和奖励机制。依据生态保护红线区域范围、保护机会成本和保护投入在生态保护红线区域实施生态补偿机制，并根据生态保护成效，建立生态补偿动态调整机制和奖励机制，促进生态保护红线区域和谐发展，强化生态保护红线区域生态保护。规划和开展生态保护红线划定、监管能力建设。

（四）完善自然保护地体系，将生态保护红线与保护地体系整合，建立生态保护红线分部门、分类、分级管理机制

完善自然保护地体系。进一步明确和整合我国现有不同类型的保护区的功能定位与管理体制，以森林公园、地质公园、湿地公园、海洋公园，历史文化遗址等类型为基础，建立不同级别的国家公园；以水源保护区、水土保持重点区、洪水调蓄区、防风固沙重点区等为基础建立生态功能保护区，解决长期以来不同类型保护区交叉重叠、管理目标不明确的问题。我国自然保护区体系可以由自然保护区、国家公园、风景名胜区、农业种质资源保护区、生态功能保护区等类型构成（表 5-7）。

整合生态保护红线与自然保护地体系。统筹生态保护红线区域与自然保护地，将生态保护红线区域落实到自然保护地体系中，针对自然保护地体系中的生态保护红线区域实施统一协调和分类分级、分部门管理，实现生态保护红线区域的有效保护。

（五）以生态保护红线为基础，完善生态补偿制度和激励机制

以生态保护红线区为载体，建立生态补偿长效机制。以生态保护红线区为载体，综合考虑土地权属与利益相关者建立生态补偿长效机制，将生态补偿直接支付到生

态保护红线区的土地所有者或经营者。

以生态保护红线区为重点布局重大生态建设工程。围绕生态保护红线区域面临的突出生态问题，布局重大生态建设工程，促进退化生态系统恢复，增强生态保护红线区的生态服务功能，构筑生态安全格局。

依据生态保护红线区面积及保护成效，完善生态转移支付政策。根据不同限域生态保护红线区的面积及比例，完善生态转移支付政策，实现生态转移支付强度与生态保护红线区域面积和保护成效挂钩。

六、实施优先事项

建立科学合理的生态保护红线制度，并将其纳入国家生态保护政策，对于生态保护红线区域的保护至关重要。建议加快制定生态保护红线制度，将生态保护红线制度建设纳入国家和省级五年规划，并通过人民代表大会审批。这些工作需要一定时间得以逐步完善。

（一）当前实施的任务

1. 成立“生态保护红线协调办公室”

“生态保护红线协调办公室”的职能包括：生态保护红线体系制定和实施的指导、监督和协调；负责 2015 年各类政策项目和行动并且协调这些项目和行动。如果随后建立保护机构，协调办公室的功能可以是其中的一部分。

2. 完善生态保护红线体系

（1）确定协调之后的生态保护红线体系定义和特征。

（2）确定国家重点生态土地作为生态保护红线界定红线候选区域，主要以环境保护部和中国科学院进行的现有分析为依据。

（3）确定国家生态保护红线目标：35% 的国土面积。

（4）编制生态保护红线技术指南，并组织政府开展培训，帮助地方政府确认生态保护红线界定的工作。

3. 制定规则和管理条例

制定生态保护红线管理办法，包括：明确所有机构和各级政府的角色和责任；明确红线体系监管的原则；明确生态保护红线区域之内可接受的人类活动；明确统筹规划、分类指导、适时调整的原则；针对生态保护红线监管，制定城乡、沿海—

海洋、资源开发区域、恢复土地等相关的管理办法；停止生态保护红线候选区域的开发建设活动。

（二）一年内实施的任务

“生态保护红线协调办公室”开展下述工作：完善土地利用规划系统体系，增加生态用地类型；界定国家生态保护红线；理顺国家保护区体系；监督生态保护红线管理条例实施；制定并实施生态保护红线执行制度、公共监督和报告制度；制定并实施能力建设和利益相关者参与的策略；制定土地利用规划中生态用地的协调策略；建立生态补偿机制。

国家林业局、住房和城乡建设部、农业部、环保部、国家海洋局等配合完善保护区体系，根据自身职责，强化生态保护红线划定和监管。

（三）5～10 年内实施的任务

重点任务是生态保护红线监督和报告，包括：

（1）到 2020 年之前，完成全部立法和改革。

（2）完善保护区体系，扩大生态保护红线范围。

（3）每 10 年对生态保护红线进行审核和修订。

（4）完善生态补偿和激励机制。

（5）生态保护红线区域保护成效显著。

（6）中国协助原料供应国落实自身的生态保护红线体系。

第六章 大气污染防治行动计划绩效评估与区域协调机制研究

一、《行动计划》绩效评估指标与方法体系研究

当前，我国大气污染形势严峻，以细颗粒物（$PM_{2.5}$）和可吸入颗粒物（PM_{10}）为特征污染物的区域性大气环境问题日益突出。中国环境监测总站2013年空气质量监测结果表明：首批开展$PM_{2.5}$监测的74个城市中，有71个不达标；74个城市的$PM_{2.5}$年均浓度为二级标准的2.1倍，其中京津冀、长三角和珠三角区域$PM_{2.5}$年均浓度分别为二级标准的3.0倍、1.9倍和1.3倍。

2013年9月，国家大气污染防治行动计划由国务院正式发布，提出了十条大气污染防治措施（简称“大气十条”）。“大气十条”根据各地社会经济发展和空气质量现状，以签订目标责任书的形式确定了2017年31个省空气质量改善目标，将全国省份划分为重点区域和非重点区域，并制定了分档的改善目标。在这个背景下，为了推动责任落实，需要建立有效的《大气污染防治行动计划》（简称《行动计划》）实施绩效评估指标与方法体系，以评估和帮助指导各地《大气污染防治行动计划》的实施。

（一） 绩效评估指标与方法体系建立

1. 绩效评估方法体系

本研究设计的绩效评估方法体系包括实施绩效的预评估和实施绩效的跟踪评估两种评估方法，如图6-1所示。

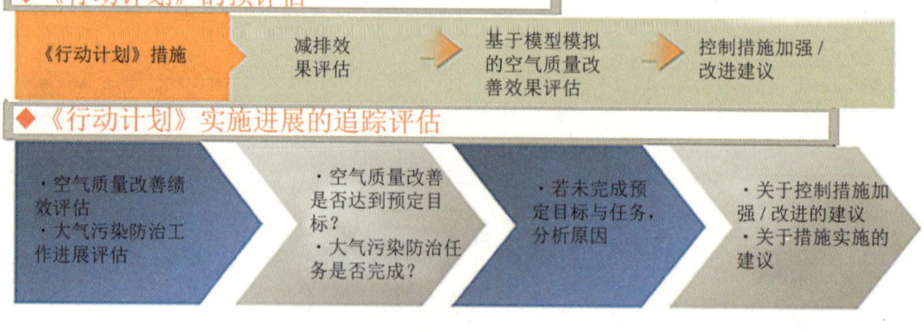

图6-1 《大气污染防治行动计划》绩效评估方法体系

实施绩效的预评估是通过排放清单和空气质量模型等手段对现有控制措施的减排效果和空气质量改善效果进行测算，目的是预估现有政策实施后的控制效果，找出现有政策存在的不足和需要进一步努力的方向。实施绩效的跟踪评估是对控制措施的实施进展及其实际成效的评估，目的是推动各项任务逐步开展以及评估工作的实际成效。

2. 实施绩效的预评估方法

实施绩效的预评估是通过排放清单和空气质量模型等手段对现有控制措施的实施效果进行测算。预评估的具体方法如图 6-2 所示。

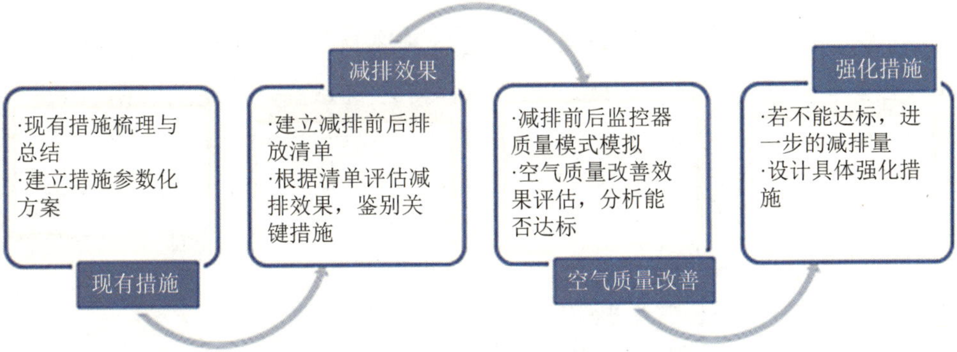

图 6-2　《大气污染防治行动计划》实施绩效的预评估方法

3. 实施绩效的跟踪评估指标体系

实施绩效的跟踪评估考察两部分内容，一是环境空气质量，用于考察工作效果；二是各项工作的进展，用于考察地方落实措施的情况。因此，设立两个指标：空气质量改善绩效指标和大气综合整治工作指标。其中空气质量改善绩效指标应作为主要评估指标，在全国范围考核；大气综合整治工作指标作为辅助评估指标，用于重点区域的年度考核。

（1）空气质量改善绩效指标

空气质量改善绩效以 PM_{10} 或 $PM_{2.5}$ 年均浓度下降比例 (%) 作为主要评估指标，重污染日减少天数、其他主要污染物（NO_2、SO_2、CO、O_3）年均浓度下降情况作为辅助评估指标。《目标责任书》中各地区 2017 年的 PM_{10} 或 $PM_{2.5}$ 年均浓度下降目标见表 6-1，京津冀及周边地区、长三角区域、珠三角区域、重庆市以 $PM_{2.5}$ 年均浓度下降比例作为评估指标，其他地区考察 PM_{10} 年均浓度下降比例。

表 6-1 《目标责任书》中各地区空气质量改善目标

省份	$PM_{2.5}$ 年均浓度下降	省份	PM_{10} 年均浓度下降	省份	PM_{10} 年均浓度下降
北京	25%（60 微克 / 米^3）	河南	15%	四川	10%
天津	25%	陕西	15%	宁夏	10%
河北	25%	青海	15%	黑龙江	5%
山西	20%	新疆	15%	福建	5%
上海	20%	湖北	12%	江西	5%
江苏	20%	甘肃	12%	广西	5%
浙江	20%	辽宁	10%	贵州	5%
山东	20%	吉林	10%	海南	持续改善
广东	珠三角 15%	安徽	10%	云南	持续改善
重庆	15%	湖南	10%	西藏	持续改善
内蒙古	10%	广东	其他城市 10%		

由于 2013 年才开始全国范围的 $PM_{2.5}$ 常规监测，考虑到监测数据的可得性，PM_{10} 的基准年定为 2012 年，$PM_{2.5}$ 的基准年定为 2013 年。为避免前期不作为，设立逐年考核机制。对于 $PM_{2.5}$ 的年度考核目标，可设定 2014—2017 年年均浓度下降比例分别达到《目标责任书》终期目标的 10%、40%、70%、100%。为剔除年际气象波动干扰、客观评价人为减排作用，建议评估时采用滑动平均的方法，例如以 3 年滑动平均的监测浓度作为考核指标。

（2）大气综合整治工作指标

大气综合整治工作指标考察重点任务完成情况和主要大气污染物总量减排程度。“大气十条”中的重点工作任务如表 6-2 所示，包括产业结构调整、优化能源结构、工业大气污染治理、扬尘污染控制、机动车污染防治、重污染天气预警等。同时建立评分机制，用于考核评估。污染物减排重点考察与细颗粒物污染密切相关的污染物，包括 SO_2、NO_x、$PM_{2.5}$、VOC、NH_3。任务分值根据在空气质量改善效果中的重要程度、可操作性、经济性等方面综合确定。考核任务的指标原则上可定量、可评估、可考核。

表 6-2 大气综合整治工作指标

指标	子指标	指标	子指标
产业结构调整	压缩过剩产能 淘汰落后产能 重污染企业搬迁	扬尘污染控制	建筑工地扬尘污染控制 道路扬尘污染控制
优化能源结构	煤炭总量控制 优化煤炭消费结构 提高煤质 提高能效	机动车污染防治	淘汰黄标车 改善油品 加严机动车排放标准
工业大气污染治理	淘汰燃煤小锅炉 重点行业脱硫、脱硝、除尘治理 挥发性有机物治理 油气回收	重污染天气预警	实时预警发布 应急预案体系建设

（二）预评估案例分析——以京津冀地区为例

1.《行动计划》措施概述

本研究中考虑的京津冀地区《大气污染防治行动计划》措施主要来自于以下几个文件：《大气污染防治行动计划》《京津冀及周边地区落实大气污染防治行动计划实施细则》《北京市2013—2017年清洁空气行动计划》《天津市清新空气行动方案》和《河北省大气污染防治行动计划实施方案》。

“大气十条”提出了一系列强有力的控制对策，本研究将这些措施划分为两大类：结构调整措施和末端控制措施。结构调整措施从源头削减排放，如控制煤炭消费总量、加快清洁能源替代利用、淘汰落后产能、限制机动车保有量等；末端控制措施是指末端控制技术的应用与更新，如实施脱硫、脱硝，进行除尘升级改造等。

能源结构调整是“大气十条”中较为突出的政策，图6-3给出了2017年京津冀地区主要能源品种消费量预测。“大气十条”明确提出要控制煤炭消费总量，京津冀地区共压减煤炭消费总量6 300万吨，其中北京市、天津市和河北省分别净削减1 300万吨、1 000万吨和4 000万吨。2017年，京津冀地区煤炭消费占能源消费总量比重降低到65%以下，并通过逐步提高接受外输电比例、增加天然气供应、加大非化石能源利用强度等措施替代燃煤。此外，调整优化产业结构也是“大气十条”中的重要举措，如严控“两高”行业新增产能，加快淘汰落后产能，压缩过剩产能。例如，2017年京津冀地区计划淘汰落后水泥产能7 000万吨，河北省钢铁产能削减6 000万吨，等等。

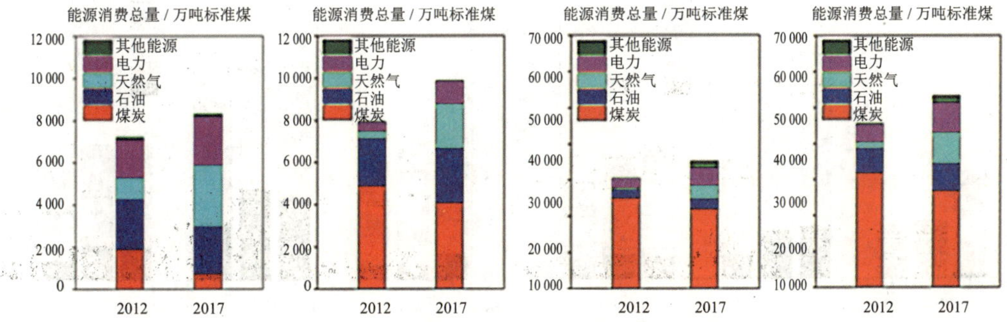

(a) 北京　(b) 天津　(c) 河北　(d) 京津冀

图6-3 京津冀地区主要能源品种消费量预测

“大气十条”提出了一系列末端控制措施，加快重点行业脱硫、脱硝、除尘改造工程建设。所有燃煤电厂、钢铁企业的烧结机和球团生产设备、石油炼制企业的催化裂化装置、有色金属冶炼企业都要安装脱硫设施，每小时 20 蒸吨及以上的燃煤锅炉要实施脱硫。除循环流化床锅炉以外的燃煤机组均应安装脱硝设施，新型干法水泥窑要实施低氮燃烧技术改造并安装脱硝设施。燃煤锅炉和工业窑炉现有除尘设施要实施升级改造。机动车排放控制持续加严。例如，2015 年京津冀地区将全面实施国五标准；北京市则计划在 2016 年实施更严格的国六标准。此外，进一步建议在中国 2017 年强制要求供应硫含量低于 10×10^{-6} 的车用油品后，包括京津冀地区在内的中国三大区域应在 2018 年实施国六标准。

2. 大气污染物减排效果评估

本研究建立了“大气十条”措施的参数化方案，定量化控制措施对排放的影响。基准年（2012 年）排放清单来自清华大学开发的中国多尺度排放清单模型（MEIC）[①]。目标年（2017 年）的排放清单是在基础年排放清单上，依据“大气十条”的措施进行量化，并结合能源消费等活动水平和控制技术分布的预测得到。京津冀地区 2017 年主要污染物 SO_2、NO_x、$PM_{2.5}$ 和 VOC 的排放量分别为 139.5 万吨、221.2 万吨、90.2 万吨和 199.9 万吨，相比 2012 年分别下降 32%、21%、24% 和 6%（见图 6-4）。河北省由于排放量远高于其他两个直辖市，对京津冀地区污染物减排的贡献最大，贡献了京津冀地区 SO_2、NO_x、$PM_{2.5}$ 和 VOC 减排量的 71%、71%、74%、45%；北京市的减排幅度最大，因为推行相对较严的控制措施。

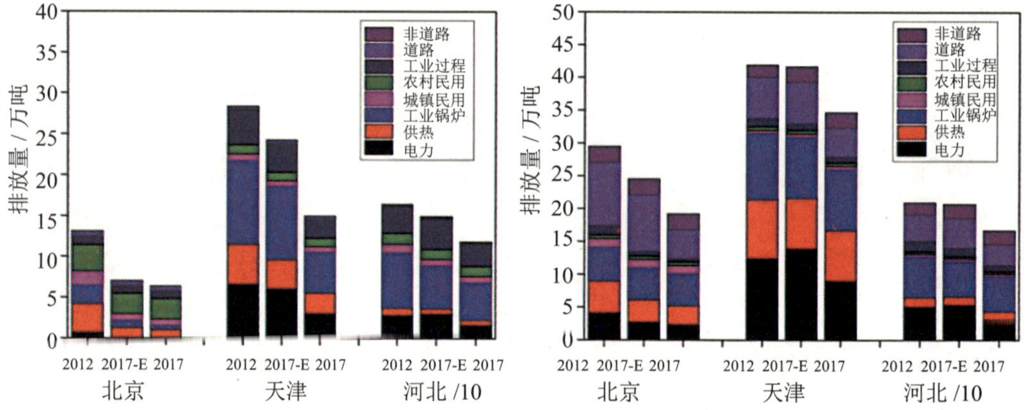

(a) SO_2 (b) NO_x

① http://www.meicmodel.org.

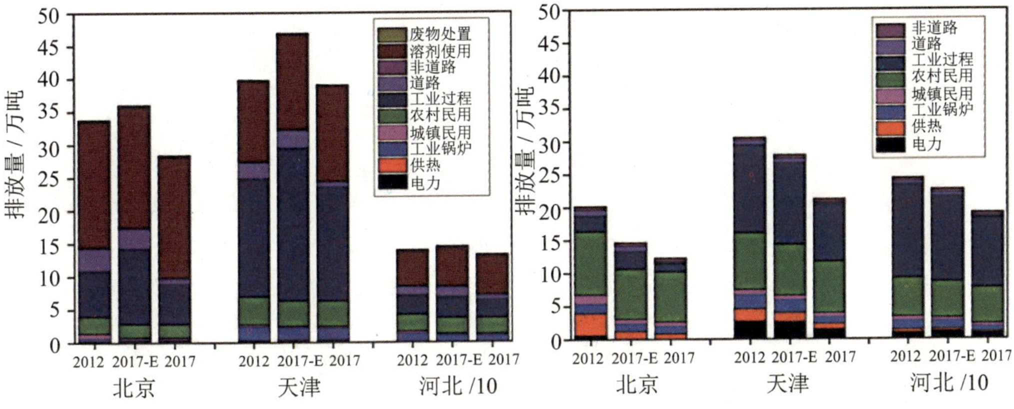

(c) VOC (d) $PM_{2.5}$

图 6-4 京津冀地区 2012 年和 2017 年主要污染物排放量

从各项措施对京津冀地区污染物减排的贡献来看，能源结构减排对 SO_2 减排的贡献最大（41%），电厂脱硫次之（24%）；电厂脱硝对 NO_x 减排的贡献最大（46%），其次是机动车减排（20%）、能源替代（19%）。对一次 $PM_{2.5}$ 减排贡献最大的是钢铁行业除尘升级（29%），其次是能源结构减排（20%）。

3. 空气质量改善效果评估

为定量评估“大气十条”措施对京津冀地区空气质量的改善效果，我们基于 2012 年排放清单和“大气十条”实施下 2017 年的排放情景，利用多尺度空气质量模型 CMAQ[①] 分别模拟两种排放下京津冀地区细颗粒物的污染状况，结果见图 6-5。模拟结果表明，实施“大气十条”后，北京市、天津市和河北省 $PM_{2.5}$ 年均浓度将由 2012 年的 88.3 微克 / 米 ^{3}、112.7 微克 / 米 ^{3}、112.9 微克 / 米 ^{3} 降至 2017 年的 65.8 微克 / 米 ^{3}、91.6 微克 / 米 ^{3}、96.3 微克 / 米 ^{3}，相应降幅分别为 25.6%、18.7%、14.7%。京津冀地区 $PM_{2.5}$ 浓度降幅显著，但天津市和河北省的部分地区仍存在达不到 2017 年浓度降低 25% 的风险。$PM_{2.5}$ 浓度的下降中硫酸盐、元素碳、有机组分和其他组分的贡献较大；硝酸盐的贡献相对较小甚至浓度略微上涨，与非线性化学反应有关。SO_2 和 $PM_{2.5}$ 减排措施对京津冀地区 $PM_{2.5}$ 浓度削减的作用较大，北京市主要是大幅削减燃煤；天津市和河北省主要是削减燃煤、末端脱硫以及钢铁水泥行业的颗粒物减排。应当加大对 NO_x、VOC、NH_3 的控制力度，实现 $PM_{2.5}$ 多组分协同减排。

① http://www.cmascenter.org

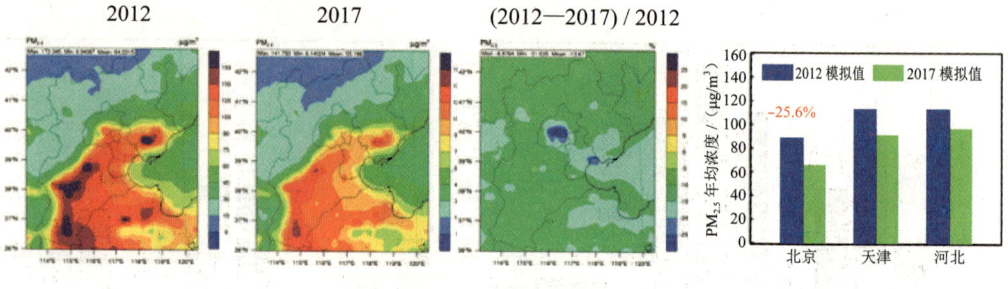

图 6-5 京津冀地区 $PM_{2.5}$ 年均浓度的空间分布模拟

4. 控制措施加强及改善建议

现有政策对 SO_2 的控制效果较明显，但对 NO_x 和一次 $PM_{2.5}$ 的减排有限，对 VOC 和 NH_3 的控制较为薄弱。SO_2 和 $PM_{2.5}$ 减排措施对京津冀地区 $PM_{2.5}$ 浓度削减效果较明显，天津市和河北省应特别注意控制一次 $PM_{2.5}$ 的排放量，以保证达到"大气十条"制定的环境目标。同时应当加大对 NO_x、VOC、NH_3 的控制力度，实现 $PM_{2.5}$ 多组分协同减排。

民用部门和工业过程（钢铁、水泥、炼焦等）对一次 $PM_{2.5}$ 排放的贡献较大，工业过程和溶剂使用是 VOC 的主要来源，化肥施用和畜禽养殖是 NH_3 排放的重要来源，"大气十条"针对民用部门以及 VOC 和 NH_3 的措施较难量化，这些措施还有待细化明确。

（三）跟踪评估案例分析——以京津冀地区为例

1. 空气质量改善绩效指标

图 6-6 给出了京津冀地区 2014 年第一季度和 2013 年同期相比的空气质量变化情况。大部分污染严重的城市 2014 年的 $PM_{2.5}$ 季均浓度和重度及以上污染天数相比 2013 年均有较为明显的下降，表明"大气十条"取得了一定的控制效果。而在张家口、承德等相对洁净的地区 $PM_{2.5}$ 浓度有一定的反弹，可能与气象传输条件的改变有关。在评估时应尽可能去除气象因素的干扰，因此建议评估时应采用滑动平均（例如 3 年滑动平均）的方法，以强调人为减排的作用。

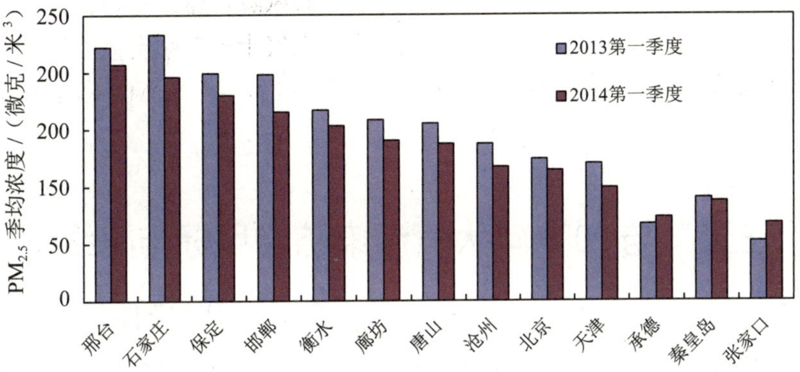

图 6-6　京津冀地区 2014 年第一季度和 2013 年同期相比 $PM_{2.5}$ 浓度变化情况

数据来源：国家环境空气质量监测网。

2. 大气综合整治工作指标

大气综合整治工作指标的各任务分值根据在空气质量改善效果中的重要程度确定。考核任务的指标原则上可定量、可评估、可考核。例如，京津冀地区一次 $PM_{2.5}$ 排放中 54% 来自工业部门，而其中 46%、23% 和 18% 的工业排放分别来自于钢铁、建材、炼焦行业，鉴于这些行业对于京津冀地区 $PM_{2.5}$ 的贡献较大，因此对于这些行业控制措施的指标分值相应也较高。

（四）政策建议

1. 建立预评估和年度评估制度，结合评估调整措施

通过建立预评估和年度评估制度，使得能结合评估调整各年度的措施，保障达到预期的控制目标。建议预评估指标应包括：$PM_{2.5}$ 浓度下降比例，重污染日减少天数；年度评估指标应包括：年度 $PM_{2.5}$ 浓度下降程度（多年滑动平均浓度趋势），污染物减排、能效提高、能源结构调整等措施完成进度等。

2. 建立终期评估制度

通过终期评估制度，为空气质量的持续改善提高技术基础。纳入终期评估的指标应包括：$PM_{2.5}$ 浓度下降比例（多年滑动平均浓度趋势），重污染日减少天数，经济与产业结构变化、人体健康效益等。

3. 需进一步强化和完善重点区域大气行动计划实施方案

预评估案例结果表明，实施“大气十条”后京津冀地区 $PM_{2.5}$ 浓度降幅显著，

但天津市和河北省仍存在达不到2017年浓度降低25%的风险。建议各地区对“大气十条”进行细化，逐一明确量化各类控制措施，将“大气十条”落实为实际的污染物减排量。同时应当加大对NO_x、VOC、NH_3的控制力度，实现$PM_{2.5}$多组分协同减排。

二、“十三五”与2030年大气污染防治目标与路线图

（一）“十三五”至2030年的经济社会发展趋势预测

经济社会发展预测，主要是基于历史和当前的经济社会发展统计数据，采用适当的数学模型进行统计回归分析，对人口、经济、能源、工业、交通等各个领域的未来发展进行趋势预测。本研究的趋势照常（Business as usual，BAU）情景假定未来继续采用现有的政策和现有（2010年）的执行力度，新的节能减排政策没有出台，电力、工业、民用、交通等部门的发展保持现有轨迹，代表性政策包括：①到2050年，国民GDP达到中等发达国家水平（人均GDP约20 000美元）；②按节能中长期专项规划发展，到2020年，单位GDP的CO_2排放量比2005年降低40%～45%；③继续执行2010年前颁布的电厂、水泥、工业窑炉、机动车等行业排放标准。基于上述设定，对BAU情景下“十三五”至2030年中国的经济发展、产业和能源结构、城镇化和交通进行了预测，见表6-3。

表6-3 “十三五”至2030年中国经济社会发展预测（BAU情景）

项目	2010年	2020年	2030年
GDP (2005年不变价)/ 亿元	311 654	657 407	1 177 184
人口 / 亿人	13.40	14.40	14.74
城镇化比例 /%	49.7	58.0	63.0
发电量 / 太瓦时	4 205	6 690	8 506
燃煤发电比例 /%	75	74	73
粗钢产量 / 吨	627	770	770
水泥产量 / 吨	1 880	2 400	2 450
千人机动车保有量	58.2	191.2	380.2
新能源和可再生能源比例 /% *	7.5	8.3	8.9
单位GDP的CO_2排放 /（吨 / 万元）	2.67	1.82	1.20

注：* 包括水电、太阳能、风电、海洋能、核电等，不包括生物质利用。

（二）“十三五”的中期和2030年的长期大气污染防治目标

中长期大气污染防治目标设定，主要是依据国务院“大气污染防治行动计划”、世卫组织（WHO）“空气质量准则（2005年更新版）”、工程院和环保部“中国环境宏观战略研究”等相关规划和报告，并参考发达国家和地区的空气质量改善历程，提出适合我国的大气污染防治目标。本研究从空气质量改善的角度出发，依据《环

境空气质量标准》（GB 3095—2012），对 2017 年、2020 年和 2030 年全国及京津冀、长三角、珠三角等重点地区提出空气质量改善目标，大气污染防治目标设定如表 6-4 所示。

表 6-4 我国中长期大气污染防治目标

年份	全国目标	重点区域目标
2017 年	全国地级及以上城市 PM_{10} 浓度比 2012 年下降 10% 以上	京津冀、长三角、珠三角等区域 $PM_{2.5}$ 浓度分别下降 25%、20%、15% 左右，北京市 $PM_{2.5}$ 年均浓度约 60 微克 / 米 ^{3}
2020 年	全国地级及以上城市 $PM_{2.5}$ 浓度比 2012 年下降 15% 以上	京津冀、长三角区域 $PM_{2.5}$ 浓度下降 35%、30% 以上，珠三角区域 $PM_{2.5}$ 年均浓度达标，北京市 $PM_{2.5}$ 年均浓度约 50 微克 / 米 ^{3}
2030 年	全国绝大多数的地级及以上城市 $PM_{2.5}$ 年均浓度达标（GB 3095—2012）	

（三）中长期大气污染防治路线图

1. 情景设置

基于“十三五”至 2030 年中国经济社会发展预测（BAU 情景）和大气污染防治目标设定，设计不同的中长期污染防治情景。本研究在 BAU 情景基础上，首先设计了一个新能源政策情景（New Policy，PC），假设未来中国采取可持续的能源发展战略，改变生产生活方式，改善能源结构和工业结构、提高能源利用效率；政府制定的方针路线、法律法规得到了充分执行。

在 BAU 和 PC 两个能源情景的基础上，分别设置了三个污染控制策略，即基准策略（[0] 策略），循序渐进策略（[1] 策略）和最大减排潜力策略（[2] 策略）。两个能源情景和三个污染控制策略进行组合，构成了六个污染控制情景（BAU[0]、BAU[1]、BAU[2]、PC[0]、PC[1]、PC[2]），各情景的名称和定义如表 6-5 所示。

表 6-5 能源和污染控制情景的名称和定义

能源情景	能源情景定义	污染控制策略	污染控制策略定义	控制情景
趋势照常情景（BAU 情景）	现有的政策和现有的执行力度（到 2010 年末）	基准策略（[0] 策略）	未来继续采用现有的政策和现有的执行力度（到 2010 年末），没有新的减排政策	BAU[0]
		循序渐进策略（[1] 策略）	2011—2015 年假定我国的“十二五”规划得到实施，在 2016 年后假设控制政策逐渐缓慢加严	BAU[1]
		最大减排潜力策略（[2] 策略）	技术上可行的减排措施得到了最大限度的应用，是可实现的最大限度减排策略	BAU[2]
政策情景（PC 情景）	假设未来采取更加可持续的能源发展战略	基准策略（[0] 策略）	未来继续采用现有的政策和现有的执行力度（到 2010 年末），没有新的减排政策	PC[0]
		循序渐进策略（[1] 策略）	2011—2015 年假定我国的“十二五”规划得到实施，在 2016 年后假设控制政策逐渐缓慢加严	PC[1]
		最大减排潜力策略（[2] 策略）	技术上可行的减排措施得到了最大限度的应用，是可实现的最大限度减排策略	PC[2]

2. 能源消费预测

能源消费量预测是污染物排放量预测的基础和前提，本研究在综合中国能源发展规划的基础上，应用清华大学开发的能源技术和污染控制模型框架对我国未来的能源需求进行预测[①]。在 BAU 和 PC 情景下，中国能源消费总量将从 2010 年的 4 159 百万吨标准煤分别增加到 2030 年的 6 817 百万吨标准煤和 5 295 百万吨标准煤。煤一直在能源结构中占据主导地位，在 BAU 和 PC 情景下，煤所占的比重将从 2010 年的 68.1% 分别下降到 2030 年的 59.5% 和 51.8%。原油所占比重有所升高，这主要是由于机动车保有量的持续增长。在 PC 情景下，由于实行了可持续的能源政策，天然气、生物质清洁利用、核能和其他可再生能源所占比例明显高于 BAU 情景。分品种的能源消费量如图 6-7 所示。

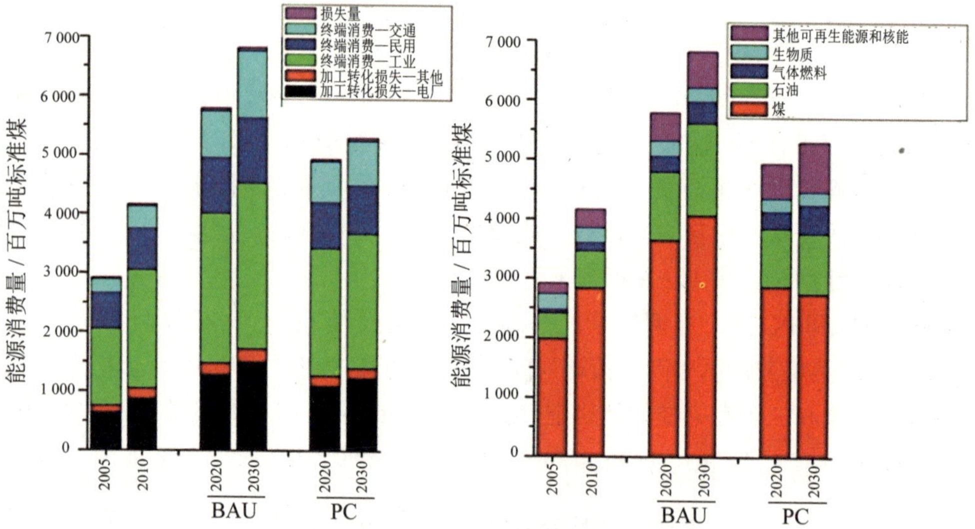

a 生物质包括传统燃烧、沼气、生物燃料和生物质发电；
b 其他可再生能源包括水电、太阳能、风能、海洋能等

图 6-7　中国能源消费总量预测

3. 污染物控制情景

（1）电厂

BAU[0]/PC[0] 主要基于现有政策和标准；BAU[1]/PC[1] 情景假设《环境保护十二五规划》和《火电厂大气污染物排放标准》（2011）得到实施；BAU[2]/PC[2]

① Zhao, B., et al. NO_x emissions in China: historical trends and future perspectives, Atmospheric Chemistry and Physics, 2013, 13: 9869-9897.

假定最先进的减排技术得到充分利用，如烟气脱硫（FGD）、低氮燃烧（LNB）+选择性催化还原（SCR）、高效除尘（HED）技术等。

（2）工业

对于工业部门，包括工业锅炉和工业过程排放，BAU[0]/PC[0] 情景假设采取现有政策和现有执行力度；BAU[1]/PC[1] 情景假定在 2011—2015 年，《环境保护“十二五”规划》和相应的排放标准得到实施，在 2015 年后，新的政策循序渐进的出现；BAU[2]/PC[2] 假定最先进的减排技术得到充分利用，如应用于工业锅炉的 FGD、LNB+SCR、HED 等。

（3）民用部门和生物质开放燃烧

民用部门的主要排放源是小煤炉和生物质炉灶，因此能源结构调整会在污染物减排中起到关键性的作用。BAU 情景和 PC 情景假定了不同的能源结构调整的趋势。在末端治理方面，BAU[0]/PC[0] 情景中没有采用 SO_2 和 NO_x 末端控制措施，民用锅炉的除尘措施以旋风除尘和湿法除尘为主。在 BAU[1]/PC[1] 情景中，HED 和低硫型煤得到逐步采用，两者的应用比例在 2020 年和 2030 年均分别达到 20% 和 40%；此外，本研究考虑了先进煤炉，先进生物质炉灶等措施的运用。在 BAU[2]/PC[2] 情景下，最先进的控制措施得到充分应用，除以上控制措施外，还包括推广生物质型煤炉灶以及强力禁止开放燃烧。

（4）交通部门

适度控制城市机动车总量，在 PC[1]/PC[2] 情景中，2030 年的千人均机动车保有量从 380 辆降至 325 辆。2000 年以来，中国实施了一系列新车排放标准，大多数排放标准与相应的欧洲标准基本一致，但实施时间滞后 5 ～ 10 年；在 BAU[0]/PC[0] 情景下，仅仅实施现有的标准；在 BAU[1]/PC[1] 情景和 BAU[2]/PC[2] 情景下，欧洲现有的标准将逐渐在中国实施，两个标准之间间隔的时间与欧洲的情况相同或者略短；在 BAU[2]/PC[2] 情景中，高排放车辆将加快淘汰，到 2030 年达到欧洲现有最严格排放标准的车辆比例几乎达到 100%。

（5）溶剂使用

BAU[0]/PC[0] 情景仅仅考虑了现有的政策和执行力度。BAU[1]/PC[1] 情景是基于对中国污染控制政策发展趋势的最新理解设计的。它假定在“十二五”期间，新的 NMVOC 排放标准将会在重点省份颁布并执行；“十三五”期间，在其他省份也会颁布执行。之后，NMVOC 的排放标准会进一步逐渐加严。BAU[2]/PC[2] 情景假定最佳可用技术得到充分的应用。

4. 大气污染物排放预测结果

中国 2005—2030 年分部门大气污染物的排放量如图 6-8 所示。到 2030 年，人

为源 NO_x 排放量在 BAU[0]、BAU[1]、BAU[2]、PC[0]、PC[1] 和 PC[2] 情景下分别达到 3 540 万吨、1 580 万吨、1 120 万吨、2 520 万吨、1 150 万吨和 800 万吨，相比 2010 年分别变化了 36%、−39%、−57%、−3%、−56% 和−69%。在 BAU[1]、BAU[2]、PC[1] 和 PC[2] 情景下，由于 SNCR/SCR 的大量应用，电厂比例在 2011—2015 年会显著下降，但 2015 年后由于边际减排潜力显著下降，比例反而会有所上升；随着新标准的不断实施，交通部门的比例在 2015—2030 年会持续下降；尽管采用一些控制措施，工业源的比例会上升，显示工业源减排难度较大。

2010 年 SO_2 排放量约为 2 440 万吨，在现有政策和现有执行力度下，到 2030 年会增长 26%。通过采用一系列节能措施，2030 年 SO_2 排放量比基准情景低 37%。通过采用“循序渐进”的污染控制措施，SO_2 排放量会进一步减少 790 万吨，其中工业锅炉和工业过程贡献了减排量的 82%。在最大减排潜力情景下，2030 年的排放量仅为 830 万吨，相当于基准情景的 27%。

2010 年一次 PM_{10} 和 $PM_{2.5}$ 排放量分别约 1 580 万吨和 1 180 万吨。在现有政策和现有执行力度下，PM_{10} 和 $PM_{2.5}$ 排放量变化微小。一系列的节能措施将会使 PM_{10}/$PM_{2.5}$ 排放量相对于基准情景下降约 28%，其中民用部门的排放量下降最为显著。采用“循序渐进”的污染控制措施，PM_{10}/$PM_{2.5}$ 排放量会进一步下降 24%，这主要是工业部门采用高效除尘设施的结果。在最大减排潜力情景下，PM_{10} 和 $PM_{2.5}$ 排放量大约相当于基准情景的 1/4。

2010 年的 NMVOC（非甲烷挥发性有机物）排放总量约为 2 290 万吨。如果没有进一步的控制措施出台，2030 年的排放量将增长到约 2 900 万吨。通过实施一系列节能政策措施，在 PC[0] 情景下，2030 年 NMVOC 总排放将降至 2 430 万吨，比 BAU[0] 情景的排放量低 16%。其中民用部门的排放量降低最明显，主要是由于传统生物质被清洁能源替代。PC[1] 情景相对于 PC[0] 情景将进一步减排 750 万吨，这反映出多个部门减排措施的成效。如果最佳可用技术得到充分的应用，2030 年的 NMVOC 排放量将减少到 BAU[0] 情景排放量的约 1/3。

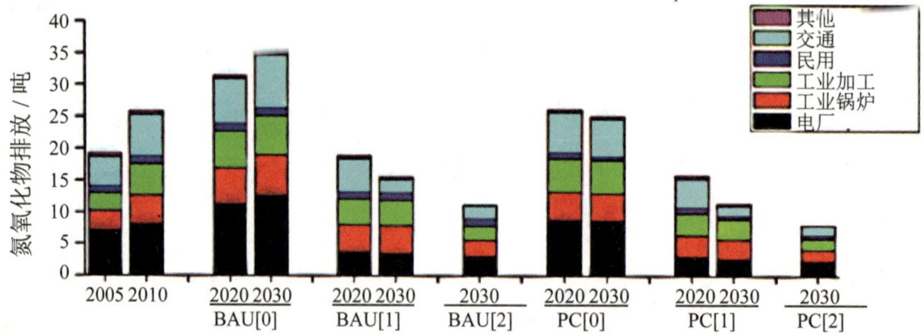

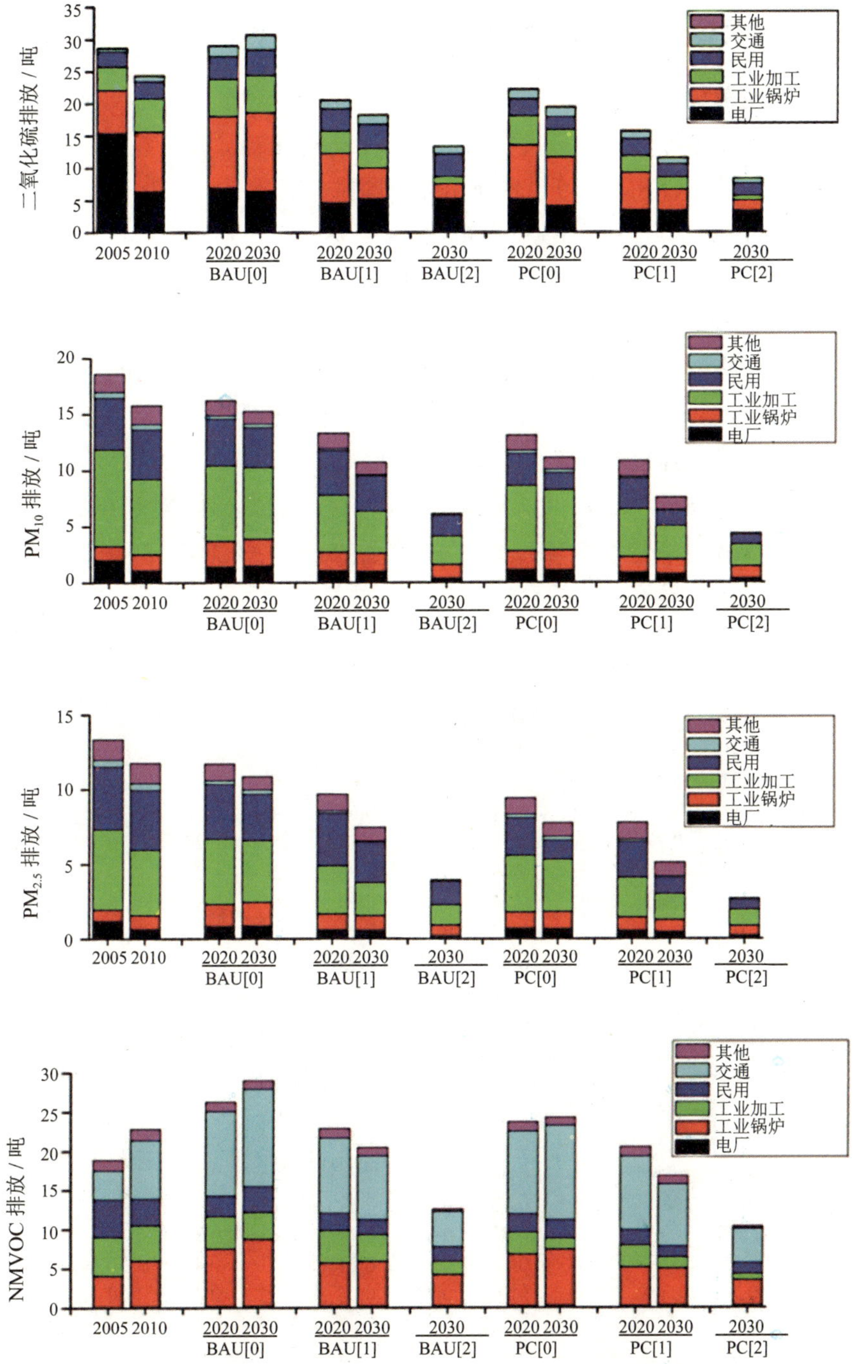

图 6-8　2005—2030 年分部门大气污染物排放量

5. 中国大气污染模拟与污染物减排影响分析

本研究采用美国环保局开发的 CMAQ 4.7.1 模型，对中国的空气质量状况进行了模拟。基于上述模拟，在大量实验结果基础上进行统计分析，建立污染物排放—浓度的响应曲面模型（RSM），可以快速得到不同排放情景下的污染物浓度变化情况。在此基础上，分区域制定不同的控制策略，使各目标省市污染物浓度达标。结果表明，以 2012 年为基准，2017 年全国 SO_2、NO_x、$PM_{2.5}$ 和 VOC 排放量至少应分别削减 24%、15%、16% 和 2%，NH_3 排放量可比 2012 年增加 10% 以内。到 2030 年，全国 SO_2、NO_x、$PM_{2.5}$ 和 VOC 排放量至少应分别削减 52%、65%、57% 和 36%，NH_3 排放量略有下降。对于污染严重的重点区域，应采取更严格的控制力度，例如，对于京津冀地区，以 2012 年为基准，2017 年 SO_2、NO_x、$PM_{2.5}$、VOC 的排放量至少应分别削减 32%、25%、30%、11%，NH_3 排放量可比 2012 年增加 10% 以内。2030 年 SO_2、NO_x、$PM_{2.5}$、VOC 和 NH_3 的排放量至少应分别削减 59%、72%、70%、44% 和 21%。各省主要污染物的目标排放系数如表 6-6 所示。

表 6-6　各省主要污染物分阶段目标排放系数，以 2012 为基准（即 1.0）

污染物	一次 $PM_{2.5}$			SO_2			NO_x			NH_3		
年份	2017	2020	2030	2017	2020	2030	2017	2020	2030	2017	2020	2030
全国	0.84	0.73	0.47	0.76	0.67	0.49	0.85	0.67	0.36	1.10	1.07	1.00
北京	0.64	0.57	0.31	0.56	0.49	0.29	0.66	0.48	0.19	1.10	0.96	0.55
天津	0.70	0.58	0.27	0.60	0.53	0.36	0.70	0.53	0.24	1.10	1.04	0.85
河北	0.71	0.60	0.30	0.73	0.65	0.46	0.76	0.56	0.32	1.10	1.04	0.85
山西	0.79	0.69	0.43	0.82	0.74	0.55	0.89	0.67	0.35	1.10	1.08	1.00
内蒙古	0.82	0.72	0.46	0.72	0.65	0.51	0.91	0.72	0.37	1.10	1.08	1.00
辽宁	0.90	0.77	0.44	0.96	0.83	0.60	0.93	0.72	0.36	1.10	1.08	1.00
吉林	0.84	0.74	0.48	0.74	0.67	0.50	0.76	0.59	0.34	1.10	1.08	1.00
黑龙江	0.77	0.66	0.38	0.69	0.59	0.47	0.86	0.67	0.35	1.10	1.08	1.00
上海	0.73	0.65	0.45	0.67	0.61	0.47	0.86	0.64	0.32	1.10	1.05	0.90
江苏	0.74	0.64	0.40	0.73	0.66	0.48	0.84	0.65	0.33	1.10	1.05	0.90
浙江	0.70	0.61	0.39	0.58	0.52	0.38	0.83	0.65	0.31	1.10	1.05	0.90
安徽	0.90	0.79	0.52	0.82	0.75	0.61	0.87	0.73	0.43	1.10	1.08	1.00
福建	0.92	0.82	0.56	0.78	0.67	0.47	1.04	0.85	0.48	1.10	1.08	1.00
江西	0.91	0.79	0.48	0.79	0.66	0.49	0.89	0.77	0.44	1.10	1.08	1.00
山东	0.76	0.67	0.47	0.73	0.64	0.42	0.89	0.68	0.35	1.10	1.08	1.00
河南	0.98	0.85	0.51	0.88	0.78	0.55	0.91	0.73	0.41	1.10	1.08	1.00
湖北	0.83	0.74	0.49	0.62	0.56	0.41	0.75	0.60	0.35	1.10	1.08	1.00
湖南	0.88	0.79	0.55	0.79	0.69	0.50	0.87	0.69	0.42	1.10	1.08	1.00
广东	0.77	0.69	0.45	0.73	0.66	0.48	0.84	0.69	0.39	1.10	1.05	0.90
广西	1.00	0.93	0.71	0.90	0.75	0.49	0.87	0.70	0.41	1.10	1.08	1.00
海南	0.87	0.82	0.67	0.82	0.64	0.48	0.88	0.71	0.37	1.10	1.08	1.00
重庆	0.90	0.80	0.54	0.78	0.68	0.46	0.84	0.66	0.40	1.10	1.08	1.00
四川	0.88	0.76	0.45	0.78	0.67	0.43	0.84	0.69	0.39	1.10	1.08	1.00
贵州	1.04	0.96	0.77	0.90	0.85	0.75	0.87	0.70	0.44	1.10	1.08	1.00

续表

污染物	一次 $PM_{2.5}$			SO_2			NO_x			NH_3		
云南	0.83	0.75	0.54	0.91	0.82	0.59	0.84	0.65	0.37	1.10	1.08	1.00
西藏	0.79	0.71	0.49	0.82	0.79	0.69	0.78	0.68	0.34	1.10	1.08	1.00
陕西	0.85	0.72	0.41	0.78	0.72	0.57	0.83	0.69	0.37	1.10	1.08	1.00
甘肃	0.88	0.76	0.45	0.90	0.82	0.64	0.90	0.73	0.39	1.10	1.08	1.00
青海	0.75	0.64	0.35	0.69	0.64	0.49	0.72	0.57	0.31	1.10	1.08	1.00
宁夏	0.82	0.73	0.51	0.75	0.66	0.48	0.84	0.66	0.33	1.10	1.08	1.00
新疆	0.86	0.74	0.46	0.70	0.60	0.40	0.81	0.61	0.33	1.10	1.08	1.00

（四）中长期大气污染防治战略措施

为了达到我国中长期大气污染防治目标，需要从加快产业结构调整、优化能源结构、实施多污染物协同控制等方面采取有力措施。在确定了各区域、各部门、各污染物的减排量后，本研究进一步利用能源和污染物排放技术模型分析了实现上述减排目标可能的技术措施，制定了实现污染物减排的技术路径。

在产业结构调整与能源消费方面，到 2017 年，煤炭占能源消费总量比重降低到 65% 以下，京津冀、长三角、珠三角等区域力争实现煤炭消费总量负增长，通过逐步提高接受外输电比例、增加天然气供应、加大非化石能源利用强度等措施替代燃煤。除必要保留的以外，地级及以上城市建成区基本淘汰 10 蒸吨 / 时及以下的燃煤锅炉，禁止新建 20 蒸吨 / 时以下的燃煤锅炉；其他地区原则上不再新建 10 蒸吨 / 时以下的燃煤锅炉。在供热供气管网不能覆盖的地区，改用电、新能源或洁净煤，推广应用高效节能环保型锅炉。京津冀、长三角、珠三角等区域将于 2015 年底前基本完成燃煤电厂、燃煤锅炉和工业窑炉的污染治理设施建设与改造。在化工、造纸、印染、制革、制药等产业集聚区，通过集中建设热电联产机组逐步淘汰分散燃煤锅炉。在京津冀、长三角、珠三角等区域严格限制机动车保有量，加快石油炼制企业升级改造，在 2017 年年底前，全国供应符合国家第五阶段标准的车用汽、柴油，基本淘汰全国范围的黄标车。

2030 年，除上述措施外，进一步淘汰落后产能，压缩过剩产能，大力发展节能环保产业。优化城市功能和布局规划，推广智能交通管理。全面推进农业、工业、建筑、商贸服务等领域的清洁生产，从源头和全过程控制污染物产生和排放，降低资源消耗。推进能源梯级利用，努力构建循环型工业体系。

在污染物末端控制方面，针对不同行业，提出如下减排技术路径。

（1）电力行业

2011 年起实施《环境保护“十二五”规划》和《火电厂大气污染物排放标准》，新建电厂须安装 LNB 和烟气脱硝装置（SCR/SNCR），现有 300 兆瓦以上机组须在 2015 年前完成烟气脱硝改造，现有 300 兆瓦以下机组在 2015 年后逐步推广烟气脱硝装置；高效除尘技术（布袋除尘、电袋复合除尘等）逐渐推广，2030 年前在重点区域实现普遍应用。

（2）工业企业

“十二五”期间《环境保护“十二五”规划》得到充分实施；2015 年后，新的政策将循序渐进的出现。对于 SO_2，FGD 得到大规模推广；对于 NO_x，在 2012—2017 年，新建工业锅炉安装 LNB，重点地区的现有锅炉开始进行 LNB 改造，到 2020 年，大多数现有锅炉都安装 LNB；对于 PM，ESP 和 HED 逐步取代低效的湿法除尘（WET）。

（3）民用部门和生物质开放燃烧

能源结构调整会在民用部门污染物减排中起到关键性的作用。在末端治理方面，对民用部门和生物质开放燃烧，目前民用锅炉的除尘措施以旋风除尘和湿法除尘为主，HED 和低硫型煤将得到逐步采用。此外，考虑先进煤炉、先进生物质炉灶（如燃烧方式调整、催化炉灶）以及强力禁止开放燃烧等措施的运用。

（4）交通部门

全国 2017 年年底、三大区域 2015 年年底供应国五车用汽 / 柴油；控制新车排放，2016 年东部地区提前实施第五阶段新车排放标准，推动低速货车与轻柴并轨，强化生产一致性和在用符合性监督工作；治理高排放车，2017 年基本淘汰国一前的轻型汽车，对重型柴油黄标车进行改造试点；在城市公用车队（例如出租 / 公交等）大力发展节能与新能源汽车（混合动力、插电式混合动力、纯电动车和天然气车等）；对非道路机械从 2015 年前后实施第三阶段排放标准。

2018—2030 年，以三大区域为起点东连西扩，建立完善的法规制度，形成先进监控能力；2019 年年底全国供应国六车用汽 / 柴油，三大区域提前实施，大幅降低汽油挥发性；适度控制城市机动车总量，2018 年全国实施第五阶段新车排放标准，2020 年前后分区逐步实施第六阶段新车排放标准，其中三大区域在 2018 年全面实施第六阶段新车排放标准，北京应更早实施；在私人车用领域大力发展节能与新能源汽车；对非道路机械 2020 年前后实施第四阶段排放标准，逐步统一车用和非道路用燃油标准，到 2025 年前后排放控制水平和道路机动车相当；对内河船舶和国内航空飞机，中国应根据机场、港口和河道的空气质量水平和污染物扩散影响而制定相应的排放标准，并在远洋船舶中推广清洁能源使用。

（5）溶剂使用

“十二五”期间，新的 NMVOC 排放标准（相当于欧盟 1999/13/EC 和 2004/42/EC）在重点省份颁布并执行；“十三五”期间，在其他省份颁布执行。之后，NMVOC 的排放标准进一步逐渐加严。

（6）农业部门

种植业和养殖业是重要的 NH_3 排放源。种植业减排从以下两个方面进行：改良化肥施用结构，即逐步增加硝酸铵等低排氮肥的市场比例；降低尿素的排放因子，即通过添加脲酶抑制剂（腐殖酸锌）、普及科学施肥、推广计算机决策等方法进行。养殖业减排通过在牲畜生活的各个环节以及其废物产生及施用的各个环节进行，包括使用低氮饲料、养殖房舍改造、废物快速收集、覆膜堆肥等。

总之，为实现分阶段的大气环境质量目标和主要大气污染物排放控制目标，需坚持“协同”“综合”“联动”的战略思路：在控制对象上，要对 SO_2、NO_x、PM 和 NMVOC 等多污染物协同控制；在控制领域上，要对工业源、面源、移动源综合控制；在控制策略上，要实现区域和城市之间的联防联控。

（五）政策建议

1. 明确中长期大气污染防治目标

确立中长期大气污染防治目标：2020 年全国地级及以上城市 $PM_{2.5}$ 浓度比 2012 年下降 15% 以上，京津冀、长三角区域 $PM_{2.5}$ 浓度下降 35%、30% 以上，珠三角区域 $PM_{2.5}$ 年均浓度达标，北京市 $PM_{2.5}$ 年均浓度约 50 微克 / 米 ^{3}。2030 年全国绝大多数的地级及以上城市 $PM_{2.5}$ 年均浓度达标（GB 3095—2012）。

2. 煤炭清洁高效可持续利用

煤炭优先用于控制水平较好的电厂等大型燃烧设备，推进小型燃煤锅炉和炉灶的淘汰，大力推广集中供热。

着力提高煤炭利用效率。燃煤电厂的平均热效率由 2010 年的 36% 提高到 2030 年的 42%。工业锅炉、炼铁高炉、水泥生产、炼焦炉和砖瓦窑单位产品的能耗从 2010 年到 2030 年分别降低 24%、13%、16%、44% 和 27%。

提高煤炭洗选比例，新建煤矿应同步建设煤炭洗选设施，现有煤矿要加快建设与改造。禁止进口高灰分、高硫份的劣质煤炭，研究出台煤炭质量管理办法。限制高硫石油焦的进口，推广使用洁净煤技术。

3. 加速能源结构调整，提升清洁能源比例

实施燃煤总量控制。到 2017 年，煤炭占能源消费总量比重降低到 65% 以下，京津冀、长三角、珠三角等区域力争实现煤炭消费总量负增长。京津冀区域城市建成区、长三角区域城市群、珠三角区域要加快现有工业企业燃煤设施天然气替代步伐；到 2017 年，基本完成燃煤锅炉、工业窑炉、自备燃煤电站的天然气替代改造任务。到 2030 年，全国煤炭占能源消费比例不超过 50%。

加快清洁能源利用，2030 年天然气、核能、可再生能源（不包括生物质）占比

应达到25%。加大天然气供应，提高天然气干线管输能力，优化天然气使用方式，新增天然气应优先保障居民生活或用于替代燃煤；鼓励发展天然气分布式能源等高效利用项目，限制发展天然气化工项目；有序发展天然气调峰电站，原则上不再新建天然气发电项目。积极有序发展水电，开发利用地热能、风能、太阳能、生物质能，安全高效发展核电。

4. 强化多源、多污染物的协同控制

为实现分阶段的大气环境质量目标，需坚持“协同”“综合”“联动”的战略思路，即在控制对象上，要对二氧化硫、氮氧化物、颗粒物、挥发性有机物等多污染物协同控制；在控制领域上，要对工业源、面源、移动源综合控制；在控制策略上，要实现区域和城市之间的联防联控。

综合考虑各类排放源控制的敏感性、控制技术的可行性、各区域达标难度的差异以及污染物减排的多重环境影响，推荐的大气污染物减排量如下：以2012年为基准，2030年全国SO_2、NO_x、$PM_{2.5}$和VOC排放量至少应分别削减52%、65%、57%和39%，NH_3排放量略有下降。对于污染严重的重点区域，应采取更严格的控制力度，例如，京津冀地区2030年SO_2、NO_x、$PM_{2.5}$、VOC和NH_3的排放量至少应分别削减59%、72%、70%、44%和21%。

三、区域大气污染防治协调机制国际经验

（一）国际经验

1. 环境空气质量标准、行动计划及监测体系

为了充分保障人类健康与环境免受过度污染的危害，欧洲和美国制定了科学的环境空气质量标准。同时，还要求污染暴露水平较高的热点区域达到标准要求。国家与地方主管部门被要求在规定时间期限内实现环境空气质量达标。如果某一地区未能如期达标，空气质量主管部门需要依法采取措施来降低污染浓度，使得该地区达标。如果某一地区未采取足够的行动来实现空气质量达标，主管部门可撤销来自国家层面的相关补贴（如美国高速公路建设资金）。

欧洲的空气质量计划（AQP）和美国各州实施计划（SIP）为削减排放和降低污染浓度提供了综合性策略。两项计划涵盖了污染源分析、污染防控政策、政策实施时间表、对减排及其成本的科学性和经济性评估、严重空气污染事件应急预案以及计划实施与执法资源充足性论证等多个方面。

欧洲和美国要求建立空气质量综合监测网络，对达标工作进展进行跟踪。

美国环保局指定了多个“未达标区域”（拥有一个或者多个环境空气监测点的未达标地区）和“邻近区域”（对空气质量问题产生排放贡献的地区）。欧洲也采取了相似的做法，根据各自的监测目标在不同的地点设置监测点，包括：①背景点，即设置在城市或者农村地区不受附近区域排放影响的站点（如工业区或者公路边）；②交通点和工业点，即设置在人群暴露浓度较高的热点排放地区（如公路边）的监测点。

为确保数据质量，欧洲制定了严格的监测实施程序。监测数据对公众以及利益群体公开；如果公众以及利益群体认为政府未采取足够手段来应对空气污染挑战，可凭借监测数据在法庭上控诉空气质量主管部门。

欧洲通过以下三个途径使 SO_2 和 NO_x 排放量出现了几乎相同幅度的下降：①提升能效（GDP 与能耗脱钩）；②改变燃料输入结构，例如用清洁燃料代替煤炭；③采取有效的末端治理控制技术和严格的监管机制。实践证明，经济激励措施也可以作为鼓励发展清洁技术的一个行之有效的手段。此外，在这三种方法的协同效应下，CO_2 排放量也出现了下降。

2. 区域空气质量管理

针对导致或促使臭氧或 $PM_{2.5}$ 等空气污染问题的污染物排放控制，欧洲和美国在开展广泛的污染监测和模拟基础上，并基于成本最低的原则，将排放量的削减要求进行空间分配。

欧洲 NH_3 排放对 $PM_{2.5}$ 浓度水平具有显著影响。因此，NH_3 减排成为欧洲空气质量改善过程中面临的一个日益突出的问题。

专栏 6-1　欧盟远程跨境空气污染公约（CLRTAP）

远程跨境空气污染公约是一项国际协议，旨在建立与联合国欧洲经济委员会（UN-ECE）下的空气质量有关的共同战略、监测系统和策略，拥有完整主权的各方同意限制并且尽可能逐渐减少和防止空气污染，包括远程跨境空气污染。公约各方已经同意履行 10 份议定书中的具体义务。除此之外，还规定了公共空气质量监测和大气扩散建模活动，以及具体的量化义务，以减少各类污染物的排放，例如 SO_2、NO_x、VOCs、重金属和持久性有机污染物。最近，各方同意了哥德堡议定书的修正案。涉及 $PM_{2.5}$ 对健康的影响，包括各国的减排义务，包括 SO_2、NO_x、NH_3、VOCs 和 $PM_{2.5}$，以及识别区域空气污染和全球气候变化直接的紧密关系的义务。

欧盟成员国必须履行条约义务，限制影响下风向地区的排放，并且遵守国家排放上限（即排放总量上限）。欧洲的国家排放上限是根据成本效益分析和部门/地域分配影响评估的基础上制定而成。此外，欧洲鼓励建立空气质量联合规划合作机制，共同应对由污染物跨界传输引起的空气质量不达标事件。

美国《清洁空气法》要求上风向地区控制污染物排放，避免下风向地区出现空气质量超标的问题。为加强区域协作，美国环保局与各州政府及其他利益相关者共同建立了多个区域规划组织（RPO）。这些组织的任务包括：编制区域排放清单、加强区域模拟能力、支持监测项目和建设空气质量管理能力。

RPO是旨在加强区域协调性的独立组织，但美国清洁空气法内在的法律强制机制（例如，“睦邻友好”规定、州实施计划要求）鼓励广泛参与，要求采取行动。

美国的许多区域控制计划都以电力部门为重点，因为该部门的排放量在总排量中所占的比例很高，提供了最具成本效益的排放预防和控制机遇；其他部门（如交通部门）也有更加严格的污染排放控制要求。

美国区域排放限值的确定综合考虑了对下方向空气质量的影响、排放控制的成本效益以及实施控制技术所需的时间等因素。

3. 主要固定污染源的国家排放标准

欧洲的工业排放指令（IED）和美国新排放源效能标准（NSPS）针对较大的固定污染源设定了排放限值。根据欧洲工业排放指令的要求，各成员国应该制订计划说明实施和执行排放标准的策略，并采用由欧盟专家团队定义的最佳可行排放控制技术。美国和欧洲要求较大的固定排放源从州环境机构处获取施工前许可证和运营许可证；运营许可证与针对各工厂或者企业的各种污染物排放监测和报告提出的要求被合并成同一份文件。

4. 移动污染源国家排放标准

欧洲和美国对于道路机动车有着严格的污染物排放标准。此外，越来越多的非道路污染源（例如，建筑和农用设备以及某些地区的海洋船只和燃料）也被纳入排放控制体系中。

美国建立了有效的召回制度，可要求车辆制造商和进口商召回和改进无法满足排放要求或者耐用性要求的发动机或者排放控制装置。此外，美国还在型式认证和在用符合性测试中加入多种测试工况。

与之前的排放标准相比，Euro 6/VI 标准显著提高了对型式认证和在用符合性测试的限值要求。

如上所述，在空气污染治理方面，欧洲和美国均具有强硬和成熟的应对措施。

尽管在细节上存在很大差异，但两者所采取的措施在许多重要内容上都是相同的。本节基于欧洲和美国长期积累的经验，提出了以下措施建议。

专栏 6-2 美国区域空气质量管理经验

1977 年和 1990 年的清洁空气法（CAA）修正案中确定了"睦邻友好"的规定，要求每个州在其总体空气质量管理计划中规定禁止进行导致污染州际输送的活动，因为污染的州际输送会"影响"另一个州达到和保持环境空气质量标准。CAA 还包括"恶邻"规定。此项规定允许下风向州请求环境保护局要求邻州减少污染排放，而且该规定授予环境保护局直接管理上风向州的一个污染源（或者一组污染源）的权力。

1990 年 CAA 修正案设立了 O_3 输送委员会（OTC），负责评估 O_3 及其前体物的州际输送，规划区域污染防治政策，为环境保护局 1999 年制定的区域 NO_x 减排计划提供了技术和政策基础。CAA 修正案也要求设立大峡谷可见度输送委员会（GCVTC），负责提出减轻 16 个国家公园和荒野保护区的能见度影响的措施建议，为环境保护局在 1999 年制定区域雾霾计划提供了重要的技术和政策基础。此外，CAA 还授予环境保护局设立其他州际输送委员会的权力。

2000 年，环境保护局首次为美国的五个区域规划组织（RPO）提供了资金，以促进协调和合作，为帮助州机构制定区域空气质量州实施计划提供必要的技术和科学基础。环境保护局组织所有的区域规划组织进行一年两次的会议，以便分享信息和经验教训。除了其他活动之外，区域规划组织还需要编制排放清单，建立排放追踪系统，提高区域建模能力，支持监测计划，为州空气质量机构提供能力建设。

在过去，当各州在其拟采取的最终政策选择上无法达成一致时，环境保护局会发挥其重要作用，制定一项适用于大多数州的管理计划，以解决区域 $PM_{2.5}$ 和 O_3 问题。如 2011 年出台的跨州空气污染法令（CSAPR），是旨在减少电力部门的 SO_2 和 NO_x 排放传输影响而设计的区域限额交易计划。CSAPR 在州对下风向州的不达标产生的重要影响基础上规定了每个上风向州的排放上限，包括排放水平、拟控制污染源和跨州空气污染规则计划表，要求各州制订州实施计划说明它们如何实现州级的排放上限。

（二）中国空气质量管理建议

1. 中国应实施强有力的区域协调计划，确保空气污染地区内所有相关方进行密切协调

在中国，有效降低环境 $PM_{2.5}$ 浓度需要一种协调的区域方式，考虑颗粒物及其前体物在大气中可输送几百公里以上。

建立区域规划中心（RPC）的目的：促进省和市空气和能源官方之间的协调和合作；通过培训以及分享经验和教训增强管理能力；使排放数据、监测网络和方法以及建模分析相一致；充分利用各种资源。

区域规划中心可能需要中央政府的财政和后勤保障、监督和授权，以敦促省和市政府加入区域规划中心。

2. 中国应科学评估污染防控和规划政策对改善空气质量的效果和成本效益

应制定具有成本效益的 $PM_{2.5}$ 浓度削减方案，并在各地区和各行业进行排放削减的合理分配。即通过对所有前体物排放的模拟分析，来平衡不同区域、不同部门的减排方案，包括工业和交通部门产生的 SO_2、NO_x 和 VOC，以及来自农业污染源、二次无机气溶胶的前体物的 NH_3。如果 NH_3 排放控制不当，SO_2 和 NO_x 减排的效益就将无法体现，特别是在重污染时期。

为实现减排的成本效益，欧美采用了多部门政策法。中国也应该采用这种方法。例如，可通过以下方式减少 SO_2 和 NO_x 的排放量：①提升能效（GDP 与能耗的脱钩）；②改变燃料输入结构（如用清洁燃料取代煤炭）；③通过监管措施与经济激励和惩罚措施，形成严格的执法机制，对末端排放实施有效控制。应该运用多部门综合方法，提高空气污染控制、节能、温室气体排放、石油进口、水资源其他部门的协同效益。

针对所有新出现的和任何正在进行重大整改的主要排放源，包括正在从人口密度较高的城市地区向外迁移的排放源，应该采取最低限度的绩效标准。这就涉及一个问题，即在不付出过高成本的情况下，利用先进的排放控制技术能够实现什么样的绩效？还应建立一个制度框架，针对不同行业制定不同的“最低绩效标准”。对于污染控制区域，应该授权当地主管部门实施更加严格的标准。

由于机动车可跨越辖区行政边界行驶，因此，为解决这严重的空气污染问题，应对此类污染源采取严格的全国性控制措施。地方控制措施可以作为补充，但不能取代全国性控制措施。一旦满足相适应质量标准的车用油品能够供应，欧洲和美国都采取最严格的车辆排放标准。这些标准都具有可行性和非常高的成本效益，中国

也应该采用。

除了更加严格的机动车排放和油品质量标准，欧洲和美国经验表明，重视在用车符合性具有重要意义。采用更有效的在用符合性监管措施将是中国成功控制机动车排放污染的关键。应该采用排污税和公路收费方案等经济激励措施，加快车队更新进程或优化尾气处理系统，如加装柴油颗粒捕集器。

空气质量行动计划有助于省级和市级空气、能源、经济和卫生官员制定策略以提高空气质量，减少能耗，因此是一个非常有用的工具。此类计划应该包括以下内容：制定排放清单，对污染源及所属行业进行确定、评估和分级；制定旨在实现空气质量目标的污染防控策略；建立空气质量模型，对社会经济发展的影响和污染防控策略的预期效果进行评估；制定环境监测和评估策略，对空气质量目标的实施进度进行跟踪测量；建立实施策略，确定实施污染防控策略所需的资源；利用计划评估程序评估进展，找出差距；针对未能在空气质量目标的实施过程中取得合理进展的地区建立应急预案。

绩效评估应包括空气质量评估、措施符合性评估、污染防控措施影响分析以及实施效果评估。空气质量改进和排放防控时间表应切实可行；合理努力后但多次不达标可能会使政策方法的实施效果打折扣。对于空气质量超标的地区，在追求经济增长的同时必须采取措施，抵消新增排放，并且应该根据空气质量超标程度决定需要削减多少排放量。

3. 中国应花大力气建立强有力的措施实施保障计划

是否拥有资金充足、人员齐备、满足要求的措施实施保障计划，将最终决定中国的政策和控制措施是否能够取得良好成效。只有控制措施的效力得到充分发挥，排放控制行动才能取得成功。根据国际经验，要想保证清洁空气计划的有效性，必须在所有行政层级中纳入强有力的措施实施保障计划。

空气质量监测网络需满足基于监测数据或模型模拟的污染物源解析需求，能够解析本地源、城市源和区域源排放对于污染物的浓度贡献。

4. 中国清洁空气计划的关键：制定能够充分保障公众健康的合理空气质量标准，建立能够准确评估措施实施的监测网络

应该对所有地区制定空气质量标准，包括高排放浓度地区，例如存在人群污染暴露的临街地带或者工业中心。

通过数据质量保证和质量控制（QA/QC）流程的精心设计和操作，保证环境空气污染数据的质量。此类流程包括：明确各监测站点的具体目标（例如热点区域、背景值）和相应的选址条件；规定北京或者其他行动计划工作（数据质量目标）所

需的监测数据精度，尤其要保证能够满足年度 PM 浓度改善评估的需要；确保 QA/QC 程序足以提供所需的精度；确保 $PM_{2.5}$ 浓度下降评估监测站选址合适，符合 QA/QC 程序，并且稳定可靠，尤其是在附近区域活动发展变化的时期。为此，要定期对各监测网络进行交叉对比，并且按照国际标准不断作出调整，确保所有监测网络的数据一致性。最后，一项成功的空气监测计划还需要有专项资源、培训活动以及能力建设方面的投入。

空气质量监测网络需满足基于模型模拟的污染物源解析需求，能够解析本地源、城市源和区域源排放对于污染物的浓度贡献。

5. 中国的当务之急：制定污染控制有效性评估方案，量化空气质量改善进展

气象条件等因素对 $PM_{2.5}$ 浓度具有显著影响。应该根据气象条件的年际变化对空气质量年度变化评估做相应调整，从而评估控制措施实施后空气质量目标的实际进度，这是评估京津冀、长三角和珠三角区域空气质量行动计划成功程度的主要指标。空气质量模拟结合空气污染监测，可更加准确评估 $PM_{2.5}$ 的逐年削减幅度。由于需要考虑中国的气象条件特点和变化，欧洲和美国的技术方法在这方面无法提供具体的建议。鉴于关联性较强，调整方法应该尽可能适用于所有地区，以确保用一致和透明的方法对所取得的进展进行测量和对比。然而，不管气象条件如何，要意识到空气质量对人类健康的影响，这一点十分重要。因此，在所有气象条件下都力图真正实现空气质量标准应该成为所有地区的目标。

空气质量改善年度测量工作与监测数据的质量、精确性以及 QA/QC 程序密切相关。在年度排放减量评估的基础上评估年度污染减少率时，可将空气质量模拟用作空气污染监测的补充手段。

6. 中国应强调大气污染物减排对改善气候变化的协同效益

中国大气污染控制将削减煤炭消耗、提升工业技术现代化水平、促进可再生能源使用、提升车辆燃油经济性和刺激新能源车生产和销售。上述和其他大气污染排放控制措施都将协同削减 CO_2 排放。此外，包括针对柴油车等污染源在内的 $PM_{2.5}$ 排放控制措施也将显著降低黑炭排放——一种最近被国际研究认为产生辐射强迫、温室效应仅次于 CO_2 的短周期污染物。最后，包括 NO_x 和 VOC 的排放削减有助于降低全球对流层臭氧浓度水平，也具有降低温室效应的潜在作用。

鉴于全球气候变化的紧迫性不断提升，中国和美国作为全球最重要的温室气体排放国，应高度重视和强调改善空气质量和应对气候变化的双赢效益。

四、区域大气污染防治协调机制与政策研究

（一）中国区域大气污染防治协调机制与政策现状评估

1. 大气污染控制管理区划定

（1）传统的大气污染控制管理分区

在传统的属地管理模式下，大气环境管理以行政区为边界。然而，大气污染并不遵守行政边界，因此《重点区域大气污染防治“十二五”规划》（以下简称《重点区域规划》）打破了行政边界的限制，划分出“三区十群”共 13 个大气污染控制管理区（其中“三区”是指京津冀、长三角、珠三角地区；“十群”是指辽宁中部、山东、武汉及其周边、长株潭、成渝、海峡西岸、山西中北部、陕西关中、甘宁、新疆乌鲁木齐城市群）。大气污染程度与经济发达水平、人口密集程度呈密切相关性是我国大气污染的一个显著特征，重点区域规划的分区正是基于这种社会经济发展的区域性特征。

（2）基于卫星遥感的大气污染控制管理分区

根据卫星遥感数据，我国 $PM_{2.5}$ 高浓度区主要集中在京津冀地区、长三角地区、山东半岛、成渝地区、武汉及周边城市群、长株潭城市群以及河南省和安徽省等地区；华北、华中与华东 $PM_{2.5}$ 高浓度区已相互连接，并呈现向周边区域辐射态势。

（3）基于地面监测数据的大气污染控制管理分区

由于地形构造、气候与气象特征的相似性，相邻城市地面空气质量监测数据变化表现出高度的相关性。基于 2004—2007 年 84 个城市 AQI 值，运用聚类方法，将全国划分为南北两个大区，细化为 11 个小区；基于 2000 年 6 月至 2007 年 2 月 86 个城市 AQI 值，运用 ward 最小偏差平方、平方根欧氏距离等方法，将全国划分为 14 个区域①。

（4）基于模型模拟大气污染传输规律的管理分区

基于 CAMx 空气质量模型的颗粒物来源追踪技术（PSAT）定量模拟了全国 $PM_{2.5}$ 的跨区域输送规律，建立了全国 31 个省市（源）向 333 个地级城市（受体）的 $PM_{2.5}$ 传输矩阵，在此基础上，建立了京津冀地区 $PM_{2.5}$ 空间输送关系②。结果表明，京津冀区域约 20% 的 $PM_{2.5}$ 来源于区域传输，山东、河南、山西 3 省对京津冀 $PM_{2.5}$ 的贡献率分别为 6%、5%、5%。因此，重点区域的范围需要重新划定。

① 数据来源：NASA MODIS 卫星遥感数据。
② 薛文博，等 . 中国 $PM_{2.5}$ 跨区域传输特征数值模拟研究 [J]. 中国环境科学，2014，34（6）：1361-1368.

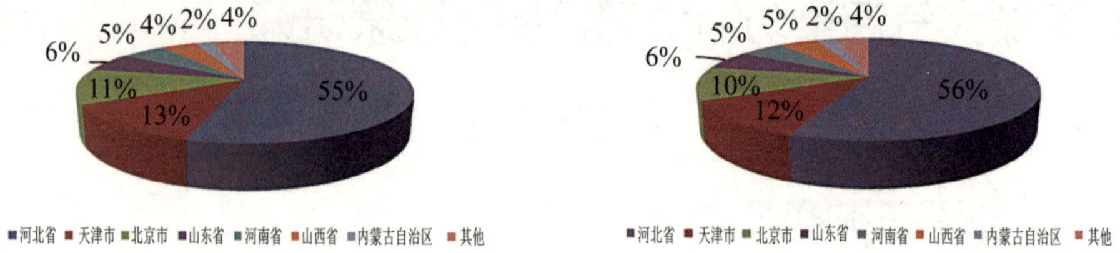

a 算术平均　　　　b 面积加权

图 6-9　京津冀地区 $PM_{2.5}$ 空间来源解析

（5）小结

传统的大气污染控制管理分区以行政区为边界，不同城市大气环境管理目标与控制要求不完全统一，影响了区域协调。《重点区域规划》打破行政区限制，基于社会经济发展区域性特征划定“三区十群”，其分区与考虑大气污染特征相似性、污染累积过程相似性及污染传输相互影响等因素确定的分区基本一致。但《重点区域规划》分区由于未进行污染传输规律的定量化研究，缺乏对大气污染特征的系统分析，因此不够全面。如京津冀区域与周边的山西、内蒙古、山东、河南污染特征相似，相互间存在显著的污染传输影响，宜进行整体、协同控制；从更广范围来看，整个东部区域均为 $PM_{2.5}$ 高浓度区，应作为一个分区进行整体控制。

2. 大气环境管理模式

（1）以总量控制为核心

我国大气环境管理自 20 世纪 70 年代初起步以来，其目标和重心在不断调整与升级，相应的管理模式也在转变，呈现出明显的转型轨迹：1970—1995 年的达标排放阶段，1995—2010 年的总量控制阶段，以及 2010 年以来的质量改善阶段。尤其“十一五”时期，总量控制指标被纳入国家约束性指标体系，总量减排上升到国家战略高度。全国总量减排目标被层层分解，并在此基础上制定核查核算方法，同时制定总量减排考核制度，通过对各省区市的定期检查、层层考核，促进各地完成年度主要污染物总量减排目标。总量控制制度对推进我国大气污染防治起到积极作用，然而由于地方政府关注的总量控制指标与公众对空气质量主观感受存在差异，因此大气环境管理重心由总量控制向质量改善转变成为必然趋势。

2012 年 12 月，《重点区域规划》发布，明确提出“十二五”各重点区域 SO_2、NO_2、PM_{10}、$PM_{2.5}$ 浓度改善目标。2013 年 9 月，“大气十条”发布，不仅提出京津冀、长三角、珠三角三大区域的 $PM_{2.5}$ 浓度改善目标，而且提出全国 PM_{10} 浓度改善目标，同时将空气质量改善目标分解至 31 个省（自治区、直辖市），确定了地方政府改善空气质量的目标责任。“大气十条”的发布实施标志着我国大气环境管理的重心开始由总量控制向质量改善转变。

（2）采取层级管理的方式

我国大气环境管理一般采取层级管理的方式，即国家确定大气污染防治总体目标、自上而下层层分解目标。如“十二五”总量控制目标的分解，由国家提出“十二五”主要大气污染物总量减排的总体思路、减排要求、减排技术路线，各省结合本省环境质量状况、经济社会发展情况及减排潜力，根据《指南》要求测算总量控制目标，提交减排项目清单；在此基础上，统筹考虑国家宏观经济政策、节能减排重大战略、产业布局和结构调整要求，对各省进行统筹协调。类似地，“大气十条”在分解空气质量改善目标时，也综合考虑了各地大气污染特征、空气质量现状、经济发展与能源消耗预期、污染减排潜力、社会经济承受力等因素。

（3）小结

目前，我国大气环境管理的侧重点仍然是 SO_2 和 NO_x 两项污染物的总量控制，国家对 SO_2 和 NO_x 减排进行统一要求，在分解总量控制目标时，考虑了各省大气污染现状和特征的差异性，一定程度上体现了区域协调和联防联控的思想。由于长期以来实施以 SO_2 和 NO_x 两项污染物总量减排为主的政府绩效考核，使地方大气污染防治以完成下达的总量减排任务为目标，而忽视了空气质量改善；城市往往在 PM、VOCs 等非总量控制因子的准入、控制、监测、监管、考核等方面不统一，影响了区域的协调，制约了区域及城市空气质量改善。

3. 区域大气污染防治协调机制

（1）区域大气污染防治工作机制

按照国务院统一部署，我国已建立由环保部牵头的全国大气污染防治部际协调机制，加强部门间的信息沟通交流；建立由北京、上海和广东牵头的京津冀及周边地区、长三角区域、珠三角区域大气污染防治协作机制，制定了工作规则，明确了工作职能和重点，多次召开工作会议，研究、讨论协作重点。区域协作机制积极开展工作，着力推动联合治污和重污染天气应急联动，在 2014 年春节期间京津冀地区烟花爆竹防控和 2 月重污染天气应急处置工作中取得初步成效。

（2）区域环境影响评价会商机制

区域环境影响评价会商机制是指针对区域重点规划或重点项目开展的环境影响评价中需关注的涉及区域性的大气环境问题，进行区域间的磋商、互动的机制，以预防和解决规划或项目实施可能引起的区域性大气环境问题。

区域环评会商机制能够在宏观角度规范可能引起区域生态环境问题的开发建设活动，达到“预防”的目的。《重点区域规划》中提出，对区域大气环境有重大影响的火电、石化、钢铁、水泥、有色、化工等项目，要综合评价其对区域空气质量的影响，评价结果征求项目影响范围内公众和相关城市环保部门意见，作为环评审批的重要依据；在《关于落实大气污染防治行动计划严格环境影响评价准入的通知》（环办[2014]30号）中，又提出进一步要求，“京津冀及周边地区、长三角地区编制的以石化、化工、有色、钢铁、建材等为主导的国家级产业园区规划，山西省、内蒙古自治区编制的煤电基地规划，其规划环境影响报告书应当进行区域内省际会商；珠三角地区重点产业和产业园区规划的环境影响报告书应当进行省内会商”。

专栏6-3　京津冀及周边地区大气污染防治协作机制

京津冀及周边地区大气污染防治协作小组成员为北京、天津、河北、山西、内蒙古、山东六省区市及中央七部委，北京市委书记郭金龙任组长，环保部部长、京津冀三地政府主要负责人为副组长。协作小组的主要职责为协调解决区域内突出重大环境问题；协调有关部委，制定实施有利于区域空气质量改善的能源、产业、交通、建设及资金保障等政策。

2013年10月协作小组召开第一次工作会议，确定了“责任共担、信息共享、协商统筹、联防联控”的工作原则，及定期召开工作会议、信息共享、预警会商、应急联动、联合执法、环评会商等工作制度。会后京津冀及周边地区建立了重污染天气应急联动工作机制，针对今年2月华北地区灰霾污染过程，北京与天津等城市间开展了重污染会商。

2014年5月，协作小组召开第二次工作会议。会议审议通过了2014年重点工作、京津冀公交等公共服务领域新能源汽车推广工作方案；就机动车污染防治、电力钢铁水泥平板玻璃大气污染治理、散煤清洁化治理、秸秆综合利用和禁烧等工作方案征求了意见。国家能源局与中石油、中石化、神华集团分别签订“煤改气”保供协议、散煤清洁化治理协议，与国家电网、南方电网签订外输电通道建设项目任务书。

（3）区域联合执法机制

区域环境联合执法是指区域内各城市政府间特别是相邻城市政府间、政府内部相关部门间建立的联合执法机制，通过开展联查、互查行动，联合打击各类环境违法行为，合理协调处理环境事件。区域环境联合执法的突出特点是打破行政区限制开展联合执法，统一环境执法尺度。

为解决区域大气污染问题，国家相继出台了开展联合执法的政策要求。2010年，《关于推进大气污染联防联控工作改善区域空气质量的指导意见》提出环境保护部要会同有关地方和部门确定并公布重点企业名单，开展区域大气环境联合执法检查，集中整治违法排污企业。《重点区域规划》和“大气十条”同样要求建立区域大气环境联合执法监管机制。

“大气十条”发布后，环保部依托环境保护督查中心，每月对京津冀区域开展联合执法检查，每月向政府通报，每月向媒体公开，并运用卫星和无人机不定期开展检查，产生了巨大震慑作用。此外，环保部还与公安部联合印发关于加强环境保护与公安部门执法衔接配合工作的意见，提高执法震慑力。

（4）区域重污染天气预警应急响应机制

我国已初步建立了国家—重点区域—省—城市四级空气质量预报预警框架体系。其中，国家与京津冀预报预警中心已建成，并实现业务化运行，向京津冀协作机制和京津冀各城市多次通报了重污染天气预警信息；京津冀及周边地区重污染天气预警等级也得到统一。

区域重污染天气应急工作有序展开。按照国家指导督促、区域协作、各省组织、城市负责、单位落实和全民参与的总体原则，环保部印发《城市大气重污染应急预案编制指南》，指导县级及以上城市人民政府编制大气重污染专项应急预案。各地先后制定了应急预案，同时加大重污染天气应对能力建设力度，设置了专门机构，配备专门人员，加大资金投入。环保部在重污染天气期间派出督查组，针对污染较重城市应急预案执行情况进行专项督查，确保应急措施落实到位。

（5）区域环境信息共享机制

区域环境信息共享是指针对跨行政区、跨部门、跨层级之间共享和互通区域大气污染防治有关的信息。信息共享是有效打通跨行政区、跨部门、跨层级的桥梁和纽带，是实现区域“统一规划、统一监测、统一监管、统一评估、统一协调”的基础，只有通过环境信息的共享，才能对区域管控进行统筹协调。

我国对环境信息共享有着明确的要求，《环境信息公开办法（试行）》要求环保部门应主动向社会主动公开环境质量状况、环境统计和环境调查信息、突发环境事件应急预案和发生处置情况、建设项目环评受理情况及其审批结果等 17 类环境信息。目前，跨行政区间通过实时发布空气质量监测数据，基本实现了空气质量监测信息的共享；通过环境状况年报制度，部分实现了大气污染物排放信息的共享；通过 16 类重污染行业上市企业环境年报披露制度，部分实现了重点企业环境信息的共享。

在跨部门信息共享方面，环保部与公安部建立了部门间信息共享机制，除环保部门向公安部门移送案件外，公安部门将是否移送检察机关、是否进入起诉程序及其主动侦破的环境污染案件等信息共享给环保部门。此外，环保部和气象局也签署了合作框架协议，要求实现大气成分、环境空气质量监测信息、气象观测预报信息及气象卫星数据的共享。

（6）小结

我国目前已初步构建三大重点区域统一的环境决策协商工作机制，形成协调区域行政主体之间利益的有效平台。然而，目前区域协作开展最多的是重污染天气预警与应急联动，常态化污染控制和监督管理有待加强；工作目标也需由以保障重点城市（如北京、上海）空气质量为主调整为改善区域整体空气质量。

关于区域环评会商提出了建立相关机制的要求，但关于会商范围、会商内容的确定和会商意见的处理等具体环节仍是有效开展环评会商的关键，需要进一步研究探索。

关于区域联合执法，先期实践主要集中于京津冀及周边地区，未来需进一步扩大实施范围；同时应进一步建立完善区域联合执法制度，探索多样化的区域联合执法形式，建立多部门联动执法机制，健全执法与司法部门联动机制。

关于区域重污染天气预警应急，部分区域预警分级标准仍未做到完全统一；一些地区应急预案缺少工业源污染控制措施；在启动重污染天气应急预案时，缺少基于行政、经济成本与空气质量改善预期效益的系统评估。

关于环境信息共享，其覆盖面和深度均远远不能满足区域大气污染防治的要求，缺乏新建项目环评信息、重点企业大气污染物排放、污染治理设施运行情况等关键信息的共享，区域内各地方政府以及相关部门的交流与沟通也有待加强。

4. 区域大气污染防治政策

为推进重点区域大气污染防治，环保部会同有关部门研究提出 22 项落实“大气十条”配套政策措施，涉及能源结构调整、环境经济政策和落实各方责任三个方面，目前已出台 11 项，其余将于 2014 年年底前陆续出台。

发改委出台环保电价政策，制定车用油品质量升级加价、电解铝梯级电价等政策；财政部出台新能源汽车推广应用鼓励政策，设立用于补贴地方大气污染治理的专项资金。环保部联合相关部门出台行动计划实施情况考核办法，加大对空气质量改善绩效的考核力度；同时出台突发环境事件信息公开、推进环境保护公众参与等规章制度，要求地方、有关部门和排污单位及时公开相关环境信息，接受社会监督。

我国已开始注重采用考核、信息公开与公众参与、经济激励等多元化手段推动大气污染防治，政策出台速度也开始加速。但现有政策覆盖面仍难以满足工作需求，亟待针对减排领域的重点领域出台相应经济政策。如黄标车与老旧车淘汰，国家层面汽车以旧换新政策已于 2010 年年底停止，而地方补贴力度远远不能满足要求，导致各地黄标车与老旧车淘汰进展缓慢。同时信息公开和公众参与的深度和广度也需提高。

（二）中国区域大气污染防治协调机制与政策建议

1. 建立基于质量改善的大气污染控制管理模式

（1）提高空气质量达标的法律地位。应在《大气污染防治法》中明确规定建立以城市空气质量达标为核心的大气环境保护目标责任制和考核评价制度。建议将全国城市在2030年之前实现$PM_{2.5}$达标作为约束性指标；建立责任追究制度，对不能按时完成空气质量改善任务的城市，进行经济处罚，对政府主要负责人，严肃追究责任。

（2）进行科学大气环境管理分区。在以质量改善为核心的环境管理模式下，大气环境管理应打破行政边界的限制，在考虑大气污染特征时空分布规律、污染气象、地形因素及污染扩散和输送规律的基础上，进行科学的大气环境管理分区，例如，建立统一的中国东部区域大气管理分区。

2. 深化区域大气污染联防联控机制

（1）制定中国东部区域统一的空气质量达标规划。以空气质量整体达标为目标，制定中国东部区域统一的空气质量达标规划，明确区域内各城市达标时间进度安排与分阶段空气质量改善目标；基于大气环境承载力的空间分布，合理确定区域内工业、能源及城镇化发展规模与布局；对制约空气质量改善的区域重点污染源提出统一、严格的控制要求。

（2）完善统一协调的区域大气污染防治工作机制。依托目前已经建立的重点区域协作机制和部际协调机制，定期召开工作会议，就区域内的大气污染防治重大问题，以及相关的经济、能源等问题进行协调；建议国务院制定、出台关于区域大气污染防治重大问题的议事规则与决策程序，确保决策的规范化、程序化、制度化，提高重点区域协作机制的运行效率。

（3）建立区域环境影响评价会商机制。建议将国务院、省、地市人民政府批准设立的各类开发区、产业集聚区、工业园区，及新建石化、化工、有色、钢铁、建材等重点项目，纳入会商范围。上述规划或建设项目的环境影响评价应包含区域大气影响预测评价等内容。环评会商由受影响地区的上级环保行政主管部门组织实施，将可能受影响的相关行政区列入会商范围，采取书面征求被会商地区政府及相关部门意见、邀请被会商地区代表召开座谈会等方式。环评单位依据会商意见提出预防或减轻区域环境影响的对策措施；同时会商意见作为规划或建设项目环评审查和审批的重要依据。

（4）完善区域联合执法机制。加强区域环境督查机构建设，提高区域监察执法能力，构建完善的区域环境监察网络，探索开展区域内不同行政区之间的交叉执法；建立环保、工信、安监等多部门横向联动的执法体系，形成高效执法合力；加强环境行政执法与刑事司法衔接，完善环境行政执法部门与司法机关的工作联席制度，形成及时、快捷、高效制止和打击涉嫌环境违法和犯罪活动的工作机制，对严重的环境违法行为依法追究刑事责任，保证环境执法的法律效力得到有效发挥。

（5）整合国家科技力量进行区域决策支持和科学规划。充分利用国家及各省（区、市）科技资源，成立由环保部等多部委资助的区域规划组织，组织开展区域大气污染成因溯源、传输转化、来源解析等基础性研究，掌握区域大气污染的成因规律，提高区域大气污染治理的科学性和针对性；对区域污染排放状况进行评估分析，建立区域重点污染源清单，确定优先治理项目；筛选推荐先进适用的、区域共性的、工程化的大气污染治理技术，为区域大气污染治理提供科技支撑；在此基础上编制区域空气质量达标规划。

（6）进一步深化环境信息共享。围绕区域大气污染防治的主要业务领域，扩大环境信息共享的范围和内容，尤其要推动区域空气质量监测、污染源排放及重点污染源、气象数据、新建项目环境影响评价业务和支撑数据、治理技术成果、管理经验等关键环境信息的共享。依托已建立的全国大气污染防治部际协调机制和重点区域大气污染防治协作机制，通过定期召开联席会议、编发信息简报、搭建信息共享门户平台等方式，推进环境信息共享。建议发布信息共享管理办法，确定共享信息的内容、质量、数量、更新频度、授权使用范围和使用方式、共享期限等事项。

3. 完善区域大气污染防治政策

（1）加大对重点区域产业结构调整的政策与资金支持力度。重点区域内各地制定严于国家的产业结构调整目录与标准，加大对其大气污染防治专项资金倾斜和转移支付力度，增加以奖代补试点城市。加大本地区淘汰落后产能和化解过剩产能项目资金奖励力度。

（2）制定企业环保技改经济鼓励政策。国家有关部门和各地方政府共同研究企业大气污染治理经济引导政策，通过设立专项基金、发放债券、贴息、补贴、奖励等多种手段，引导现有企业实施大气污染治理技术改造，大幅削减污染排放。

（3）完善机动车污染防治的经济激励政策。建议适时征收机动车燃油附加费，控制机动车使用强度，所收费用建立大气污染治理基金，专项用于各地公共交通等基础设施建设和大气污染防治。研究制定老旧机动车报废政策，发挥财政资金的引导作用，加大黄标车及老旧车淘汰财政补贴力度；协调有关部门实施“以旧换新”政策，通过财税手段促进黄标车淘汰。

第七章 政府环境审计制度研究

一、研究背景及目标

（一）研究意义

1. 中国严峻的环境质量恶化问题

改革开放35年来，中国GDP年均增长9.8%，经济总量连上台阶，居世界第2位。然而，中国工业化和城市化进程突飞猛进，经济的高速增长依赖高投入、高消耗、高污染、低效率的粗放型增长方式，以GDP为核心的政府及党政领导施政绩效考评体系加大了经济增长对资源环境的索取和破坏，加重了环境污染和自然资源耗竭风险。

从目前的环境形势来看，雾霾天气、地下水污染、饮用水源污染、土壤污染等环境问题频繁发生，群众反映强烈，社会极其关注，因环境问题引发的群体性事件呈明显的上升趋势，环境问题已经成为国际上敌对势力诟病中国的重要借口。

2. 中国环境保护工作面临的管理困境

党和政府高度重视环境保护，把环境保护定为基本国策。在执政理念方面，先后提出了可持续发展、科学发展观要求，“十八大”提出生态文明建设的“五位一体”总体战略；在管理依据方面，建立了较为完备环境保护的政策、法规和标准体系；在管理部门方面，中央政府将环境保护行政主管部门升格为环境保护部，加大了对环境保护的统筹协调力度。但是，为什么中央的决策和法规依然不能得到很好落实，目前的环境形势依然严峻？

一个十分重要的原因，就是在环境保护方面，中央对地方政府主导的区域发展缺乏综合、科学、及时、客观的调控和纠偏。相当一部分地方政府，尤其是市、县级基层政府，仍然片面强调发展，忽视环境保护要求，甚至干预正常的环境管理为污染行业企业的发展“保驾护航”，地方环保部门数据不实、执法不严等问题十分突出。有以下几个方面内驱动力：一是当前地方政府行政绩效考核体系仍然以GDP为主；二是地方政府始终有增加本级财政收入的内在需求；三是环境影响本就具有外部性与滞后性的特征。

所以，没有自上而下的强有力的调控纠偏措施，难以有效遏制地方政府基于本地利益需求的盲目发展冲动。如果不改变目前这种不健全的国民经济核算和绩效评估与考核体系，不加强对政府的环境审计和责任追究，继续高消耗高污染的增长方式，中国将没有足够的资源和环境容量来支持今后的发展。

3. 中国政府需要并迫切希望促进生态文明建设和体制创新

制度和机制是制约和激励党政领导干部行为的决定性因素，以传统 GDP 为核心的政绩考核制度，极大地调动了各级政府、企业和所有经营者发展生产、搞活经济的积极性，为加速工业化和整个经济发展起到了重要的激励和促进作用。但是，单纯追求经济的快速增长而不顾及环境容量和自然生态承载力，不计算资源、生态环境付出的代价，由此而带来的不良后果也是严重的、惊人的。可以看到，解决环境问题，关键是要通过管理制度创新，建立一套自上而下的、外在于地方政府的环境管理纠偏体系，扭转以 GDP 为核心的党政领导干部绩效考评体系，有效遏制地方政府基于本地利益需求的盲目发展冲动。

“十一五”以来，围绕各级政府和各类排污主体环境责任落实，环境保护部建立健全了以总量减排为核心的绩效考核体系，有力推动了相关环境目标的落实。但是，由于不同考核手段（总量减排核查核算、城市环境综合整治定量考核、创建国家环境保护模范城市排核查等）出发点不同，考核重点、频次也有较大差异，不能从整体上推动各级政府环境责任落实。而且，各项考核结束后，由于不能对改进措施进行跟踪监测和后督办，已经取得的环境保护成效往往不具有稳定性和可持续性，影响了环境保护工作的效果和效率。因此，建立和创新全局性、综合性、专业性、权威性的环境保护机制，打造中国环境保护升级版，成为当前提升中国环境保护工作水平和效果的重要任务。

党的十八大以来，环境审计制度作为落实各级政府环境质量责任、建立生态环境损害责任终身追究制的重要抓手，受到前所未有的重视。党的“十八大”提出要将资源消耗、环境损害、生态效益等纳入现行的经济社会发展评价体系，建立体现生态文明要求的目标体系、考核办法、奖惩机制。党的十八届二中全会又进一步提出了建立系统完整的生态文明制度体系，对领导干部实行自然资源资产离任审计，建立生态环境损害责任终身追究制的最新要求。可以看出，把环境审计制度作为中国环境保护和管理制度的一项重要内容，建立和完善环境审计制度已成为当前环境保护工作的一项重要任务。

4. 中国政府环境审计面临的主要问题

从国际社会看，普遍采用环境审计工具来强化政府环境责任的履行，围绕环境审计工具应用建立了一整套技术方法体系。中国自20世纪80年代开始在常规的财务审计中引入环境审计内容，到目前，中国政府审计机关开展环境审计的法定权限和职责已明确，中央及省地级审计机关的专门机构已基本建立。环境审计工作日益广泛、深入，不断取得显著成效，各级审计机关从促进生态环境建设和环境污染治理入手，先后开展了天然林资源保护工程资金审计、退耕还林工程资金审计、排污费审计、重点流域水污染防治资金审计、节能减排专项审计等环境审计项目。

经过20多年的发展，尽管中国环境审计工作取得了一定成效，但与世界环境审计相比，中国环境审计理论研究及实务落后于西方发达国家的现状，处于探索阶段。迄今为止，环境审计的重点仍然集中在对国家财政资金合法、合规性的审计上，并且主要以国家审计署为主，各级审计机关开展的离任审计主要是针对领导干部任期财务收支合法合规性、经济责任履行情况进行的，对各级政府环境保护责任尚未全面开展，在实践中还存在法规依据不足，环境审计标准规范不统一，环境审计内容、对象和主体单一，环境审计意识与人员素质跟不上，国际环境审计合作开展不够等问题，环境审计尚未完全成为环境管理工作的一项重要制度。对领导干部离任的履责审计的研究则几乎空白，无论在理论还是实务方面，中国对于领导干部离任环境审计的研究都还很薄弱。

（二）研究目标

环境审计是审计组织（审计机关、内部审计机构和注册会计师）在社会经济可持续发展理论指导下，对被审计单位环境活动和环境信息进行真实性、合法性的验证，对其环境管理系统以及经济活动对环境的影响进行监督、评价或鉴证，使之达到管理有效、控制得当，并符合可持续发展要求的审计活动。

政府环境审计是环境审计的一种，是指审计机关依法对政府和政府官员在环境污染治理、生态保护与建设方面的法规遵守、资金使用、环境绩效等方面的审计工作，它既包括政府专项环境审计，也包括对领导干部离任的环境责任审计。政府环境审计主要是由授权的国家审计机关对各级政府环境责任履行情况进行鉴证，环境审计工作的组织、结果认证、报告发布、结果反馈和后督办等均需要国家行政机关主导，以确保审计过程的合法性、科学性和审计结果的客观性、权威性。审计机关作为综合性的监督部门以其超脱地位和特有的功能实施环境审计，对环境管理所发挥的重要促进和保障作用也是其他机构无法替代的。

开展政府环境审计，对于节约和有效利用资源，保护生态环境，加快产业结构调整步伐，合理配置各种生产要素，促进经济可持续发展具有重要的作用和意义。开展政府环境审计是审计工作发挥监督职能作用，促进经济走向可持续发展道路的重要标志，是现实的客观要求。开展政府环境审计，对于强化领导干部生态建设责任，完善干部考核体系，从根本上改变单纯的“唯GDP论”的发展观念具有重要的作用与意义。

本项目的主要目标是：立足于中国基本国情，着眼于“十三五”及未来长远发展，根据生态文明建设要求，借鉴现有国际国内相关经验，开展中外环境审计比较研究；提出政府环境审计的若干基本要点与制度框架，建立政府专项环境审计标准规范体系，包括政府专项环境审计和领导干部离任审计，提出政府环境审计的政策建议和实施路径，为生态文明制度建设和“十三五”环境保护提供决策建议。

二、环境审计的国内外经验借鉴

（一）国外进展

环境审计萌芽于20世纪60年代末至70年代。伴随经济的发展，对可持续发展认识的不断深入，西方国家的一些企业出于管理上的需要，如提高公司的环境绩效、降低原材料消耗等，自发地制订了一些审计计划，并委托环境咨询机构进行环境审计或ISO环境认证，将审计或认证的结果交给企业的最高管理层。那些审计计划虽然独立性很强，且尚未形成统一的方法，但从那时起，环境审计作为一种新的审计门类在实践中快速发展起来。由此可见环境审计起源于西方发达国家的企业内部审计。美国审计总署在1969年对水污染控制项目进行了审计，加拿大等西方经济发达国家也相继开展了环境审计。

20世纪80年代是环境审计的形成阶段，日益增加的环境压力和日益严重的环境问题加速了环境审计形成的步伐。在这一阶段，环境审计的范围进一步拓展：它不再仅仅局限于内部审计领域，作为企业自身的一种管理方式，而且扩大到政府环境审计方面，成为政府宏观管理的手段，很快在政府审计中占据了重要地位。并进一步成为政府制定和执行环境保护政策的最有效的工具。美国审计总署根据议会的要求开展了环境审计，如1981年，美国审计总署对新泽西含毒废料的处理情况进行了审计，并在审计报告中提出了“实施计划的基金使用不当”的结论。环境审计初步形成。

20世纪90年代至今是环境审计的发展阶段。1982年在巴西里约热内卢召开的联合国环境与发展大会是世界各国对环境和发展问题的一次联合行动。会议通过的《21世纪议程》指出环境问题将成为21世纪人类面临的主要问题引起了世界各国的重视。最高审计机关国际组织第15届大会将环境审计作为重要议题，这大大推动了环境审计的发展，并在其《开罗宣言》中明确指出：“鉴于有关保护和改善环境问题的重要性，国际审计组织鼓励各最高审计机关在行使其审计职责时，对环境问题进行考虑。”

1998 年在乌拉圭举行的最高审计机关国际组织第 16 届大会上，决定成立最高审计机关国际组织环境审计工作委员会，并提出建议，即在该委员会下，按照地域范围设置区域性环境审计工作委员会。目前，政府环境审计工作已在各个国家普遍开展，特别是加拿大、荷兰、美国、印度、巴西、日本、韩国等国家进行了广泛的不同形式的国家环境审计研究与实践，取得了巨大发展，有效地促进了国家环境政策实施。

例如，环境和可持续发展专员委员会对加拿大进行的审计报告发现：

（1）加拿大海岸警卫队欠缺对重大石油泄漏事故的指挥和控制协调能力，因此实施了为期两年的中心指挥结构调整。

（2）加拿大对近海石油平台设置的责任赔偿的最高限额远低于世界一般水平，因此联邦政府通过立法将上限提高至 10 亿美元。

（3）国家能源署对能源管道的检查力度不足，无法预测管道存在的风险，因此将该领域的预算提升了 1 400 万美元。

除了通过国家审计机构对政府的环境监管情况进行评估以外，西方国家还经常采取其他方法进行评估：

（1）通过国家环境报告进行政策评估（例如，2012 年 PBL 荷兰评估报告）。

（2）政府高层首脑定期会晤（例如，根据不同指标进行的欧洲定期会晤）。

（3）战略性环境评估。

（4）企业社会责任报告（例如，全球报告倡议组织）。

这些方法都是每年或每两年进行一次，虽然它们对人力财力有一定的要求，但是又不需要过多的人力和财力。而且这些方法综合运用了各类信息，并将指标与其他形式的证据结合起来评估政府的工作状况。这些方法并非特别针对某个领导人的工作情况，而是关注整个监管机构的工作情况。相关经验表明，独立机构在单独的范围界定期间正式确定评估的范围和目标时，这些方法得出的结论是最可靠。借用“交通信号灯”（红、黄、绿）这种具有强烈视觉感又简明易懂的方式来总结和对比复杂的状况已被证明是十分有效的（例如，经济合作发展组织就采用了这种形式）。

以荷兰为例，由国家环境评估局（PBL）发布的国家环境报告（SOE）是一种评估荷兰环境政策有效性的工具。这个由国家环境评估局撰写的独立的 SOE 报告是议会辩论的基础，并为政府提供了一个解释政府业绩记录的机会。该项报告主要针对的是周边环境质量、自然资源、政策和发展趋势的问题，其基础是数据、模型和政治学，并辅以统计数据概略和未来趋势预测。

另外一个例子是所谓的“欧洲定期会晤”，它是在每年春季举办的欧洲国家首脑会晤。每次会晤前都会进行大量的准备工作，会晤主要是根据不同指标进行评估。欧洲定期会晤期间，不同部门或不同国家会交换意见，里程碑式的政策得到确立，法规得以实施。各国在此讨论众多重要议题，并为本国设定工作目标。欧洲学期本质上是一种同行间的互评机制，十分适合欧盟国家的特殊管理模式。欧洲学期的整个过程是根据治理模式悉心设计的，对等级制 / 中央集权，市场驱动和网络为基础的模式进行了区别。欧洲学期目前是欧盟委员会对欧盟各个国家政府“进行评估”的仅有的几种手段之一。

这两种手段（SOE 报告和欧洲定期会晤）实际上比官方审计对政策产生的影响更大，但是只有审计能够暴露政府的不正当行为。

（二）国内发展

审计署自 1983 年成立以来，从中国环境保护与可持续发展的实际需要出发，同时也参照最高审计机关国际组织“鼓励各成员国的最高审计机关，通过审计工作对本国的环境保护政策施加影响”的要求，将环境审计作为促进环境保护与可持续发展的重要手段，逐步并积极开展环境审计工作。

目前，政府审计机关开展环境审计的法定权限和职责已明确，中央及省、地级审计机关的专门机构已基本建立。环境审计工作日益广泛、深入，不断取得显著成效。1998 年政府机构改革中，国务院在批准审计署的机构改革方案中强化了环境审计的职能，审计署设立了有关环境审计的机构——农业与资源环保审计司；审计署 18 个驻地方特派员办事处，各个省、自治区、直辖市政府的审计机关也分别设立了从事环境审计的机构。面临新的环境保护形势和任务要求，审计署更是加强了资源环境保护方面的审计职能，增加了相应机构和处室设置，开展了一系列资源环境审计工作，推动了环境审计发展。

2013 年，审计署农业与资源环保审计司结合多年的审计实践对环境审计定义进行了梳理，提出：（资源）环境审计，是指为了服务生态文明建设和促进可持续发展，审计机关依法对政府及相关主管部门和相关企业、事业单位与（资源）环境有关的财政、财务收支及其相关管理活动的真实性、合法性和效益性，进行的审计监督。

1. 中国环境审计的主要内容

中国审计机关开展的环境审计主要包括资源开发、利用和保护及相关资金征管情况等方面的内容，如土地资源审计、矿产资源审计、能源节约利用审计、水资源保护审计、森林资源保护审计等的资源审计以及包括污染防治、监督、保护和改善环境及相关资金征管情况等方面的环境审计，如水污染防治审计、大气污染防治审计、固体废弃物污染防治审计、重金属污染防治审计、污染物减排审计等。

（1）资金征收管理使用情况，包括政府财政资金和资源环境专项资金、基金等，主要是对资金的真实性、合规性和效益性进行审计。

（2）环境保护政策执行情况，包括国家资源环保政策、法规、规划、措施等是否完善，政策目标是否实现，政策执行效果等。

（3）政府部门环保责任履行情况，包括各级政府、相关部门和单位是否履行法律规定的资源环保服务、管理、监督责任，及实施各项管理措施的情况及其成效，资源环保责任目标是否实现等。

（4）项目建设运行情况，包括重大环境保护项目建设管理情况和项目运营效果情况，非资源环境保护项目对资源环境造成的影响等。

2. 中国环境审计的组织方式

中国环境审计在实践中形成了比较有特色的组织方式：资源环境审计的整体工作格局。资源环境审计的整体工作格局是指在审计机关内部形成的、由各相关专业审计部门对其审计对象涉及的资源环境事项进行审计的多元化资源环境审计局面。审计机关成立了资源环境审计协调领导小组后，启动了在审计机关内部的资源环境审计综合协调工作。资源环境审计从单一的职能部门专业审计向多元环境审计的时代迈进。在这一整体格局之下，各专业审计部门在组织各自专业审计时，都会关注资源环保的内容，如财政审计、金融审计、企业审计、投资审计、外资审计、经济责任审计等，这些专业审计在其审计项目组织实施中，分别依据国家资源环境政策法规，将环境审计内容纳入审计方案和审计范围，从不同角度、通过多种方式对其不同的审计客体相关环境问题进行审计。资源环境审计整体格局的形成体现了中国经济社会发展的内在要求，适应了中国资源环保工作的客观需要。2003 年，审计署成立了环境审计协调领导小组，开始构建环境审计整体工作格局，即各专业审计结合各自特点，合理安排环境审计的内容。

3. 领导干部环境责任审计

经济责任审计作为一个专业审计，也逐步开始关注环境保护方面的内容。经济责任审计是伴随着中国经济体制改革和政治体制改革发展起来的一项具有中国特色的审计监督制度，是现代审计制度在中国的一种创新。2006 年 2 月新修订的《审计法》第 25 条进一步明确了经济责任审计的法律依据。2009 年，审计署发布关于加强资源环境审计工作的意见。该意见对经济责任审计关注领导干部资源环境职责的内容进行了明确规定“各级审计机关在开展财政、投资、金融、企业、外资、经济责任等项目审计时，应当将资源环境内容纳入审计方案并组织实施”“经济责任审计要关注领导人履行资源管理和生态环境保护职责尤其是完成节能减排目标、耕地特别是基本农田保护责任目标的情况，揭露其由于决策失误、履责不当和管理不力造成的资源环境问题”。

2010年10月，为了贯彻落实党的十七大和十七届四中全会精神，加强经济责任审计法规制度建设，规范经济责任审计行为，促进经济责任审计工作科学发展，中共中央办公厅、国务院办公厅印发了《党政主要领导干部和国有企业领导人员经济责任审计规定》（以下简称《规定》）。《规定》明确强调经济责任审计要以促进领导干部推动本地区、本部门（系统）、本单位科学发展为目标，切实关注领导干部在履行经济责任过程中贯彻落实科学发展观、推动经济社会科学发展的情况。在具体组织实施经济责任审计时，特别关注领导干部的重大管理决策活动所产生的经济效益、社会效益以及生态环境效益情况。

审计署一直积极推动规范经济责任审计中“资源环境审计”的内容，在起草印发的有关文件和制度规范中，都将资源环境审计作为经济责任审计一项重要内容进行了明确规定。2012年，审计署印发的《2012年经济责任审计工作指导意见》明确提出：“对政府主要领导干部，在全面检查财政收支规模、结构和效益的基础上，重点审计和评价节能减排、环境保护等政策的执行情况及其效果。”

2014年7月，中央经济责任审计工作部际联席会议成员单位联合印发了《党政主要领导干部和国有企业领导人员经济责任审计规定实施细则》，该细则明确规定：“地方各级党委主要领导干部、地方各级政府主要领导干部经济责任审计的主要内容包括自然资源资产的开发利用和保护、生态环境保护以及民生改善等情况。”

4. 中国环境审计面临的困难

中国政府环境审计还需要进一步提升。虽然中国的环境审计工作取得了积极进展，但是应当看到，中国目前开展的资源环境审计还有很多方面值得改进：①资源环境审计的审计理念和工作思路有待进一步明晰；②资源环境审计的质量与效率有待进一步提升；③资源环境审计的广度、深度、强度有待进一步拓展；④资源环境审计队伍的能力素质有待进一步提高。

具体来讲，有以下内容：

（1）环境审计研究和法规标准及技术支持有待深入。一是基础理论薄弱。虽然近年来，资源环境审计的理论研究取得了一些进步，但是仍然还有一些基本问题没有解决。比如，资源环境审计的定义及其内涵和外延是什么，资源审计与环境审计是什么关系等，还有待于进一步研究和论证。二是尚未建立完善的资源环境审计法规标准及评价指标体系。目前，资源环境审计还没有各方公认和接受的资源环境审计法规标准及评价体系。统一规范的审计法规标准的缺乏，不仅可能导致审计尺度的不一致，审计依据及评价意见的权威性不强，还影响被审计单位对于审计结论的接受和认可程度，影响审计的权威性和公信力。

（2）环境审计的广度和深度都亟待提高。一是资源环境审计工作覆盖面不够。

目前开展的资源环境审计，大多集中在土地、矿产、水污染防治、节能减排、林业工程等方面，对于大气污染、核废弃物、农业面源、生态保护、生物多样性等方面涉及得不多。二是环境审计的深度不够，总的来说还没有全面提升到绩效审计的层面，没有体现绩效审计的本质和资源环境审计的内在要求。

（3）环境审计队伍建设有待加强。总的来看，资源环境审计队伍在机构设置、人员数量、知识结构等方面，与资源环境在经济社会发展中的重要地位和资源环境审计自身发展的迫切需要还不相适应。资源环境审计的专业色彩非常鲜明，它不仅要求审计人员有扎实的财务审计基本功力，还需要具有一定的资源利用、环境保护与生态建设方面的专业基础知识，要求他们对于资源、环境和生态方面的政策法规、技术标准甚至是操作规程等情况非常熟悉，这样才能胜任资源环境审计。资源环境问题的专业性对进一步提高资源环境审计人员素质提出了迫切的要求。

三、政府环境审计制度框架设计

政府环境审计是指由国家审计机关、内部审计机构和社会审计组织运用审计学方法和工具依法对各级政府受托环境责任履行的合法合规性和效果效率进行鉴证的过程。本节讨论了中国政府环境审计制度框架加强相关的设计和实施，认为中国政府环境审计制度应具有以下特征：

（1）较强的目的性，专注于相应的措施（财务管理、合规性和绩效）和目标（政府项目和领导干部）。

（2）强烈的权威性。

（3）完全的独立性。

（一）审计目标和依据

1. 政府环境审计的目标

政府环境审计的本质落脚点在各级政府的受托环境责任，确保受托环境责任合法合规履行是最基本的目标，政府环境审计的重点是各级政府环境履责的合法合规性以及环境履责的效果和效率，直接目的是改善政府行为，优化环境决策，最终目的是推动环境保护和质量改善，保障可持续发展。

2. 政府环境审计的依据

环境审计依据是环境审计主体实施环境审计的法律根据和执行环境审计过程中应当遵循的法规、制度等行为规范，它包括三个范畴：

一是审计根据，即审计行为活动存在与发生的法律、法规基础。

二是审计主体行为规范，是对审计主体在实施审计活动和进行审计管理活动中应当遵循的原则、准则、程序、方法、道德等方面的规定，是保证审计工作独立、客观、公正地获取社会信任的重要手段。

三是用于衡量、判断被审计单位和被审计事项的评价标准。

目前政府环境审计工作开展的依据不足，审计法仅对国家审计机关对政府环保财政资金的审计进行规范，而对于政府履责审计尤其是环境绩效审计尚无明确规定，这也是目前环境绩效审计工作开展总体滞后的重要原因。

（二）审计主体和对象

1. 环境审计的主体和职责

环境审计的主体，即由谁来实施环境审计。开展审计监督的最基本的前提是保持审计机构的相对独立性，以便对被审计单位作出客观和公正的评价，因此，在机构设置和运行的体制机制上，更加强调审计实施主体的独立性。

在实际工作中，环境审计的主体是专职审计机构和专业审计人员。专职机构是以审计为专门工作的单位，包括国家审计机关、内部审计机构、社会审计组织等。

表 7-1 根据中国实际情况，对政府环境审计主体提出四种可能的方案，并对每种方案的优缺点进行了分析。

（1）方案一是由各级人民代表大会负责全国环境审计工作。在此体系下，各级审计机构为各级人大的派出机构，发挥人大对各级政府的监督职能。

（2）方案二是由国家审计机关负责政府环境审计工作。由各级审计机构建立专门的政府环境审计队伍，负责全国环境审计工作开展。

（3）方案三是由环境保护部门负责全国环境审计工作。各级环保部门成立专门的环境审计队伍，负责全国政府环境审计工作。

（4）方案四是由审计机构和环保部门联合开展政府环境审计工作，其中审计机构的主要职责是负责审计管理，包括编制审计计划、审计结果认定和公开发布等，环保部门负责政府环境审计工作技术实施、编制环境审计报告，督促环境审计责任落实等。

表 7-1　不同环境审计主体对比分析

审计主体	独立性	审计队伍与制度转换成本
由审计机构负责政府环境审计工作	审计机构具有一定的独立性，审计实施可能会受到各级政府的干预	缺乏专业的环境审计队伍；制度转换成本较高
由各级人民代表大会负责全国环境审计工作	审计机构具有较强的独立性、审计实施不易受各级政府干预；能够充分发挥人大对政府的监督	缺乏专业的环境审计队伍；制度转换成本较高
由环境保护部门负责环境审计工作	审计机构的独立性不高，审计实施易受各级政府干预	缺乏专业的环境审计队伍；制度转换成本较低
由审计机构和环境保护部门联合开展	审计机构的具有一定的独立性，审计实施可能受各级政府干预	有专业的审计队伍支持，制度转换成本较低

综合来看，四种方案各有优缺点，从实施的角度看，由审计机构和环保部门联合开展环境审计工作具有较强的可行性，既能避免单独由环保部门负责环境审计工作容易受到各级政府干预的弊端，同时由环保部门负责环境审计技术实施，也解决了目前审计机构环境审计队伍缺乏的困境，从制度转换的角度来看，由审计机构和环保部门联合开展政府环境审计具有较低的制度转换成本，可实施性和可操作性较强。

从长远来看，随着市场经济发展和政府治理体制改革，将审计工作纳入各级人大职责，并以此为工具作为监督各级政府履责成效的主要抓手，既能进一步强化和落实各级人大的监督职能，提升政府履责成效，同时也能妥善应对目前日趋严重的社会治理危机，提升社会公众对政府的信任和支持。

除了审计机构外，与审计主体紧密相关的一个概念是审计人员。环境审计作为一种专业审计，强调其审计人员的专业性具有特别重要的意义。环境审计不仅仅需要审计人员具备财务和会计学方面的知识和经验，更重要的是要具备与环境学相关的知识，而环境相关的概念不仅涉及空气、水、土壤、生态等不同介质，也涉及与上述介质相关的工程、物理、化学和经济学等相关知识，需要一套培育和选拔环境审计专业技术人员的制度和机制，比如持证上岗和资格考试制度，以确保环境审计工作开展。

2. 政府环境审计的对象

关于环境审计的对象，其核心是受托环境责任，更具体的讲为受托环境责任的主体。新修订的《环境保护法》第六条对环境责任主体进行了界定，在规定一切单位和个人都有保护环境的义务基础上，明确了三类环境责任主体，包括：

（1）地方各级人民政府应当对本行政区域的环境质量负责。

（2）企业事业单位和其他生产经营者应当防止、减少环境污染和生态破坏，对所造成的损害依法承担责任。

（3）公民应当增强环境保护意识，采取低碳、节俭的生活方式，自觉履行环境保护义务。

依据新环境保护法的规定，政府环境审计的对象主要是地方各级人民政府，更为具体地讲，是地方各级政府的环境质量责任。对政府环境质量责任的审计必然会延及企事业单位和其他生产经营者，因此，环境保护法规定的第二类主体一般可以认为是政府落实环境责任的溯源性审计对象。

（三）审计内容

从审计的具体内容来看，政府环境审计的内容包括三个方面：合规性审计、财务审计和绩效审计。从环境要素的角度来考虑，又包括对水环境、大气环境、污染、自然资源和生态环境的审计等。

政府环境审计中有关财务审计的内容与一般审计并没有较明显差异。政府环境审计合规性审计的重点是看被审计对象是否贯彻执行了上级有关环境保护的要求，包括规划计划目标、环境政策、国家规定的相关环境标准等，更重要的是要审计政府内部不同部门之间落实环境要求方面各项措施的一致性。

政府环境绩效审计的主要内容是政府环境履责情况，环境质量是否得到切实改善。包括：

（1）被审计对象的活动结果（措施）是否达到了预期的目标。

（2）对环境措施的费用效益比或费用效果的审计，主要对各项措施的成本和效益进行分析，从中筛选出具有费用效益比的措施。

（3）措施和效果稳定性，看所采取的相关措施是否具有稳定的效果。

（4）被审计对象履责期间环境质量是否得到切实改善。

（四）审计程序

政府环境审计主要包括以下几个阶段：①审计准备阶段：主要包括编制审计计划、组织队伍、工作方案和下达审计通知书；②审计实施阶段：主要包括审计取证和编制审计底稿等环节；③编制审计报告和审计结论；④审计后督察等。

（1）准备阶段：环境审计目标指标分解落实及其保障制度。需要根据国家重大环境规划目标和任务确定开展环境审计工作的基本需求和依据，制定年度行政审计目标、指标及分解落实方案，明确工作职责和任务，同时配套制定相应的绩效考评制度，确保环境审计目标落实。

（2）实施阶段：环境审计工作执行及其保障制度。需要根据开展环境审计工作的任务需求，研究确定环境审计工作体制、机制，明确不同行政审计工作岗位职责，建立环境审计人员资格考试和持证上岗制度。需要根据开展环境审计工作需求，研究编制能够满足不同层面需求的环境审计技术指南和相关技术规范，指导环境审计工作开展。

（3）报告：环境审计报告。需要明确环境审计报告的法律和权威地位，出台环境审计报告编制指南，对审计报告引用的资料来源和数据基础作出明确规定，保证审计报告编制的规范性和审计结果的客观公正性。审计报告要有结论和整改建议。

（4）后督办：制定配套的制度，建立环境审计报告公示制度和审计结果后督办制度，增加环境审计工作的透明性和公信力。同时，应加强环境审计统计管理，强化审计资料和档案的管理和电子信息系统构建，提升环境审计工作效率。

（五）审计方法

1. 对环境审计证据的要求

为了确保环境审计的合法性、公允性，为了减少环境审计过程的风险，如何收集、如何获取、如何分析这些审计证据，是整个环境审计的核心。获取环境审计证据的基本要求应考虑证据的充分性和适当性，审计人员应当运用专业判断，确定环境审计证据是否充分、适当。对于环境审计证据整理与评价的具体要求是：

（1）坚持整体的观点。审计人员应从对被审计地方的环境保护整体情况去整理和评价审计证据。把整体目标分解成单个目标，按单个审计目标分类整理证据，逐级往上归类和评价审计证据的充分性和适当性，最后构成一个完整的对审计意见具有说服力的证据体系。

（2）坚持联系的观点。整理、评价环境审计证据必须与审计目标相联系，也必须从证据与证据之间的内在联系出发，不要简单地堆砌罗列证据。这种证据之间的内在联系是由被审事项内部的联系来决定的。

（3）坚持客观的立场。在评价、整理环境审计证据中，审计人员切忌主观臆断，不能用主观判断去取代证据，要做到以事实（实地观察、监测）为依据，发掘伪证，为防止弄虚作假，区分伪证和真实证据，形成审计意见。

2. 环境审计证据的获取方法

（1）资料查询。在对政府环境审计的过程中，由于审计范围广、涉及对象多，应首先采用资料查询的方法确定各项环境保护工作实施情况，这些资料主要包括国家及各地方的相关法律、法规、规划或计划、标准等，国家及各地方公开发布的统计资料、国家及地方环境监测机构的历年监测数据以及排污单位的自己监测的数据记录，国家及各地方相关环保工作总结报告、自评估报告、中期评估报告、规划或计划有关绩效考核报告等。

（2）统计抽样。在对某些领域的环境保护情况进行审计时，审计机关需要对上千个单位或审计对象进行检查，例如大气污染防治设施、危险废物处理设施、污水处理设施、环境监测点位等。如果不能获得足够的信息支持，可以考虑采用统计抽样的方式进行审计，然后根据这些信息对整体的环境绩效作出结论。

（3）实地调查方法。当审计机关需要深入了解某一环境保护规划或计划的进展情况，审计人员要对有关机构或单位进行实地调查，以便了解相关规定或办法是否落实，相关资金是如何使用的，相关环境绩效是否达到目标任务要求。

（4）标准化问卷。当需要与了解各地方政府环境管理活动或环境绩效的一般性情况时，有效的方法是认真制定出一份好的问卷（如自评估报告），让各地方政府或相关部门填写。对于指标体系中群众满意度的调查需要采用标准化问卷的方式。

四、干部离任环境审计制度框架

干部离任环境审计是指对领导干部任职期间所承担的环境责任履行情况进行的鉴证和评价活动。针对领导干部这一特殊群体，中国目前主要是开展离任经济责任审计，专门针对领导干部开展的环境审计尚未开展，部分地区在经济责任审计中增加了有关资源环境的指标。

相对于一般的环境审计而言，干部离任环境审计具有如下特征：第一，干部离任环境审计的对象具有特殊性。在中国，掌握了大量的经济社会资源决策分配权，对其任职区域的经济社会发展和环境保护工作具有至关重要的影响，因此，才把领导干部这一特殊群体纳入环境审计的范畴。第二，干部离任审计主要是对“离任”这一特殊阶段领导干部环境责任的审计，同时，也包含对领导干部任期中的环境履责的审计及延伸审计。第三，从离任环境审计的内容来看，对领导干部离任环境审计主要取决于被审计对象的职责界定，这是干部离任环境审计区别于政府环境审计的一个重要特征。第四，离任环境审计结果的评价和应用上，只能由组织人事管理部门或经人事管理部门授权的机构来承担，一般的机构对于干部离任审计无法作出评价或难以实质性地对领导干部离任环境责任履行情况作出评价。

（一）审计主体和对象

1. 审计主体

一般环境审计的主体包括国家审计机关、内部审计机构和社会审计组织三种类型，但由于领导干部这一主体在中国具有特殊性，由社会审计组织来负责审计在实际操作中面临诸多困难，无论是在资料获取或是结果认证和应用上，均存在较大的障碍。因此，干部离任环境审计的主体仍应以国家审计机关和内部审计机构为主，同时组织人事部门、监察部门、纪检部门、人大等机构也可作为审计主体参与。

2. 审计对象

领导干部离任环境审计的对象主要取决于中国对领导干部这一名词的界定。一般而言，在中国，领导干部主要指党政领导干部和国有企业领导人员，其中，接受审计的对象又取决于国家相关法律法规的具体界定。

沿用上述定义，对领导干部环境责任的审计主要根据国家有关法律法规对领导干部环境职责的规定，地方各级人民政府对本辖区环境质量负责，中国实行环境保护领导责任制，地方党政主要领导干部是本行政区域环境保护的第一责任人。首先应该是党政主要领导，其次，才是具体负责环境保护职责的部门领导、国企法定代表人和其他相关人员。

（二）审计内容

领导干部离任环境责任的审计内容主要取决于中国现行法律法规对领导干部环境责任的审计，综合来看，包括如下三个方面的内容：

一是环保资金使用的合法合规性责任。主要是对所负责管理的环保资金的投入使用，保证其投向和使用的合法合规性。

二是环境保护制度和相关法律法规的执行责任。主要是采取有效措施，落实国家法律、法规和政策要求，督促相关部门和下级政府履行环境保护责任，确保完成环境保护目标。

三是环境保护目标责任，其核心是生态环境质量的改善绩效。主要包括环境质量改善目标、污染物总量控制目标、生态保护目标和国家重点环保工程目标责任等。

（三）审计实施

从生态环境保护这一根本目的出发，干部离任环境审计有两条实施路径：一是在现行的离任经济责任审计中增加环境审计的内容，使其成为考核评价领导干部任职绩效的重要甚至主要评价指标；二是针对领导干部这一特殊群体，实施单独的自然资源和环境保护专项审计（自然资源资产离任审计）。

（四）审计依据

从法律层面上看，中国领导干部环境绩效考核的主要法规，是2006年中组部颁布实施的《体现科学发展观要求的地方党政领导班子和领导干部综合考核评价(试行办法)》。其中，涉及环境绩效考核的只有环境保护、资源消耗与安全生产、耕地等资源保护3个评价要点；而且没有进一步分解成可执行的具体指标，也没有对考核权重进行规定。地方组织部门都是根据这三个要点自行设计当地的考核方案和权重。

2013年年底中组部《关于改进地方党政领导班子和领导干部政绩考核工作的通知》（以下简称《通知》），就改进地方党政领导班子和领导干部政绩考核工作提出了要求，突出强调完善政绩考核评价指标，将生态文明建设作为考核评价的重要内容，强化资源消耗、环境保护等约束性指标考核。结合中国主体功能区战略实施，许多地方政府已经提出要围绕自然资源资产离任审计有关要求，加大了对干部自然资源资产和环境保护责任的审计，但由于在对自然资源资产的界定、评价方法、审计技术和实施机制等方面存在诸多问题，目前尚未有审计实例。

五、 中国政府环境审计实施路线与政策

（一）政府环境审计制度实施路线图

1. 实施目标

路线图实施目标为：

（1）在全国建立一套统一的、科学的和可操作的政府环境审计框架体系，建立政府环境审计与干部离任环境审计评价指标体系和评价方法，为顺利推行和实施干部离任环境审计制度提供具体、可行的实施路线和保障，促进干部离任环境审计工作逐步走上规范化、制度化的轨道。

（2）通过试点，逐步在全国推动实施环境审计制度，为中国生态文明建设和各级政府环境保护问责制、责任追究制度的建立和完善提供必要的方法和手段。

（3）为在“十三五”规划和重要环保工作中纳入环境审计等内容提供政策建议，以推进生态文明制度建设。

2. 实施重点

目前，中国政府环境审计实施主要围绕环保资金运行开展财务审计，审计的重点放在合规性，即针对环保资金的使用情况进行审计，但是未对政府领导干部的环境政策法规和环境绩效进行审计，审计面较为狭隘，无法揭示深层次的问题。未来政府环境审计实施的重点应是：

（1）结合国家当前环境保护重点工作，继续开展政府环境专项审计，如节能减排审计、农村综合整治审计、大气污染防治行动计划审计、水污染防治行动计划审计、土壤环境保护行动计划审计等。

（2）建立审计机关与各部门合作机制。

（3）开展领导干部离任环境审计，除了集中于环保资金使用的经济效益、社会效益，逐渐向领导干部环境绩效审计扩展。

（4）建立和完善环境审计制度框架、环境审计准则体系。

（5）探索环境审计工作的工作流程、工作模式、技术方法等。

3. 实施计划

第一阶段（到2015年）：研究论证阶段。开展政府环境审计和干部离任环境审计的先期论证及制度构建和完善工作，制定框架体系，为今后的试点工作以及全国性的推广奠定坚实的理论基础；研究编制开展环境审计工作的技术指南和试点工作方案，为开展环境审计工作提供技术支持。

第二阶段（2015—2020年）：试点应用阶段。在典型地区和城市开展干部离任环境审计的试点工作，评估绩效，以总结经验，探索规律，论证全国实施的可行性和改进建议。

第三阶段（“十三五”之后）：全国推行阶段。在试点应用的基础上，有计划地在全国逐步推行政府干部离任环境审计制度，在全国推行阶段，应持续开展对审计制度的周期性回顾（三年一次），调整并保证制度的持续性，使得中国的环境审计逐步走上规范化、法制化轨道。

4. 组织保障

要充分认识政府专项环境审计和干部离任环境审计制度建立和实施的重要性、紧迫性和艰巨性，切实加强对实施工作的组织领导，积极采取强有力措施，以本次中央深化改革为契机，在成立以审计署牵头的“领导干部离任资源环境审计改革领导小组”组长及领导小组办公室的基础上，再成立各资源、环境等专项改革小组及改革小组办公室。

政府专项环境审计和领导干部离任环境审计制度，审计机关要加强与环保部、水利部、国土部、林业局、海洋局等各部门及地方合作，与各部门一起制定具体的制度方案，明确落实责任。加强内部改革的协调，统一协调政府环境审计改革工作。定期召开会议，研究解决推进政府环境审计改革过程中所遇到的重大问题。

（二）政府环境审计制度的政策建议

1. 加强审计法律和能力建设

（1）完善法律法规

要提出现行审计法规和资源环境保护法规的修改建议，为开展政府环境审计奠定基础。

①修改审计法、审计条例及相关审计准则体系，在条款内容上强调政府环境审计的重要性，明确政府环境审计的概念、分类、主体、对象等，完善环境审计结果公开相关管理办法。

②修改资源环境保护相关法律法规，增加环境审计相关内容；在出台相关重要红头文件中，增加环境审计相关内容；结合环境审计，保障《环境保护法》的实施。

（2）制定技术规范体系

政府环境审计技术规范体系构建以及对中国环境审计标准制定，是今后一段时期内政府环境审计的重要工作。要制定中国的环境审计规范或标准体系，建立可操作的环境审计操作细则，避免环境审计的片面性和局限性，使环境审计的范围、内容、程序和方法等制度化、规范化，使得环境审计人员在对环境审计时有法可依、有据可循，使得环境审计工作更加规范化，提高工作质量。

①借鉴国际经验，根据中国实际，逐步研究建立政府专项环境审计、干部离任环境审计等不同类型政府环境审计的技术规范体系。

②制定《政府环境审计准则体系》《政府专项环境审计技术规范（操作手册）》《领导干部离任环境审计技术规范（操作手册）》。

③制定《政府专项环境审计评价指标体系及应用方法》《领导干部离任环境审计评价指标体系及应用方法》等。

（3）夯实政府环境审计能力

①提高审计人员的学习能力。针对中国的环境审计队伍力量还很薄弱、中国的人才结构不尽合理的现实，必须加强现有审计人员培训的力度，拓宽专业技能、优化知识结构；还应该吸收优秀的环境专业人才，优化人才结构，充实环境审计队伍。提倡审计人员从工作实践中学习环境审计知识，提高环境审计技能，从而建设一支有较高专业审计技术和水平、能够适应环境审计要求和发展的审计队伍。要使环境审计顺利进行，必须培养一批训练有素的环境审计人员队伍，以适应环境审计的发展要求以及社会发展的需要。a. 建立环境审计资质管理制度，规范和加强环境审计人员资格管理；加强环境审计专业人才队伍建设，建立环境审计专家人才库。b. 开展培训教育。加强环境审计相关教材或技术规范的出版，加强环境审计的知识培训和教育。

②提高创新能力，改进审计方法和手段。为了适应新的历史时期的发展要求，审计工作必须跟随历史的浪潮，坚持在继承中创新，在创新中发展，不断改进和加强审计工作。由于目前环境保护基础管理较薄弱，环境统计工作起步比较迟，环境数据的统计不如财务数据那么规范和完整。因此，需要加大审计方法和手段的创新力度，加强环境统计、环境核算工作，加强环境审计相关数据库、信息化能力建设，为环境审计提供数据质量保障。积极组织环境资料的搜集，建立健全环境统计原始

记录、统计台账和统计档案，保证原始记录的完整性和准确性，确保统计数据的连贯性和可比性，保证环境统计的真实性和公开性；建立健全环境统计制度，完善中国环境统计体系，建立一个能为政府官员的管理、决策和评估提供全面、及时、可信、透明的环境统计信息网络系统。

③提高协调能力的建设。环境审计涉及各个部门之间的事务，因此要提高各部门之间的协调能力，圆满完成审计工作。在组织形式上，可以建立由审计署、环境保护部、财政部等有关部门参加的统一工作机制。第一阶段，发展阶段（2015 年），审计部门倡导，环保部门支持，共同开展环境审计工作；第二阶段，试点审计阶段（2015—2020 年），审计部门独立开展环境审计工作，建立独立的环境审计制度；第三阶段，“十三五”以后（2020 年后），改革现有的审计机构，在全国人大会下设立独立的审计署或办公室，独立开展工作。

（4）推进政府环境审计机构能力建设

加强国家和各级地方审计部门环境审计体制改革，加强环境审计行政机构建设，强化相关职责。加强环境审计系统和环境审计决策支持机构建设，建立环境审计研究中心。改变当前环境审计研究由纯会计审计界主导的“一股独大”局面，同时改变环境审计研究与实践脱节的情况，联合资源、环境、生态（环境）、经济等领域学界的力量，鼓励林业、农业、矿业、地质、水资源、海洋资源、环境工程等科研院所从事环境审计研究，探索财经院校与资源环境院校联合培养环境审计研究人才的模式，吸纳环境科学、生态学等的方法，逐步将环境经济学、环境资源核算、污染损害评估等方法纳入审计评价方法体系。要加强国际合作，提升环境审计国际合作能力。

2. 提高审计结果运用效果

（1）加强政府环境审计与相关制度间的协调

要推动中国的政府环境审计工作有序展开，不能依靠一种制度，而要各种制度相互协调配合。在建立和完善政府环境审计相关法律基础的过程中，要紧紧牢记协调制度体系的重要性，因为我们中国改革和社会发展已经进入了这样的一个时期——一个改革措施往往牵动全身的时期，因此，要加强政府环境审计制度与环境绩效评估、污染减排目标考核、地方党政领导环境绩效考核制度、环保法中提出的政府向同级人大报告制度（新《环境保护法》第二十七条要求县级以上人民政府应当每年向本级人民代表大会或者人民代表大会常务委员会报告环境状况和环境保护目标完成情况）、责任追究制度、环境信息公开制度、公众参与等制度之间的协调，通过其他制度的作用，提高环境审计制度实施的效率。

（2）注重环境审计的结果应用

①严格责任追究。充分关注和应用环境审计结果，积极探索环境审计结果应用

的形式和平台，切实把审计结果运用到干部考核、任免、奖惩工作中去。做到严格责任追究，认真采用审计结果，对审计结论提出的问题，纪检监察、财政、国资等相关部门要充分发挥职能作用，依法履行部门职责，对审计发现的违纪违规问题依法予以及时处理。各审计结果运用主体要充分履行职责，加强协调配合，应用审计结果进行责任追究，并及时反馈审计结果应用的情况。

②强化信息公开。当前，中国正处于经济社会转型期，审计结果的信息公开对于扩大公民知情权，推进公民积极参加政治管理与监督活动，加快民主和法治建设具有重要意义，更有利于扩大审计影响、增强审计权威、提高审计成效，促进审计工作在更高层面上服务于国家治理。将环境审计结果进行公开，就是将监督对象的活动公之于众，将审计结果由过去的面向少数人转为面向公众，保障了公民基本的知情权，有利于对各利益方进行监督和制约，形成具有综合性、独立性和强制性的监督力量。通过制度化、法制化的政务公开、信息公开，通过广泛的公众参与，能有效地遏制污染和腐败，促进中国可持续发展事业的稳步推进。

3. 积极开展政府环境审计试点

中国的环境审计的理论研究和实践工作才刚刚起步，尚处于探索阶段。政府环境审计作为一种综合性的经济监督手段，是一项庞大而复杂的系统工程，通过选择典型区域或典型项目进行试点工作，投石问路，为全面制度改革打好基础，形成示范引导作用，从而制定出具有中国特色的政府环境审计制度。通过试点，不断研究新情况、解决新问题、总结新经验，为全面深化推动政府环境审计制度工作探索道路、积累经验。

在工作安排上，一是在省、市、县不同层次开展领导干部离任环境审计试点。二是开展专项性环境审计试点，结合大气、水、土壤污染防治行动计划和自然资源保护（渔业、森林）等重点环境保护工作推进专项性环境审计试点。三是制定有关加强政府环境审计制度进一步推动的指导意见或议程。四是国合会设立第二期研究项目，推行这项研究议程，参与政府环境审计的试点工作开展，以支持中国环境审计系统逐步地加强。

第八章 中国环境与发展国际合作委员会 2014 年年会给中国政府的政策建议

中国环境与发展国际合作委员会（以下简称国合会）2014 年年会（第五届第三次年会）于 12 月 1—3 日在北京举行，会议主题是“绿色发展的管理制度创新”。

一年来，国合会委员非常关注中国全面深化改革进程，注意到在政府简政放权、户籍制度和人口生育政策等方面改革的显著进展。结合 10 月召开的十八届四中全会所作出的决定，委员们认为，“全面深化改革”和“依法治国”方略构成了中国实现中国梦和推进生态文明建设的正确路径和制度保障。

在环境与发展领域，中国政府在 2014 年中取得的成绩给委员们也留下了深刻的印象。例如，经济增速始终保持在合理区间，就业稳步增加，结构调整和释放市场活力政策正在发挥较大作用。发布了中国史上最严的新《环境保护法》，《大气污染防治行动计划》（以下简称《大气十条》）取得初步成效，“十二五”规划中的约束性环境指标按计划推进。确定了新型城镇化的国家战略。

亚太经济合作组织领导人会议的成功举办，一方面，彰显了中国政府以更积极的态度融入到全球治理中，在地区和全球经济社会发展中发挥更为重要的作用；另一方面，有效的大气质量保障行动说明，中国近年来治理污染策略和措施的方向是正确的，只要加大实施力度，就会有明显成效。委员们还特别注意到，APEC 北京宣言充分反映了绿色、循环、低碳发展和绿色供应链的内容，中美对温室气体减排的承诺，这些都是国合会长期坚持研究并向中国政府持续建议的议题。我们很高兴看到这些建议最终被付诸行动。

委员们确信，过去十几年来，中国政府一直沿着绿色转型的方向和道路不断探索和努力，并有所建树。但总体上，中国绿色转型的进展慢于预期，仍处于负重爬坡阶段，正面临一个不同以往的内外双重复杂形势，充满巨大挑战。从国际环境与发展形势看，世界经济复苏乏力、国际政治新秩序尚在孕育和重构，2015 年后发展议程和可持续发展目标达成困难重重。

从国内形势看，中国正处于一个艰难的攻坚时期，集中了增长速度换挡、结构调整、消化前期刺激政策、社会矛盾凸显、资源环境约束趋紧等多重矛盾和挑战。上述这些问题交织叠加，构成了中国环境与发展的新常态特征。

在这种新常态背后，中国环境保护滞后于经济社会发展的问题始终没有解决，一些环境问题的累积已接近临界状态，一旦爆发危害极大，近两年出现的雾霾就极具代表性，水和土壤污染、生态服务功能损害等也有类似趋势。如果这些问题得不到及时有效的解决，将可能成为中国实现全面建成小康社会的关键性阻碍和风险。因此，中国面临的挑战是如何通过不断强化解决问题的政治意愿，坚持全面深化改革的方向，加大依法严格保护环境的力度，实现从环境污染临界状态走向环境质量全面改善的转折点。

我们强调未来15年是绿色转型战略实施的关键阶段，因为它是实现2030年发展目标的过渡阶段，同时也是主要基础设施和城镇化完成的关键时期。更重要的是，这也是“向污染宣战”、生态服务和生物多样性保护、减缓气候变化风险领域可能取得重大成就的一个时间段。如果错过了这个环境保护的窗口机遇期，那么长期的繁荣将难以得到保障。

经过这一时间段的努力，我们认为中国将能够到达“向污染宣战”（尤其是大气污染防治）的转折点，促进调整以化石能源为主体的能源结构，落实生态红线制度，实现生态服务和生物多样性保护的显著改善，以及正在研发的环境技术在2020—2030年得到全面推广。未来15年的环保成就取决于中国绿色城镇化、市场手段在环境保护中的应用以及环境可持续的经济发展模式的形成。

根据中国环境与发展的新常态，国合会将今年的主题确定为“面向绿色转型的管理制度创新”。围绕主题，设置了生态文明建设背景下的环境保护制度体系创新、中国绿色转型进程评估与展望两个课题组，同时开展了四个专题政策研究，包括：大气污染防治行动计划绩效评估与区域协调机制、基于生态文明理念的城镇化发展模式与制度、生态保护红线制度创新、政府环境审计制度。

2015年是中国“十二五”规划期的最后一年，也是谋划“十三五”规划的关键之年，对此，国合会给予高度关注。基于课题研究以及年会讨论结果，国合会提出了六点政策建议，期望能够对新五年规划的制定以及其他有关工作提供借鉴。“政策建议一”主要是针对“十三五”规划的总体环境与发展战略，其他五点建议主要是国合会根据中国共产党十八大三中和四中全会提出的几个优先领域开展的相关研究提出的政策建议。

一、中国政府应要抓住“十三五”窗口机遇期，全面深化改革，依法严格实施，加快绿色转型进程

（一）决策者要增强危机意识，树立最佳窗口机遇期观念

对于即将到来的“十三五”时期，中国的各级决策者必须既要具备“解决不了

危机就会带来更大危机”的强烈忧患意识，又要树立“抓住最佳窗口机遇期就能迎来全面向好”的坚定信心。特别是在经济新常态下，要更加重视环境保护，在经济增速换挡期不但不能放松环境保护的要求，而且要强化相关目标，倒逼经济绿色转型。

（二）将国家五年“国民经济和社会发展规划”名称改为“国民经济、社会与环境发展规划”

修改政府五年规划的名称，确保更明确的信号和实质内容支撑两者的并重，使新修订的《环境保护法》中关于“使经济社会发展与环境保护相协调”的规定落到实处。更是落实“五位一体”总体布局的具体体现。在规划中单独设立“生态文明建设”专章，强化生态环境保护内容，明确生态环境质量改善和保障公众健康等目标。

（三）制定推动绿色转型发展的长期路线图

中国的发展转型是经济社会与资源环境的综合转型，绿色转型的任务就是使常规经济社会转型的进程绿色化，必然是一个较长的过程，抓好最佳窗口机遇期，还应制定未来 10 ～ 20 年的绿色转型路线图，包括大气、水、土壤等环境质量改善的路线图和时间表，确保 2030 年左右或更早实现二氧化碳排放达到峰值，尽早迎来环境质量全面改善的转折点。这份路线图还应在完善环境空间规划以及可持续国内消费（尤其是在快速扩张的城市地区）方面提供前瞻性的指导。

（四）加快生态文明体制建设和生态环保体制改革进程，提高环境治理能力

一是构建生态文明建设高层领导和协调机制，比如，成立中央生态文明建设领导小组，设立国务院环境保护委员会。

二是按照生态系统管理方式，建立职能科学、结构优化、权责统一、运行高效的生态环保管理体制。整合分散在各部门的污染防治职能，实现所有污染源、污染物和环境介质的统一监管。

三是强化环保统一监管职能和独立执法权力，提高执行力。加强国家对地方政府环境保护绩效的监督。将环境质量作为地方政府政绩考核的重要指标。组织第三方定期对有关部门环保绩效进行独立评估，并将结果公开。

四是按照“五位一体”的要求，对经济、社会和文化等领域提出生态环境保护改革的具体要求，创新促进环境与经济社会协调发展的深层次制度。

（五）环境与发展领域的制度创新应取得突破性进展

一是在经济领域，落实面向绿色转型的市场化改革及经济结构调整，矫正环境、能源与发展之间的关系；二是在环境保护领域，全面创新环境保护制度，促进环境治理体系现代化，提高环境治理能力；三是加快新型城镇化战略的实施，探索基于生态文明理念的城镇化模式，制定具体的政策方案，抓好落实；四是创新区域大气污染防治机制，加强温室气体和大气污染物的协同减排；五是强化环境立法，尽快实施一些新的重要制度，如生态红线、环境审计等。

二、围绕生态文明建设目标总要求，改革创新环境保护制度体系

国家治理体系与治理能力现代化应以环保大部制和增强环保部门权威为总体改革方向。同时，明确各部门的环境保护职责，提高环保工作能力。打造政府主导的“多元共治”环境治理模式，推进环境管理各个领域的转型和创新。为此，建议：

（一）全面推动国家环境治理体系现代化，提高治理能力

（1）构建现代化的国家环境治理体系，大力提高国家环境治理能力。要根据制衡、公平和效率原则，建立国家环境保护法规制度、管理体制和运行机制有机结合、相互关联、共同作用的综合系统。形成有效的制衡机制；确保环境治理主体之间的公平、当代与后代之间的公平；同时提高环境、经济、社会和行政效率等。

（2）推动建立体现生态文明建设目标的环境法治体系。一是构建体现生态文明建设目标的法律体系。将生态文明建设中关于生态环境保护的要求以及相关配套的体制、机制和政策工具固化到法律文本中。对民法、经济法、刑法、行政法等传统部门法进行“生态化”改造，将生态系统管理的基本准则贯穿于每部单独的法律之中。二是大力推动环境司法。强化环境司法实践。推动环境和司法部门之间的协调，加强环境法庭和环境法官队伍建设。三是加强环境执法和监管。尽快制定新环境保护法相关条款的细则。建立一个法定、权威和独立的环保和公安部门联合执法的联动机制，改善执法监督的实效。

（3）确保环境保护部门的权威、能力和资源与其监督管理职责及任务相匹配。一是落实环保法中环境保护主管部门“对全国环境保护工作实施统一监督管理”的规定，国务院制定相关行政法规，明确规定环保部门监督同级政府相关部门及下级政府环保工作的权责及工作程序，加强部门间协调。二是建立环保部统一管理的国家环境质量监测网，向公众报告生态系统状况和环境质量。通过国家统计局，改革

和完善环境统计制度。三是加大财政对环保科学研究、监测及信息化能力、监督执法能力的扶持力度，显著加强环保部门人力资源配置，尽快作出环境管理执法人员尽职免责的司法解释。

（二）加强环境保护社会治理，形成多元共治格局

（1）优先制定落实公众参与、信息公开、环境诉讼的具体制度。借鉴国际上公众参与环保的经验和多方共治的模式，认真执行环境信息报告和公开制度。

（2）培育发挥环保组织的作用，营造有利于其发展的社会环境。制定法规，保护社会组织的合法权益，规范其行为；建立有利于为社会组织提供公共和私人资金、有利于政府购买其服务的机制；建立对公益环保组织的社会考评制度。

（3）鼓励基层组织关注环境问题的治理。反映公众环境诉求，制定环境保护的社规民约，倡导绿色生活方式。吸收借鉴国际上公众参与环保的经验与模式。

（4）推进工商企业治理现代化。一是提高企业财务绩效和环境、社会绩效的透明度和可比性；二是逐步实施企业财务与非财务绩效综合报告（包括气候风险评估和风险消减战略）的标准化制度；三是推动企业将气候变化和环境风险要素纳入其主要决策工具和进程。

（三）以提高效率、确保制度有效实施为目标，改革环境管理制度

（1）改革并继续实施污染物总量控制制度。研究制定包括主要污染物排放、煤炭消费、二氧化碳排放的全面总量控制制度。探索实施以环境容量为基础的区域性、流域性污染物总量控制制度和行业污染物总量控制制度。

（2）出台污染物排放许可制度相关法规和实施细则，将排污单位纳入统一监管。改革环境影响评价制度，废除“三同时”制度，做好与排污许可制度的衔接。开展将环境影响评价与排污许可证制度整合的试点。环境影响评价制度应重点用于战略、规划、政策和国家跨区域、海岸带以及河流流域对生态环境有重大影响项目的评价。

（3）完善环境与健康相关制度。将环境污染健康风险评估纳入环境政策、标准的制定过程中。健全环境公益诉讼制度，强化生态环境损害赔偿和责任追究。强化司法系统追究环境违法行为的责任和能力。

（四）建立有利于环境保护的激励机制

（1）尽快落实国家鼓励环境保护的各项财税、物价、金融等政策。中央财政带头确保环保投入资金增长率不低于财政收入增长率。设立专项环境污染治理基金。环境基础设施的建设运营鼓励公私合作模式，降低投资成本，提高运营绩效。

（2）抓紧建立企业环境信用评价体系。对以达标排放为基础、持续不断改进环境绩效的企业给予鼓励，为大量中小企业提供治理服务平台与贷款支持。积极推动行业、企业自愿追求良好环境绩效的行动。加强企业对“企业社会责任与环境信息公开透明”理念的培训。

（3）加快推进和完善生态补偿制度。坚持“谁污染谁付费，谁破坏谁赔偿，谁保护谁受益”的原则，调动地方政府特别是财政困难地区保护环境的积极性。

（五）实施政府和党政干部环境审计制度

（1）制定政府环境审计制度实施路线图。结合《大气污染防治行动计划》的实施，开展重点区域地方政府的环境审计。制定政府环境审计方法，明确各级地方政府、党政领导干部为环境审计的主要对象。强化政府环境审计的独立性、公开性和透明度。探索建立人民代表大会下的政府环境与资源一体化的审计制度。

（2）建立和完善政府环境审计的相关法律法规基础。一是修改审计法、审计条例及相关审计准则体系，完善环境审计结果公开相关管理办法。二是修改环境保护相关法律法规，增加环境审计相关内容。三是审计署和环境保护部加强沟通协作，联合出台《关于开展政府环境审计的指导意见》。最终实现由审计机关全面、独立开展环境审计。

（3）加强政府环境审计技术规范体系建设。一是逐步研究建立不同类型政府环境审计的体系。二是编制政府环境审计准则、规范标准等技术体系。三是加强政府环境审计制度与其他相关制度的协调，包括与政府向同级人大报告制度、环境信息公开制度、公众参与等制度之间的协调，提高环境审计制度实施的效率。

（4）加强政府环境审计的能力建设。一是加强各级政府审计部门环境审计职能、机构和人才队伍建设。二是提高政府环境审计的独立性和权威性。三是加强环境审计信息化建设和培训教育，加强与国际审计机构的合作。四是启动政府环境审计试点。增加政府环境审计能力建设的资金投入。

三、创新经济绿色转型政策，实现经济结构再平衡

绿色转型的核心是中国经济的绿色转型。中国经济要实现绿色转型，需要从“结构调整”和“路径选择”方面进行突破，特别是从能源消费入手。最近中美达成的温室气体减排目标提出，中国计划2030年二氧化碳排放达到峰值且将努力早日达峰。实现这个目标需要更大力度的结构调整和经济改革措施。为此，建议：

（一）矫正以高投资、低消费和过度投资为特征的经济和产业结构失衡，实现再平衡

（1）将储一投资一消费结构比例调整到适当的水平。在 2020 年之前，将消费 / GDP 比率增加 10%，以及相应减少投资 / GDP 比率 10% 来实现经济结构再平衡。大力鼓励可持续消费。

（2）调整政策，促进投资一消费结构的再平衡。推进财税体制、行政体制、户籍制度和社会保障制度等方面的改革，使政府支出结构合理化，减少过度投资，改善社会保障和公共服务。改善收入分配格局，缩小收入差距。

（3）推动产业结构的绿色转型。适度降低重工业比重，大力推动服务业发展。取消对工业部门的一系列特殊优惠，实行同地同价、同电同价，同等条件同等利息、同等税率。

（二）改革资源税、资源价格，设立环境税，采取经济手段促进绿色转型

（1）改革资源税。根据资源级差，对石油征收 10% ～ 15% 的资源税，对进口石油征收同等税率的资源税。根据资源级差，对煤炭征收 10% ～ 15% 的资源税，对进口煤炭征收同等税率的资源税。天然气资源税税率继续保持 5%。进口天然气免征资源税。设置水资源税目，根据资源级差，制定税率。资源税从价计征。

（2）改革汽车消费税。根据汽车燃料消耗评估水平实行累进税制。

（3）改革价格形成机制。除限额内居民用电和农业用电外，所有用电实行同电同价，提高到合理市场价格，不允许例外。根据用水的全生命周期成本制定用水价格。

（4）设立环境税。根据污染者付费原则对污染物排放征收环境税。

（三）实行能源消费总量控制目标，构建基于需求方的能源政策

（1）实行能源消费总量控制政策。中国能源消费总量力争低于 48 亿吨标准煤，煤炭消费总量不超过 40 亿吨标准煤，并力争在 2030 年以前尽早实现二氧化碳排放达到峰值。

（2）确定能源结构调整战略目标。建议 2020 年前使煤炭比例明显下降，并控制石油增量，使其尽早于 2025 年达到峰值。2025 年前后非化石能源增量高于化石能源；2030 年前化石能源消费实现绝对量下降。

（3）构建基于需求方的可再生能源发展政策。运用强制性的法律法规推动可再生能源发电能力和使用；将非化石能源所占比重每年至少提高0.7个百分点，使可再生能源在2030年或提前实现占能源消费的20%以上的目标。

（4）建立和实施能源消费指标交易系统。制定关于能源消费指标交易体系的标准或法规。建立灵活的质量控制目标系统，根据效率和公平标准设置不同地域的能源消费交易配额；并逐步在全国推开。

（四）构建绿色金融体系，为绿色转型提供金融支持

（1）研究成立中国绿色银行。以绿色债券为主要融资来源，考虑由政府作为发起人组建专业从事绿色投资的银行，充分发挥绿色债券的杠杆作用和专业评估能力的规模效益。

（2）完善财政贴息机制，鼓励绿色贷款。建议财政部门、发改委与银行监管部门和金融机构合作，制订一套科学、有效、便捷的对绿色项目的贴息计划。

（3）建立基于风险的银行和评级公司绿色信贷体系。银行和评级公司在项目评估中引入环境风险因素，建立绿色信贷体系。强化银行对贷款的环境风险控制，减少绿色项目的融资成本。

（4）建立公益性的环境成本信息系统。建立基于自然资本负债概念的公共环境成本信息系统，为决策部门和全社会投资者提供依据。

（5）在若干领域实行强制性绿色保险。如石油和天然气开采、石油化工、钢铁、塑料等行业均强制投保。

（6）建立上市公司和发债企业的环境信息披露机制。强制要求上市公司和发行债券的企业定期发布社会责任报告，披露其环境影响信息。

四、探索基于生态文明理念的城镇化发展模式

中国正在进行着规模巨大、快速变化且拥有短暂政策窗口期的城镇化进程。城市是增长的引擎、创新发展模式的榜样和环境保护的领跑者，同时也是拥有高品质生活、繁荣和健康的地方。通过好的治理过程来构建好的城市，这样城市才可以在中国迈向生态文明的道路上承担更多的责任。为此，建议：

（一）以综合性空间规划来诊断城镇化问题，制定城镇化发展目标与约束条件

（1）建立健全省市两级空间管制体系。在省级层面建立基于整体生态安全和环境保护的空间管制制度；立足省级空间管制，制定特大城市地区和城镇密集地区

的城乡一体化规划，确定城市增长边界，统筹生态空间、生产空间、生活空间布局。

（2）构建有利于环境与居民健康的城市布局。从城市规划、建设到管理各个方面都以人的健康为中心。以多中心和保护“绿心”的城镇群发展替代单个特大城市持续蔓延的模式，促进绿色交通发展。

（3）严格执行国家建设用地标准。对于超过国家人均城镇建设用地标准30%以上的城镇，由中央政府出台限制新增建设用地的相关政策。严控城镇空间不合理增长与无序蔓延，鼓励存量建设用地和旧建筑的再利用，确保城市扩张不会越过生态红线。

（4）立足多部门协作，推进区域协同治理和生态文明城镇化试点工作。将生态文明城镇化试点纳入现有的国家生态文明示范创建体系，重点对京津冀、长三角、珠三角开展区域协同治理试点；推进“生态文明的城镇化模式”示范工程。

（二）建立健康的财税体制和适应性的发展模式

（1）地方财政应逐步与土地开发与出让脱钩。实行以目标导向为分配原则的中央财政预算，建立地方财产税或城市开发建设其他税费，以替代现有的土地财政模式。建立土地市场时应确保环境敏感区或那些具有优先保护价值的绿地空间仍由政府掌控。

（2）更加关注城市应对气候变化的能力和其他城市环境类规划。建立适应气候变化风险评估框架以及相应的财政应急资金。

（3）通过发行绿色债券等方式鼓励社会资本参与。建立长期有效的财税鼓励机制，降低城市生活对资源与能源的消耗，应对老龄化的挑战。

（三）落实以人为本、尊重生态系统、生态服务和绿色空间的城镇化

（1）加强对城市发展决策者（尤其是市长、书记）的培训教育。提高其绿色、低碳、循环发展方面的知识水平，建立奖惩考核机制。构建面向公众的生态文明宣传教育体系。

（2）城市设计应立足人的尺度。加强对自然与文化遗产的系统保护，增强居民的文化认同感；倡导“小规模、渐进式、多方参与”的更新方式，延续历史文脉和传统记忆。

（3）建立城市资源环境有效利用和生活质量等绿色发展监测和评估体系。定期更新和发布未来对城市人口造成健康威胁的空气、水和土壤污染、气候变化影响和应对的预测结果，作为政府官员绩效考核的重要依据。

五、创新区域大气污染防治机制，切实遏制和扭转严重的大气污染局面

为改善空气质量和保护公众健康，中国政府于2013年出台了历史上最严格的大气污染治理措施——《大气十条》。为顺利实现《大气十条》减排目标，亟须开展多污染物、多污染源和多区域的协同控制，采用调整能源结构、提高能源效率、加强末端治理等全过程的控制措施。为此，建议：

（一）建立基于质量改善的大气污染防治管理模式

（1）确立空气质量达标的法律地位。应在《大气污染防治法》中明确规定实施以空气质量达标为核心的大气环境保护目标责任制和考核评价制度。对于不达标区域，应设定今后五年大气质量改善的量化目标，严格按照新的环保法实施。

（2）采用科学的大气环境管理分区。以空气质量改善为核心，研究开发空气质量模型，进行科学的大气环境管理分区。在分区内通过统一的机构、法规和政策对空气质量实施统一管理。

（3）建立科学的大气污染防治绩效评估制度。建立《大气十条》实施的预评估、年度评估和终期评估制度。

（二）完善区域大气污染联防联控机制

（1）制定统一的区域空气质量达标规划。针对污染严重的大气环境管理分区，从国家层面以区域空气质量整体达标为目标，提出区域内不同城市实现空气质量达标的时间表、分阶段空气质量改善目标及合理可行的控制方案。

（2）建立明确、统一、完整的区域大气污染防治管理机制。构建区域内统一的环境决策协商机制，建立区域环境影响评价会商机制，实施区域重污染天气应急联动。保障预警、应急信息及时传达给公众。

（3）建立区域决策支持和规划机构。成立由环保部等多部委资助的区域规划组织，组织开展区域大气污染成因溯源等基础性研究，筛选推荐先进适用的、区域共性的、工程化的大气污染治理技术。

（三）进一步强化区域大气污染防治政策

（1）推进煤炭清洁高效可持续利用，加速能源结构调整。将煤炭优先用于控制水平较好的电厂等大型燃烧设备，提高煤炭洗选比例，推广使用洁净煤技术。实施煤炭总量控制。

（2）完善机动车污染防治的经济激励政策。适时征收机动车燃油附加费，所

收费用用于建立大气污染治理专项基金。在燃油质量提高的前提下，实施最严格的车辆排放标准。通过财税手段促进老旧机动车和黄标车的淘汰。

（3）强化多源、多污染物的协同控制。在控制对象上对SO_2、NO_x、一次$PM_{2.5}$、VOC、NH_3等多污染物协同控制，在控制领域上对工业源、民用和农村面源、机动车和非道路机械综合控制，在控制策略上实现区域和城市之间的联防联控。推行充分体现区域特点的差异化大气污染防治策略。

六、实施国家生态保护红线制度

党的十八届三中全会决定明确提出要在中国实施生态保护红线制度。总体上，中国的生态保护红线制度在实践中仍面临众多挑战，主要包括生态红线概念与内涵的认识不统一，缺乏制度、部门、区域之间的协调机制，缺乏生态保护红线管护标准和制度等。为此，建议：

（一）将国家生态保护红线体系及相关制度纳入立法

（1）明确生态保护红线的内涵与体系构成。生态保护红线是指为维护国家、区域和地方生态系统和环境服务持续供给所必须严格保护的最小空间范围，必须能够确保关键生态系统功能的完整性，避免优先保护物种栖息地的破碎化。应进一步明确内涵与体系构成，尽快开展红线划定试点工作。

（2）将部分国土面积确定为国家生态保护红线。红线的划定应依据中国的生态问题、生态敏感性和生态系统服务重要性空间特征。将部分国土面积确定为国家生态保护红线是可行的。这个生态红线总量将涵盖大部分（但可能不是全部）现有的保护区。

（3）在未来三年至五年内通过生态保护红线立法。建议国务院尽快制定《生态保护红线管理办法》，对生态保护红线的定义与内涵、划定方法、管理体制等作出规定。

（二）完善陆地和海洋利用空间规划体系，明确划定生态保护红线

（1）完善土地利用规划分类体系。增设生态用地类型，形成包括农业用地、建设用地和生态用地的新的土地利用规划分类体系，取消原有的未利用地类型，因为这些土地也具备生态价值。在空间规划中明确划定生态保护红线，从规划层面强化生态保护红线划定的重要地位。

（2）划定海洋生态保护红线。通过海洋生态功能区划和海洋其他空间规划，

划定海洋生态保护红线，维护海洋生态系统和滨海湿地的健康和生态安全。

（三）建立新的生态保护、监测和执法国家协调机制

成立自然生态保护管理机构，统一对中国自然保护区、国家公园、生态功能保护区等主要类型自然保护地进行管理，强化生态保护红线监管。

（四）完善自然保护地体系，建立生态保护红线分部门、分类、分级管理机制

（1）完善自然保护区体系。进一步明确和整合中国现有不同类型的保护区的功能定位与管理体制，建立由自然保护区、国家公园、风景名胜区、农业种质资源保护区、生态功能保护区等类型构成的自然保护地体系。

（2）建立生态保护红线分部门、分类、分级管理机制。统筹生态保护红线区域与自然保护地，将生态保护红线区域落实到自然保护地体系中，实施统一协调和分类分级、分部门管理，实现生态保护红线区域的有效保护。

（五）以生态保护红线为基础，完善生态补偿制度和激励机制

综合考虑土地权属与利益相关者建立生态补偿长效机制，将生态补偿直接支付到生态保护红线区的土地所有者或经营者。以生态保护红线区为重点布局重大生态建设工程。依据生态保护红线区面积及保护成效，完善生态转移支付政策，实现生态转移支付强度与生态保护红线区域面积和保护成效挂钩。为避免生态用地在受到生态红线保护之前遭受其他用途的突击开发，建议考虑冻结某些地区的开发活动。

附件

附件 1

中国环境与发展重要政策进展（2013—2014）与国合会政策建议影响

前 言

2014 年是全面贯彻落实《中共中央关于全面深化改革若干重大问题的决定》的开局之年，是实施“十二五”规划承前启后的关键一年。生态文明建设的顶层设计已经逐步完善，环境法治取得重大进展，多元共治的现代环境治理体系初步建立，中国政府正在扎实推进节能减排的攻坚战。《中共中央关于全面深化改革若干重大问题的决定》是典型的顶层设计，强调要加强生态文明制度建设，包括健全自然资源资产产权制度和用途管制制度，划定生态保护红线，实行资源有偿使用制度和生态补偿制度，改革生态环境保护管理体制。此外，更加“绿化”的政绩考核机制，也为中国的绿色转型提供了强大的动力。

生态文明建设的推进归根结底要依靠法治。这一年来，中国无论是在立法、司法还是执法领域都取得了显著进展。“史上最严”的《环境保护法》的通过，最高人民法院环境资源审判庭的成立，被追究污染环境犯罪的案件数量的“爆炸性”增长，都说明中国的环境立法、司法、执法越来越严格，越来越有威慑力，生态文明和美丽中国也越来越有保障。

通过社会治理创新，可以让公众和市场在环境保护中发挥更大作用。新《环境保护法》和诸多规范性文件都强调应当让公众和市场在环境保护中发挥更大作用，通过公众参与、环境公益诉讼、企业环境信用评价等手段，加强对企业的监督，提高企业的违法成本。环保部联合国家发改委、中国人民银行、银监会发布《企业环境信用评价办法（试行）》，指导各地开展企业环境信用评价；新《环境保护法》明确规定，应当将企业的环境违法信息记入社会诚信档案，通过对企业进行环境信用评级，引导公众和市场对其进行肯定或否定评价，共同构建环境保护“守信激励”和“失信惩戒”机制，解决环保领域“违法成本低”的不合理局面。

回顾过去一年，在环境与发展领域，新政策和举措可圈可点之处颇多，政策进步之大前所未有（见附录：2013—2014 年中国环境与发展重要政策进展）。在这些大的政策背景下，国合合多年来所提议和倡导的诸多政策主张已经成为了政策现实（见附表：国合会近年主要政策建议与 2013—2014 年政策进展）。

一、生态文明体制建设和制度创新稳步推进

2013 年国合会年会正值党的十八届三中全会刚刚闭幕。国合会委员们在高度赞赏中国政府在推进生态文明建设的新努力的同时，为未来的制度化建设提出建议。国合会建议，要以三中全会提出的生态文明制度为重点，加强顶层设计和高层领导，制定实施规划，系统全面有计划、有步骤地实施。通过示范试点、建立考核体系、建立良好的治理体系等手段促进生态文明建设，抓住“十三五”的重要时机，做好“十三五”的规划，实现绿色转型。国合会还就影响环境与经济社会发展关系的重点领域以及环境保护的重点领域提出了建议，并就环境影响评价制度的完善、从规则层面将经济、社会发展与环境规划相统一协调提出了具体的建议。

在落实生态文明制度建设的顶层设计方面，中央全面深化改革领导小组下设了 6 个专项小组中，将经济体制和生态文明体制改革作为一个专项小组，并且排在第一位。环保部部长周生贤出任专项小组的副组长。这体现中央对生态文明建设和环境保护的高度重视，以及协调经济与生态环境保护关系、将两者统筹考虑的战略定位。

环保部作为落实生态文明制度建设的重要部门之一，在过去一年中，积极探索生态文明的制度建设。环境保护部成立了全面深化改革领导小组，负责环境保护全面深化改革的工作。环保部部长周生贤指出，生态文明建设是一项复杂庞大的系统工程，要站在推进国家生态环境治理体系和治理能力现代化的高度，着力构建推进生态文明建设和环境保护，并提出生态文明制度建设的“四梁八柱”。一是以积极探索环境保护新路为实践主体，进一步丰富环境保护的理论体系。这是推进生态文明建设的有效路径。二是以新修订的《环境保护法》实施为龙头，形成有力保护生态环境的法律法规体系。这是推进生态文明建设的强大武器。三是以深化生态环保体制改革为契机，建立严格监管所有污染物的环境保护组织制度体系。这是推进生态文明建设的组织保障。四是以打好大气、水、土壤污染防治三大战役为抓手，构建改善环境质量的工作体系。这是推进生态文明建设的主战场。

“十三五”成为生态文明制度建设的重要窗口期。2014 年 4 月，国家发改委启动“十三五”规划编制工作，就重大问题的规划开展前期研究招标。其中涉及生态文明建设和环境保护的课题有三项，分别是：“十三五”生态文明建设及制度研究、

"十三五"环境治理重点及模式创新研究、"十三五"应对全球气候变化及绿色低碳发展研究。

二、碳交易、排污权交易试点进一步推进

国合会历来重视环境经济手段在推动节减排和实现生态文明建设中的重要地位，价格、税收、排放交易等以市场机制为基础的长效机制都是国合会政策建议的一项重要内容。2011 年国合会政策建议提出，要实现低碳经济发展的目标和任务，中国需要在技术创新、市场机制和制度建设的基础上，逐步探索和建立自愿性的碳排放交易体系，促进碳融资和技术引进，利用市场机制推动促进低碳经济发展。2013 年碳排放交易作为一项控制二氧化碳排放的经济手段取得了重大进展。

2013 年 6 月深圳率先正式启动碳交易市场，上海、北京、广东、天津也于 2013 年年底相继开市，湖北、重庆两地的碳交易市场也分别在 2014 年 4 月和 6 月正式启动。七个碳交易试点城市都已建立了登记注册系统和交易平台，制定了主要行业企业温室气体排放核算和报告指南、第三方核查指南、交易规则等配套细则，基本完成了中国碳交易市场从无到有的建设任务。试点交易涉及行业或领域覆盖钢铁、化工、电力、热力、石化、造纸、有色、油气开采、大型建筑等。截至 2014 年 6 月 29 日，已启动交易的试点省市累计总成交量约 856 万吨二氧化碳，总成交额约 3.38 亿元[①]。

与此同时，国家发改委着手开始全国碳市场的建设，已经启动制定全国碳排放权交易管理办法，研究全国碳交易总量控制目标及分解落实方案，继续研究制定重点行业企业温室气体核算与报告指南，开发建设国家碳交易登记注册系统。2014 年 1 月，国家发改委下发通知组织开展重点企（事）业单位温室气体排放报告工作，为开展碳排放权交易等相关工作提供数据支撑。

截至 2014 年 6 月，七个碳交易试点城市都已制定了碳排放交易管理办法。碳排放交易的基础法律框架初步建立。2013 年 11 月 20 日，上海市率先发布了《上海市碳排放管理试行办法》；12 月 20 日，天津市发布了《天津市碳排放权交易管理暂行办法》；2014 年 1 月 15 日，广东省发布了《广东省碳排放管理试行办法》；3 月 19 日，深圳市发布了《深圳市碳排放权交易管理暂行办法》；4 月 6 日，湖北省发布了《湖北省碳排放权管理和交易暂行办法》；4 月 26 日，重庆市发布了《重庆市碳排放权交易管理暂行办法》；5 月 28 日，北京市发布了《北京市碳排放权交易管理办法(试行》。这些《办法》的篇章结构基本类似，涵盖排放权配额的分配与

① "应对气候变化工作取得积极进展"，载国家发改委网：http://xwzx.ndrc.gov.cn/xwfb/201408/t20140806_621439.html，最后访问时间：2014 年 8 月 17 日。

管理、碳排放权交易、碳排放权监测、报告与核查、激励和约束机制等，并且都规定了法律责任。承担法律责任的主体一般包括纳入碳排放控制管理的碳排放单位、交易机构、交易主体、第三方核查机构。每个试点城市规定的纳入碳排放控制管理的碳排放单位的范围有细微差异，广东和深圳两地的《办法》不但明确规定了纳入碳排放控制管理的碳排放单位的范围，而且将排放量较大的公共建筑（包括政府大楼）也纳入其中。具体的交易规则也有不同。深圳、天津允许审查通过的个人进场交易；而广东、上海现阶段仅允许管控企业之间进行交易。此外，除了在交易所进行的场内交易，北京、天津还同时允许企业之间进行线下的协议交易。总之，七个碳交易试点城市，无论是技术层面还是法律保障层面，目前都已经比较完善，碳交易实践正在稳步推进。

区域层面，2013 年 11 月 28 日，京津冀晋蒙鲁六省市签订跨区域碳排放权交易合作研究协议，拟在二氧化碳排放核算、核查、配额核定等方面开展合作研究，这将为建设区域性碳交易市场打下基础，同时也将为推动建设全国性碳交易市场探索路径。

国家层面，2013 年 10 月，国家发改委主办的中国清洁发展机制网建立了“自愿减排交易信息平台”。在此平台上，自愿减排项目可以完成审定、注册、签发的公示，而签发后的减排量即可进入交易所交易。这标志着 CCER（中国核证自愿减排量）的交易迈出了实质性的一步。2013 年 12 月底，国家发改委气候司发布《自愿减排项目备案审核理事会第 1 次会议通知》，标志着国内自愿减排项目程序取得了突破性进展，后续的注册程序或已理顺。根据通知内容，气候司组织了审核会，成员包括外交部、科技部处、财政部、环保部等各部门的相关司处，同时还包括已经批准的三家审核机构（CQC、CEC 和广州赛宝）。2014 年 3 月 27 日，中国自愿减排交易信息平台公布了两个成功备案的项目，开启了中国自愿减排项目的注册通道。这两个项目即为此前第一次评审上会时通过的两个风电项目。根据公布的项目信息，两个项目分别是内蒙古巴彦淖尔乌兰伊力更 300 兆瓦风电项目和甘肃安西向阳风电场项目，总计年减排量为 84.86 万吨。其中安西向阳项目曾在北京环交所启动时以单价 16 元 / 吨意向出售了 1 万吨 CCER，卖方为龙源碳资产。此次注册登记的两个风电项目均申报了已注册的 CDM 项目在注册日前产生的减排量（PRE-CDM），且都是广州赛宝作为第三方完成审定。总计 PRE-CDM 的 CCER 量为 176.1 万吨。

2014 年 4 月 29 日，国家林业局出台《关于推进林业碳汇交易工作的指导意见》，指导各地完善清洁发展机制（CDM）林业碳汇项目交易，推进林业碳汇自愿交易，旨在重点探索碳排放权交易下的林业碳汇交易。《意见》规定，清洁发展机制林业碳汇项目交易按照国家发改委、科技部、外交部、财政部联合制定的《清洁发展机制项目运行管理办法》执行。在开展活动时，项目实施单位应就土地合格性、权属、项目组织实施等问题与林业主管部门沟通协商。省级林业主管部门要为项目实施单位在本辖区内开展相关活动提供业务指导，做好协调服务，同时掌握本辖区内开展的清洁发展机制林业碳汇项目活动情况，及时上报国家林业局。

2014 年 5 月 20 日，中国与欧盟正式启动全新的碳排交易合作项目，这标志着中欧共同削减全球温室气体排放的努力又迈出了坚实的一步。新的合作项目为期三年，其中欧盟出资 500 万欧元。中欧年度气候变化双边对话会议于 5 月 20 日举行，会议议程包括国际气候变化谈判、中欧各自的气候变化政策以及中欧合作等。在新的合作项目下，欧方专家将与中国七个碳交易试点城市的专家和政策制定者分享欧盟碳交易领域的经验，并为中国建立国家层面的碳交易体系提供支持，包括支持一些关键系统“模块”的设计，如设立碳排放上限、配额的发放、建立关键的市场架构以及设立监督、报告、核查与认证体系等。

2014 年 7 月 15 日，全国碳排放管理标准化技术委员会成立大会在国家发展和改革委召开。全国碳排放管理标准化技术委员会主要负责碳排放管理术语、统计、监测，区域碳排放清单编制方法，企业、项目层面的碳排放核算与报告，低碳产品、碳捕获与碳储存等低碳技术与设备，碳中和与碳汇等领域国家标准制修订工作；并对口国际标准化组织二氧化碳捕集、运输与地质封存技术委员会（ISO/TC265）和环境管理技术委员会温室气体管理及相关活动分技术委员会（ISO/TC207/SC7）。

2014 年 8 月 31 日，国家发改委应对气候变化司副司长孙翠华在 2014 年中国低碳发展战略高级别研讨会上透露，全国统一碳排放权交易市场计划于 2016 年试运行，配额由国家统一分配，局部省市先入场，未入场省市仍须完成分配的总量目标。目前，国家发改委已经完成《中国碳排放权交易管理办法》的起草工作，正在内部讨论，10 月上旬征求相关部门的意见，计划于 11 月初上报国务院和中央改革领导小组。

除了继续推进碳交易试点，2014 年 8 月 6 日，国务院办公厅发布了《关于进一步推进排污权有偿使用和交易试点工作的指导意见》，提出到 2015 年年底前试点地区全面完成现有排污单位排污权初次核定，以后原则上每 5 年核定一次。到 2017 年年底基本建立排污权有偿使用和交易制度，为全面推行排污权有偿使用和交易制度奠定基础。这是中国首次明确该方面的时间表，说明中国将更多通过市场机制选择最有效率的方法，推动节能减排和生态文明建设。该指导意见明确规定不得为不符合国家产业政策的排污单位核定排污权，提出建立排污权储备制度，回购排污单位“富余排污权”，适时投放市场，重点支持战略性新兴产业、重大科技示范等项目建设。通过排污权约束淘汰落后产能，支持战略性新兴产业，体现了国家产业结构调整的思路。

三、资源、环境税费改革取得进展

长期以来，国合会积极倡导通过资源与环境税、费等经济手段实现经济的绿色转型。2012 年国合会政策建议中提出，“全面实施绿色税收体系（包括环境税和资源税） 和其他市场激励机制，推进企业和消费者行为转变”“积极推进资源性产品价格改革和环保收费改革，深化绿色投资、绿色信贷、绿色税收、绿色价格、 绿色贸易、绿色证券、绿色保险等环境经济政策”。

《中共中央关于全面深化改革若干重大问题的决定》中要求：“加快资源税改革”“逐步将资源税扩展到占用各种自然生态空间” “推动环境保护费改税”。2014 年 4 月通过的《环境保护法》也为环境税立法作出了衔接，明确表示要“依照法律规定征收环境保护税的，不再征收排污费”。

北京、天津等地方率先提高排污费征收标准，加强经济手段在引导污染治理方面的作用。北京市自 2014 年 1 月 1 日起在全国率先大幅提高二氧化硫、氮氧化物、化学需氧量、氨氮四项主要污染物收费标准，由原来的 0.63 元 / 千克、0.63 元 / 千克、0.7 元 / 千克、0.875 元 / 千克，提高到 10 元 / 千克、10 元 / 千克、10 元 / 千克、12 元 / 千克，调整后的标准为原标准的 14 ～ 15 倍，为全国最高水平。对污染物实际排放低于规定排放标准 50% 的企业，实行按基准价减半计收排污费的奖励；排放标准 50% ～ 100%，按基准价计收排污费；超标则按基准价加倍计收排污费，同时要依规处罚。2014 年第一季度，北京市排污费开单金额达 8 800 万元，相较上年第一季度 834 万元大幅提升。与此同时，北京市许多排污单位积极采取有效措施减少污染物排放。①

自 2014 年 7 月 1 日起，天津市开始实施新的排污费征收标准：二氧化硫每千克为 6.30 元（调整前为 1.26 元）；氮氧化物每千克为 8.50 元（调整前为 0.63 元）；化学需氧量每千克为 7.50 元（调整前为 0.7 元）；氨氮每千克为 9.50 元（调整前为 0.88 元）。为鼓励低标准、惩罚超标准排放，增强企业治污减排的积极性，与北京市一样，天津市环保局制定了差别化排污收费政策。

2014 年 9 月 1 日，国家发改委、财政部和环保部联合发布《关于调整排污费征收标准等有关问题的通知》（简称《通知》），上调排污费征收标准。《通知》要求，2015 年 6 月底前，各省（自治区、直辖市）价格、财政和环保部门要将废气中的二氧化硫和氮氧化物排污费征收标准调整至不低于每污染当量 1.2 元，将污水中的化学需氧量、氨氮和五项主要重金属（铅、汞、铬、镉、类金属砷）污染物排污

① “我市主要污染物排污费提标促进治污减排效果显著”，载北京市环保局网，http://www.bjepb.gov.cn/bjepb/323474/331443/331937/333896/397747/index.html，最后访问时间：2014 年 9 月 10 日。

费征收标准调整至不低于每污染当量 1.4 元。在每一污水排放口，对五项主要重金属污染物均须征收排污费；其他污染物按照污染当量数从多到少排序，对最多不超过 3 项污染物征收排污费。通知要求，要通过在线监测设施加大排污费的征收率，实施差异化的征收费率，鼓励减排。加强环境执法检查和对排污费征收情况的检查，严厉打击偷排偷放、非法排放有毒有害污染物，不正常使用污染防治设施等违法行为；坚决查处未按规定缴纳排污费或者逾期不缴纳的行为，并依据有关规定进行处罚。要向社会公开企业污染物排放、排污费征收及使用情况等信息，提高透明度。

在提升排污费，加强污染治理的同时，资源税的改革也在同步推进。特别是煤炭资源税改革已驶入“快车道”。在 2014 年全国“两会”期间，财政部提交全国人大审议的《关于 2013 年中央和地方预算执行情况与 2014 年中央和地方预算草案的报告》中明确表示“实施煤炭资源税从价计征改革”。国家发改委提交全国人大审议的《关于 2013 年国民经济和社会发展计划执行情况与 2014 年国民经济和社会发展计划草案的报告》中也提到：“2014 年经济社会发展的主要任务”中的“财税体制改革”就包括“推动煤炭资源税改革”。

天然气价格改革取得进展。2014 年 8 月《国家发展改革委关于调整非居民用存量天然气价格的通知》，决定非居民用存量气最高门站价格每千米^{3}提高 400 元。

四、积极推进绿色投资与消费

2011 年，国合会在给中国政府的政策建议中提出，要推动中国投资的可持续化和可保障性。建立起一整套评估、许可和监管体系，方便政府适当监督海外投资企业在国外的经营活动。2014 年商务部发布《境外投资管理办法》（商务部令 2014 年第 3 号）要求：企业应当要求其投资的境外企业遵守投资目的地法律法规、尊重当地风俗习惯，履行社会责任，做好环境、劳工保护、企业文化建设等工作，促进与当地的融合。

2011 年，国合会在政策建议中提出要推动可持续消费；2013 年的政策建议又提出，改革完善有利于可持续消费的定价制度、税收制度和财政激励机制。2014 年 3 月，国家发改委出台《国家发展改革委关于建立健全居民生活用气阶梯价格制度的指导意见》，决定推动居民用气阶梯价格。第一档气价，按照基本补偿供气成本的原则确定，并在一定时期内保持相对稳定；第二档气价，按照合理补偿成本、取得合理收益的原则制定，价格水平原则上与第一档气保持 1.2 倍左右的比价；第三档气价，按照充分体现天然气资源稀缺程度、抑制过度消费的原则制定，价格水平原则上与第一档气保持 1.5 倍左右的比价。

国合会在 2013 年的政策建议中提出：“加大绿色公共采购力度，向绿色供应链生产的产品倾斜。修改政府采购招标系统，将新能源、低排放汽车纳入政府采购清单，促使成为法定采购标准的重要考核指标。”为了推动节能环保产业发展，防治大气污染，2014年7月13日，国家机关事务管理局等五部委联合公布了《政府机关及公共机构购买新能源汽车实施方案》，明确了政府机关和公共机构公务用车“新能源化”的时间表和路线图。对于如何落实这些目标要求，该实施方案提出了14项具体措施，包括政府机关和公共机构购买新能源汽车享受财政补贴，轿车采购价格扣除财政补贴后不得超过18万元；地方政府应把新能源汽车充电设施作为城市公共基础设施，纳入城市建设发展总体规划；地方在制定和执行机动车限号行驶、牌照额度拍卖、购车配额指标、道路优先通行等制度方面，应对新能源汽车适当给予政策优惠等。据介绍，方案还规定全程量化考核反馈监督，提出从2015年开始，各省区市公共机构节能管理部门应当按年度统计汇总上一年度新能源汽车配备情况、累计行驶里程、能耗、费用等情况，报送国家机关事务管理局。同时，方案规定，对工作进展缓慢、未达到购买比例要求的予以通报；对弄虚作假、造成不良影响的责令整改，并追究有关领导责任。

2014年8月，环境保护部发布《“同呼吸，共奋斗”公民行为准则》。倡导公众践行低碳、绿色生活方式和消费模式，积极参与大气污染防治和环境保护。倡导绿色消费，优先购买绿色产品，不使用污染重、能耗大、过度包装产品。厉行节约，节俭消费，循环利用物品，参与垃圾分类。

五、新型城镇化规划走绿色城镇化道路

2012年中央经济工作会议指出，城镇化是我国现代化建设的历史任务，也是扩大内需的最大潜力所在，要围绕提高城镇化质量，因势利导、趋利避害，积极引导城镇化健康发展。2013年12月12日至13日，中央城镇化工作会议在北京举办，习近平总书记、李克强总理发表重要讲话。会议指出，城镇化是现代化的必由之路。推进城镇化是解决农业、农村、农民问题的重要途径，是推动区域协调发展的有力支撑，是扩大内需和促进产业升级的重要抓手，对全面建成小康社会、加快推进社会主义现代化具有重大现实意义和深远历史意义。

国合会在2013年的政策建议中提出，高度关注城镇化进程中的资源环境挑战，探索绿色城镇化模式，要提高城镇资源能源利用水平、同步建设城镇环境基础设施和鼓励和推动城市绿色出行。

2014年3月18日，国务院印发《国家新型城镇化规划（2014－2020）》（以下简称《规划》），提出要“加快绿色城市建设”，按将生态文明理念全面融入城市发展，构建绿色生产方式、生活方式和消费模式。严格控制高耗能、高排放行业

发展。节约集约利用土地、水和能源等资源，促进资源循环利用，控制总量提高效率。加快建设可再生能源体系，推动分布式太阳能、风能、生物质能、地热能多元化、规模化应用，提高新能源和可再生能源利用比例。实施绿色建筑行动计划，完善绿色建筑标准及认证体系、扩大强制执行范围，加快既有建筑节能改造，大力发展绿色建材，强力推进建筑工业化。合理控制机动车保有量，加快新能源汽车推广应用，改善步行、自行车出行条件，倡导绿色出行。实施大气污染防治行动计划，开展区域联防联控联治，改善城市空气质量。完善废旧商品回收体系和垃圾分类处理系统，加强城市固体废弃物循环利用和无害化处置。合理划定生态保护红线，扩大城市生态空间，增加森林、湖泊、湿地面积，将农村废弃地、其他污染土地、工矿用地转化为生态用地，在城镇化地区合理建设绿色生态廊道。

六、积极推动信息公开与公众参与，改善环境公共治理结构

国合会在历年的政策建议中，都非常关注中国的环境法治建设、公众参与以及中国参与国际环境合作的问题。国合会始终认为，完善的环境法治、充分的公众参与以及积极地参与国际环境合作，是促进中国的绿色转型、改善环境质量、建设美丽中国以及树立中国作为负责任的大国形象的必要条件。一年来，中国政府在环境法治、信息公开、公众参与以及国际环境合作方面又作出了新的探索与努力。

中国政府越来越认识到，信息公开和公众参与是环境保护事业必不可少的组成部分，在过去一年中，坚定不移地推进环境信息公开和公众参与，取得了良好成效，重大环境群体性的数量有所减少，从 2013 年 10 月至今，影响较大的群体性事件包括广东茂名市民反对 PX 项目事件以及杭州余杭市民反对垃圾焚烧场项目事件。

国合会在 2013 年政策建议中提出："进一步完善和落实环境信息公开制度""改善环境公共治理结构，建立政府—公众—企业绿色合作伙伴关系""通过法律将环境权利明确为公民的基本权利，同时确定公民对等的环境责任和义务。创新环境保护的社会管理机制，通过社会组织整合各类社会资源和力量，建立与政府之间更加畅通有效的沟通机制和渠道，推动各相关方有序有效地交流、表达诉求、参与环境公共决策，对政府和公共部门的环境管理过程和绩效进行监督和评价，开展自我参与式的教育和环境意识的提高等"。

中国政府更加重视环境保护中的信息公开和公众参与，最明显地体现在新修订的《环境保护法》设立专章规定信息公开与公众参与，明确规定了公众的知情权、参与权和监督权。要求各级政府、环保部门及时公开环境信息，发布环境违法企业名单，将企业环境违法信息记入社会诚信档案，重点排污单位应当如实向社会公开其主要污染物的名称、排放方式、排放浓度和总量、超标排放情况，以及防治污染

设施的建设和运行情况，接受社会监督。同时，要求对依法应当编制环境影响报告书的建设项目，建设单位应当在编制时向可能受影响的公众说明情况，充分征求意见。负责审批建设项目环境影响评价文件的部门在收到建设项目环境影响报告书后，除涉及国家秘密和商业秘密的事项外，应当全文公开；发现建设项目未充分征求公众意见的，应当责成建设单位征求公众意见。

2013 年 10 月 15 日，国务院办公厅发布了《关于进一步加强政府信息公开回应社会关切提升政府公信力的意见》，要求各部门要建例行新闻发布制度，充分发挥政府网站在信息公开中的平台作用，各部门积极利用微博、微信等新媒体加强与公众的沟通与交流，确保应对重大热点事件不失声、不缺位。

2013 年 11 月 14 日，环境保护部发布了建设项目环境影响评价政府信息公开指南（试行）》，实行环评报告书（表）全本、政府承诺文件、审批文件全文、环评机构和从业人员诚信信息全公开。此前，环保部门只要求公开环评报告书的简本。为了充分保障公众的知情权，促进环境影响评价工作的公开、透明，环境保护部要求建设单位在向环境保护主管部门提交建设项目环境影响报告书、表前，应依法主动公开建设项目环境影响报告书、表全本信息，并在提交环境影响报告书、表全本同时附删除的涉及国家秘密、商业秘密等内容及删除依据和理由说明报告。环境保护主管部门在受理建设项目环境影响报告书、表时，应对说明报告进行审核，依法公开环境影响报告书、表全本信息。各级环境保护主管部门在对建设项目作出审批意见前，向社会公开拟作出的批准和不予批准环境影响报告书、表的意见，并告知申请人、利害关系人听证权利。各级环境保护主管部门在对建设项目作出批准或不予批准环境影响评价报告书、表的审批决定后向社会公开审批情况，告知申请人、利害关系人行政复议与行政诉讼权利。

为做好新形势下环境信息发布和政策解读工作，切实提高环境信息发布和舆论引导工作水平，2014 年 3 月底，环境保护部发布了《关于进一步加强环境信息发布和舆论引导工作的意见》（以下简称《意见》）。《意见》提出各级环保部门应当重点做好以下五项工作：一是完善信息发布工作机制；二是健全突发环境事件信息发布机制；三是形成重要环境信息发布与政策解读联动机制；四是推动建立专家解读机制；五是建立媒体沟通协调机制。此外，《意见》提出，各级环保部门要把信息发布和舆论引导工作纳入领导干部工作实绩考核内容，考核结果作为有关领导班子和领导干部综合考核评价的重要依据。

2014 年 5 月 22 日，环境保护部办公厅发布了《关于推进环境保护公众参与的指导意见》，提出要尊重和保障公众的环境知情权、参与权、表达权和监督权，强调源头参与和全过程参与。《意见》确立了五项主要任务：加强宣传动员、推进环境信息公开、畅通公众表达及诉求渠道、完善法律法规和加大对环保社会组织的扶持力度。主要任务的设定充分体现了党的十八大和十八届三中全会关于“改进社会治理方式，发挥政府主导作用，鼓励和支持社会各方面参与，实现政府治理和社会自我调节、居民自治良性互动”的政策方针。《意见》明确了公众参与的重点领域，包括环境法规和政策制定、环境决策、环境监督、环境影响评价、环境宣传教育等。

七、政绩考核机制更加“绿化”

2013 年国合会建议：“尽快完善生态文明建设的评价考核奖惩机制。组织开展绿色国民经济核算研究工作，逐步建立将资源消耗、环境损害和保护效益纳入国民经济评价体系的方法。将生态文明作为重要指标纳入地方领导干部政绩评价考核体系，建立充分体现节约环保绩效、地区差异、行业和部门特色、广大公众意愿的评价考核机制。”

长期以来，以 GDP 为中心的政绩考核机制一直被认为是各级党政领导不重视环境保护工作的根源。党中央、国务院提出建设生态文明以来，一直在强调要加强环境保护工作在政绩考核中的权重。2013 年 6 月，习近平总书记在全国组织工作会议上指出：政绩考核应当既看显绩又看潜绩，把民生改善、社会进步、生态效益等指标和实绩作为重要考核内容，再也不能简单以国内生产总值增长率来论英雄了。2013 年 11 月中共十八届三中全会通过的《中共中央关于全面深化改革若干重大问题的决定》明确指出，要纠正单纯以经济增长速度评定政绩的偏向，对限制开发区域和生态脆弱的国家扶贫开发工作重点县取消地区生产总值考核。

2013 年 12 月，中央组织部印发了《关于改进地方党政领导班子和领导干部政绩考核工作的通知》，树立了政绩考核新导向。规定今后对地方党政领导班子和领导干部的各类考核考察，不能仅仅把地区生产总值及增长率作为政绩评价的主要指标，不能搞地区生产总值及增长率排名，中央有关部门不能单纯依此衡量各省（自治区、直辖市）的发展成效，地方各级党委政府不能简单地依此评定下一级领导班子和领导干部的政绩和考核等次，对限制开发区域和生态脆弱的国家扶贫开发工作重点县取消地区生产总值考核。应当把有质量、有效益、可持续的经济发展和民生改善、社会和谐进步、文化建设、生态文明建设、党的建设等作为考核评价的重要内容。强化约束性指标考核，加大资源消耗、环境保护、消化产能过剩、安全生产等指标的权重。该《通知》还要求，制定违背科学发展行为责任追究办法，强化离任责任审计，对拍脑袋决策、拍胸脯蛮干，给国家利益造成重大损失的，损害群众利益造成恶劣影响的，造成资源严重浪费的，造成生态严重破坏的，要记录在案，视情节轻重，给予组织处理或党纪政纪处分，已经离任的也要追究责任。可以预见，随着这种更加“绿色”的政绩考核机制的实施，各级党政领导环境保护的积极性必将大大增强。

2014 年 7 月，山西省公布了修订后的县域经济考核评价办法，取消了国定贫困县“GDP”和“GDP 增长速度”指标，36 个县因此卸掉了“GDP 政绩考核”。2014 年 8 月，福建省效能办经福建省委组织部、省发改委、省环保厅同意后下发通知，取消对 34 个县（市）的地区生产总值考核，实行生态保护优先和农业优先的绩效考评方式。宁夏和河北均明确不再对贫困县进行 GDP 考核，而改为把提高贫困人口生活水平和减少贫困人口数量作为主要指标；浙江则取消了千岛湖所在地淳安县的 GDP 考核，同时对钱塘江源头县——开化县也不再考核工业经济，而是实行以生态为先、民生为重的单列考核；贵州也明确，2014 年 7 月 1 日起对限制开发区域和生态脆弱的国家扶贫开发工作重点县取消 GDP 考核。此外，陕西下调了 GDP 考核的分值，各市 GDP 达到全省平均值视为完成任务，超额完成任务不再加分，而生态环保指标分值增加，超额完成治霾任务还能加分。沈阳也适当调低了经济发展的考评分值，取消了 GDP 增速奖，增设环境保护重点工作奖。①

2014 年 8 月 15 日，国家发改委印发《单位国内生产总值二氧化碳排放降低目标责任考核评估办法》，指出为确保实现“十二五”碳强度降低目标，我国将把国内生产总值二氧化碳排放降低指标完成情况纳入各地区（行业）经济社会发展综合评价体系和干部政绩考核体系。这是我国首次对碳强度进行考核。该办法主要分为目标完成、任务与措施、基础工作与能力建设三大部分、13 项指标，按照考核评估结果划分为优秀、良好、合格、不合格四个等级。“合格”的前提条件是单位地区生产总值二氧化碳排放年度降低目标和累计进度目标均如期完成。未完成以上两项指标的省（自治区、直辖市），无论总分是否超出 60 分，考核评估结果均为不合格。考核评估结果每年 10 月底前将上报国务院，经国务院审定后向社会公告。对考核评估结果为优秀的省级人民政府，国务院予以通报表扬，有关部门在相关项目安排上优先予以考虑；考核评估结果为不合格的省级人民政府，要在考核评估结果公告后一个月内，向国务院作出书面报告，提出限期整改措施。

可见，过去一年来，无论是在宏观的政绩考核导向层面，还是在具体的碳排放总量控制方面，中国的政绩考核机制都变得更加绿色，生态文明建设和美丽中国，也由此有了最可靠的体制保障。

八、严厉打击环境违法促进企业守法

加强立法和执法是国合会政策建议长期给予关注的问题。2013 年国合会在政策

① 李金磊：“多省份调整县市考核方式中国告别‘唯 GDP 论’”，载中国新闻网：http://www.chinanews.com/gn/2014/08-13/6486146.shtml，最后访问时间：2014 年 8 月 30 日。

建议中提出："加强企业履行环境和社会责任的配套法律法规。加强公司法、环境保护法、消费者权益保护法以及劳动法等多种法律间的配合，加大对违规企业的惩戒力度；推动地方环保法庭建设，完善相关司法实践；支持环境公益诉讼，发挥社会环保团体的监督作用。" 新修订的《环境保护法》进一步明确了企业的责任，要求企业建立起责任制度；同时，采纳了按日计罚、行政拘留、连带责任等处罚手段，加大了对违法行为的惩罚。

2013 年 5 月，习近平总书记在支持中共中央政治局就大力推进生态文明建设进行第六次集体学习时强调：只有实行最严格的制度、最严密的法治，才能为生态文明建设提供可靠保障。对那些不顾生态环境盲目决策、造成严重后果的人，必须追究其责任，而且应该终身追究。

一年来，各级环保部门明显加大了环保执法的力度。2014 年 6 月 1 日，环保部、司法部等国务院 8 部委联合进行 2014 年全国整治违法排污企业保障群众健康环保专项行动。环境保护部部长周生贤介绍，2013 年，全国共出动执法人员 183 万余人次，检查企业 71 万多家次，查处环境违法问题 6 499 件，挂牌督办 1 523 件。其中，在严查利用渗井、渗坑、裂隙和溶洞排放废水污染地下水违法行为中，取缔关闭违法企业 449 家，责令停产整治 532 家；在开展大气污染防治专项检查中，发现环境违法企业 3 395 家，环保不达标施工场地 3 690 个、餐饮服务企业 2.6 万家，取缔关闭小作坊 3 102 家。在专项整治医药制造企业中，共排查医药制造企业 4 894 家，查处环境违法企业 157 家。对环境违法问题较为突出的 18 家企业挂牌督办；对涉重金属排放企业开展"回头看"中，共排查重金属采选及冶炼、铅酸蓄电池、电镀、皮革等企业 1 万余家，查处环境违法企业 2 079 家，责令停产整治 1 142 家。遏制了重金属污染事件高发态势。①

除了行政执法更加严格之外，司法机关也大大增强了对污染环境犯罪的打击力度。2013 年 6 月，最高人民法院、最高人民检察院发布了《关于办理环境污染刑事案件适用法律若干问题的解释》，降低了污染环境罪的入罪门槛。2013 年 12 月，《关于加强环境保护与公安部门执法衔接配合工作的意见》，提出建立完善案件移送机制，规范联动执法程序。各级环境保护、公安部门要严格按照法律规定，不断完善涉嫌违反治安管理、环境污染犯罪案件的移送、受理、立案机制。各级环境保护、公安部门要按照《关于环境保护行政主管部门移送涉嫌环境犯罪案件的若干规定》（环发 [2007]78 号）和本地区制定的关于案件移送规定的要求，明确案件移送的职责、时限、程序和监督等要求，积极做好案件调查、证据收集、法律适用等工作，防止"以罚代刑"。2013 年，各级环保部门全年共向公安机关移送涉嫌环境犯罪案件 706 件，移送数量超过以往 10 年总和；公安机关受理 637 件，以污染环境罪判决 109 件，抓

① 郄建荣："去年涉嫌环境犯罪移送案件数量大增以污染环境罪抓捕 186 人判决 109 件"，载《法制日报》2014 年 6 月 13 日第 6 版。

捕犯罪分子186人。[①]最高人民检察院的统计数据显示，从2013年6月至2014年5月，全国检察机关共批准逮捕涉嫌污染环境罪案件459件799人，起诉346件674人，办案数量同比提升了六七倍。[②]

除了严厉打击违法企业之外，各级司法机关也加大了对于环境监管失职行为的打击力度。据统计，2013年1月至10月，全国检察机关共查办危害生态环境渎职犯罪889件1 119人，其中不乏河南洛阳“红河谷”事件、昆明东川“牛奶河”事件等影响广泛的重大案件。[③]2014年前三个月，检察机关查办涉及生态环境的渎职犯罪案件就达231人。[④]2013年4月至2014年4月，广东省检察机关共立案侦查了危害生态环境职务犯罪嫌疑人626人，超过2010年至2012年三年查处人数的总和。[⑤]2014年2月底，最高人民检察院发布了《全国检察机关开展“破坏环境资源和危害食品药品安全犯罪专项立案监督活动”工作方案》，全国检察机关将于3月至10月开展破坏环境资源和危害食品药品安全犯罪专项立案监督活动，集中精力会同行政执法机关、公安机关排查有案不移、有案不立的破坏环境资源和危害食品药品安全犯罪线索，加大监督移送、立案的力度，切实防止以罚代刑。

自2007年贵阳清镇市人民法院成立我国第一家生态保护法庭以来，截至2014年7月，已有16个省（自治区、直辖市）设立了130多环保法庭，在环境司法专门化审判方面积累了有益经验，尤其是有力地推动了环境公益诉讼的“破冰”。

为破解环境资源案件“立案难”“取证难”等问题，进一步加大环境资源案件审判力度，2014年7月3日，最高人民法院宣布成立专门的环境资源审判庭。最高人民法院环境资源审判庭的设立，对于促进和保障环境资源法律的全面正确施行，统一司法裁判尺度，切实维护人民群众环境权益，遏制环境形势的进一步恶化等方面，必将产生积极而深远的影响。随着最高法院环境资源审判庭的成立，各级法院将成立相应的专门环境资源审判机构，进一步畅通环境资源类案件的诉讼渠道。

最高法院环境资源审判庭的主要职责包括：审判第一、第二审涉及大气、水、土壤等自然环境污染侵权纠纷民事案件，涉及地质矿产资源保护、开发有关权属争议纠纷民事案件，涉及森林、草原等自然资源环境保护、开发、利用等环境资源民事纠纷案件；对不服下级法院生效裁判的涉及环境资源民事案件进行审查，依法提审或裁定指令下级法院再审；对下级法院环境资源民事案件审判工作进行指导；研究起草有关司法解释等。

---

① 郄建荣：“去年涉嫌环境犯罪移送案件数量大增以污染环境罪抓捕186人判决109件”，载《法制日报》2014年6月13日第6版。

② 刘毅：“生态文明制度体系日臻完善：环保‘猴皮筋’锻成‘高压线’”，载《人民日报》2014年8月26日第1版。

③ 彭波：“全国检察机关严肃查办环境监管渎职犯罪”，载《人民日报》2014年1月8日。

④ 徐日丹：“呵护碧水蓝天查办破坏环境资源犯罪，检察机关破冰前行”，载《检察日报》2014年5月8日。

⑤ 彭波：“全国检察机关严肃查办环境监管渎职犯罪”，载《人民日报》2014年1月8日。朱香山，陈云飞：“广东检察机关一年查办危害环境职务犯罪626人”，载《检察日报》2014年4月14日。

同日，最高人民法院还发布了《关于全面加强环境资源审判工作为推进生态文明建设提供有力司法保障的意见》，就环境民事公益诉讼，加强环境资源审判机构、审判队伍和审判机制专门化建设等方面作出指导性规定。

九、深入推动大气污染等突出环境问题

2013年国合会建议：集中力量切实解决大气、水和土壤污染等突出环境问题，全面满足公众对良好环境质量的基本需求。

当前，大气污染已经成为公众最关心的环境问题，也是各级政府环境保护工作的重点。国合会在2013年的政策建议中指出："全面满足公众对良好环境质量的基本需求是缓解环境与社会关系压力的根本途径。""在实施大气行动计划过程中，中央政府应重点监督和协调好三个方面的落实工作：一是地方政府全面落实行动措施的情况，加大考核问责力度；二是中央相关部门落实自身职责的情况，特别是投资、财政、税收、金融、价格、贸易、科技等配套政策的到位情况；三是区域内各地方政府联合行动的情况。"

2013年1月7日，环保部与各个省份签署《大气污染防治目标责任书》，明确了各地空气质量改善目标和重点工作任务。其中，北京、天津、河北确定了下降25%的目标，山西、山东、上海、江苏、浙江确定了下降20%的目标，广东、重庆确定了下降15%的目标，内蒙古确定了下降10%的目标。其他20个省（自治区、直辖市）重点考核PM_{10}年均浓度下降情况，并根据各地环境质量状况，将空气质量改善目标划分为五档：PM_{10}年均浓度远低于新空气质量二级标准的省份要求其持续改善，PM_{10}年均浓度接近二级标准或超标的省份，根据超标程度，要求其分别下降5%、10%、12%、15%。

2014年6月，京津冀及周边地区大气污染防治协作小组办公室印发《京津冀及周边地区大气污染联防联控2014年重点工作》。该规划将以"国十条"为基础，不同在于，规划着眼的时段更长，更具有长期指导性。此外，2014年在京津冀地区将率先实施国家大气污染物特别排放限值，研究控制机动车使用强度的经济政策。这意味着，交通拥堵费和排污费等政策可能在区域内研究实施。

为贯彻落实《大气污染防治行动计划》《2014—2015年节能减排低碳发展行动方案》和《京津冀及周边地区落实大气污染防治行动计划实施细则》，强力推进重点行业大气污染治理，2014年7月25日，环境保护部发布了《京津冀及周边地区重点行业大气污染限期治理方案》，决定在京津冀及周边地区开展电力、钢铁、水泥、平板玻璃行业（以下简称四个行业）大气污染限期治理行动。要求京津冀及周边地区492家企业、777条生产线或机组全部建成满足排放标准和总量控制要求的治污

工程，设施建设运行和污染物去除效率达到国家有关规定，二氧化硫、氮氧化物、烟粉尘等主要大气污染物排放总量均较2013年下降30%以上。

为积极有效支撑大气污染防治工作，贯彻落实《大气十条》，科技部、环境保护部在组织实施《蓝天科技工程"十二五"专项规划》的基础上，组织相关科研单位和专家，对"十一五"以来国家科技计划中大气污染防治方面的相关科研成果及应用情况进行了全面梳理和筛选评估，并于2014年3月3日发布了《大气污染防治先进技术汇编》。

为了进一步提升煤电高效清洁发展水平，减少大气污染，2014年9月12日，国家发改委发布了《煤电节能减排升级与改造行动计划》（2014—2020年），要求新建燃煤发电机组（含在建和项目已纳入国家火电建设规划的机组）应同步建设先进高效脱硫、脱硝和除尘设施，不得设置烟气旁路通道。东部地区（辽宁、北京、天津、河北、山东、上海、江苏、浙江、福建、广东、海南等11省市）新建燃煤发电机组大气污染物排放浓度基本达到燃气轮机组排放限值（即在基准氧含量6%条件下，烟尘、二氧化硫、氮氧化物排放浓度分别不高于10毫克/米^3、35毫克/米^3、50毫克/米^3），中部地区（黑龙江、吉林、山西、安徽、湖北、湖南、河南、江西8省）新建机组原则上接近或达到燃气轮机组排放限值，鼓励西部地区新建机组接近或达到燃气轮机组排放限值。支持同步开展大气污染物联合协同脱除，减少三氧化硫、汞、砷等污染物排放。

为了确保《大气污染防治目标责任书》确定的目标能够顺利完成，2014年5月27日，国务院办公厅发布了《大气污染防治行动计划实施情况考核办法（试行）》，提出复合型大气污染严重的京津冀及周边、长三角、珠三角、重庆市等地，以$PM_{2.5}$年均浓度下降比例为质量考核指标；其他省（区、市）以PM_{10}年均浓度下降比例为质量考核指标。作为《大气污染防治行动计划》（《大气十条》）重要配套政策性文件，《考核办法》明确了实行《大气十条》的责任主体与考核对象，确立了以空气质量改善为核心的评估考核思路，标志着中国最严格大气环境管理责任与考核制度的正式确立。《考核办法》设置了空气质量改善目标完成情况和大气污染防治重点任务完成情况两类指标，实施双百分制。重点选择了对空气质量改善效果显著的任务措施，建立了可量化、可评估、可考核的大气污染防治重点任务完成情况指标体系，包括产业结构调整优化、清洁生产、煤炭管理与油品供应、燃煤小锅炉整治、工业大气污染治理、城市扬尘污染控制、机动车污染防治、建筑节能与供热计量、大气污染防治资金投入、大气环境管理10项子指标。考核结果报经国务院审定后，交由中共中央组织部，作为对各地领导班子、领导干部综合考核评价的重要依据。同时，实行"奖优"与"罚劣"并重，对考核结果优秀的将加大大气污染防治专项资金支持力度，不合格的将予以适当扣减。对未通过考核的，实行严格责任追究。

按照《大气污染防治行动计划实施情况考核办法（试行）》的要求，2014 年 7 月 18 日，环境保护部、国家发展和改革委、工业和信息化部、财政部、住房和城乡建设部和能源局六部委公布了《大气污染防治行动计划实施情况考核办法（试行）实施细则》（以下简称《实施细则》）。依据《实施细则》的计分方法，国家将对空气质量改善目标任务完成情况、大气污染防治重点任务完成情况分别评分，两项评分均实行百分制。其中，京津冀及周边地区、长三角区域、珠三角区域共 10 个省（区、市）评分结果为两类得分中较低分值；其他地区评分结果为空气质量改善目标完成情况分值。

考核结果将被划分为优秀、良好、合格、不合格 4 个等级，评分结果在 90 分及以上为优秀，70 分（含）至 90 分为良好，60 分（含）至 70 分为合格，60 分以下为不合格。根据《实施细则》，空气质量改善目标考核将以细颗粒物（$PM_{2.5}$）、可吸入颗粒物（PM_{10}）两项指标年均浓度下降目标任务完成情况作为重要依据。两项指标考核年均浓度与上年相比不降反升的，均计 0 分。在大气污染防治重点任务完成情况评分方面，《实施细则》共列出了 10 项具体指标。

在各地政府的努力下，一些空气质量较差的地区的空气质量有所好转。例如，2014 年上半年，北京市各项大气主要污染物浓度均有所下降。其中，$PM_{2.5}$ 平均浓度为 91.6 微克 / 米 ^{3}，同比下降 11.2%；PM_{10}、二氧化硫（SO_2）和二氧化氮（NO_2）同比分别下降 1.3%、16.4% 和 4.0%；共发生空气重污染 25 天，较去年同期减少 15 天。不过，$PM_{2.5}$ 平均浓度为 91.6 微克 / 米 ^{3}，与年均 35 微克 / 米 ^{3} 的"新国标"尚存较大差距。[①] 石家庄市通过"压煤、抑尘、减排、迁企、增绿"等措施，使得空气质量明显好转，截至 2014 年 8 月 7 日，全市"好天儿"数为 55 天，一级天 5 天，二级天 50 天。其中，上半年优良天数 43 天，已到达去年全年整体水平，优良率提高了 14.4%。[②]

十、积极参与全球气候变化应对和适应合作

气候变化与能源和环境保护密切相关。国合会作为一个汇集国内外专家的政策讨论平台，应对和适应气候变化是国合会委员长期关心的话题。2013 年，国合会着眼长远，提出将应对气候变化纳入到国家生态文明制度建设的重要组成部分，建议：中国政府应着手研判"十三五"时期经济、社会与资源环境形势，研究未来 5 ～ 10 年绿色发展、环境保护、节能减排、应对气候变化的中长期目标和对策措施。

① 余荣华："北京上半年空气质量有改善细颗粒物（$PM_{2.5}$）浓度下降 11.2%"，载人民网：http://society.people.com.cn/n/2014/0710/c1008-25266601.html，最后访问时间：2014 年 8 月 31 日。

② 翟相哲："石家庄空气质量持续好转当前优良天数 55 天"，载新华网：http://www.he.xinhuanet.com/news/2014-08/08/c_1111988544.htm，最后访问时间：2014 年 8 月 31 日。

作为一个负责任的大国，中国一直积极参与全球气候变化应对合作。

2013 年 11 月 5 日，国家发改委发布了《中国应对气候变化的政策与行动 2013 年度报告》，全面介绍了中国应对气候变化方面所采取的一系列政策、措施、行动和取得的成效。该《报告》共分九个部分，包括应对气候变化面临的形势、完善顶层设计和体制机制、减缓气候变化、适应气候变化、开展低碳发展试点示范、加强基础能力建设、全社会广泛参与、建设性参加国际谈判、加强国际交流与合作。该《报告》称，中国应对气候变化工作面临新的形势，中国政府加强了应对气候变化重大战略研究和顶层设计，进一步完善了应对气候变化的管理体制和工作机制，应对气候变化在国民经济社会中的战略地位显著提升。

2013 年 11 月 18 日，出席华沙气候大会的中国国家发展和改革委员会副主任解振华宣布，由国家发改委、财政部、农业部等 9 部门历时两年多联合编制完成的《国家适应气候变化战略》正式对外发布，这是中国第一部专门针对适应气候变化方面的战略规划。《国家适应气候变化战略》在充分评估了气候变化当前和未中国影响的基础上，明确了国家适应气候变化工作的指导思想和原则，提出要将适应气候变化的要求纳入中国经济社会发展的全过程。截至 2020 年中国适应气候变化的主要目标是：适应能力显著增强，重点任务全面落实，适应区域格局基本形成。

2013 年 11 月 20—21 日，第十六次中国欧盟领导人会晤期间，双方共同制定《中欧合作 2020 战略规划》。双方在气候变化领域的合作包括：①合作建立绿色低碳发展的战略政策框架，以积极应对全球气候变化，改善环境质量和促进绿色产业合作。②通过开展中欧碳排放交易能力建设合作项目，推动中国碳排放交易市场建设，运用市场机制应对气候变化。加强中欧在低碳城镇、低碳社区、低碳产业园区等领域及控制温室气体排放方面的务实合作，开发低碳技术以推动可再生能源广泛利用，从而减少化石能源消费和相关排放。③加强在航空环境保护和可持续发展方面的合作，探讨如何处理航空对环境的影响，具体包括：探索建立中欧民航业节能减排领域长期合作机制；促进环境友好航空减排技术的研发；增进对航空排放影响的科学认识，为政策制定提供依据；致力于控制和减少航空排放的空管创新；可持续航空生物燃油的研发与推广；绿色机场的设计、建设与高效运营；各种减排措施影响的定量分析方法学和技术。

2014 年 1 月国家发展和改革委印发《关于组织开展重点企（事）业单位温室气体排放报告工作的通知》，明确开展重点单位温室气体排放报告的责任主体为：2010 年温室气体排放达到 13 000 吨二氧化碳当量，或 2010 年综合能源消费总量达到 5 000 吨标准煤的法人企（事）业单位，或视同法人的独立核算单位。纳入报告名单的重点单位根据自身实际排放情况，报告二氧化碳 (CO_2)、甲烷 (CH_4) 、氧化亚氮 (N_2O)、氢氟碳化物 (HFCs) 、全氟化碳 (PFCs) 、六氟化硫 (SF_6) 共 6 种温室气体的排放。报告主体温室气体排放具体的核算方法以及详细的报告内容参照国家发展和改革委办公厅《关于印发首批10个行业企业温室气体排放核算方法与报告指南（试行）的通知》（发改办气候 [2013]2526 号）进行。

2014 年 2 月 15 日，外交部发布《中美气候变化联合声明》。联合声明表示，鉴于对气候变化及其日益恶化的影响已形成强有力的科学共识，以及与之相关的化石燃料燃烧产生的空气污染问题，中美两国认识到急需采取行动应对上述双重挑战，重申将致力于为 2015 年全球应对这一挑战的成功努力作出重要贡献。中美两国将利用去年成立的中美气候变化工作组机制，通过强化政策对话，包括交流各自 2020 年后控制温室气体排放计划的有关信息，开展合作。声明介绍，在务实合作行动方面，双方已就工作组下启动的五个合作领域实施计划达成一致，包括载重汽车和其他汽车减排、智能电网、碳捕集利用和封存、温室气体数据的收集和管理、建筑和工业能效，并承诺投入相当精力和资源以确保在第六轮中美战略与经济对话前取得实质性成果。

2014 年 4 月 2 日，中国政府发表《深化互利共赢的中欧全面战略伙伴关系——中国对欧盟政策文件》，昭示新时期对欧盟政策目标，规划今后五年到十年合作蓝图。其中第八部分“气候变化、能源、环保、水利、海洋领域合作”，强调“通过部长级对话合作机制和中欧气候变化伙伴关系积极推动气候变化谈判与合作。坚持联合国气候变化框架公约原则和规定，推动达成公平有效的国际制度。加强中欧在低碳发展、市场机制、低碳城镇化、能力建设方面的务实合作”。

2014 年 6 月 17 日，李克强总理访英期间，中英两国在伦敦签署了《中英气候变化联合声明》。这是中英有史以来第一次就气候变化发布联合声明。双方认为，2015 年的《联合国气候变化框架公约》巴黎缔约方大会为这一全球努力提供了一个至关重要的契机，并求共同努力以促进在巴黎通过一个在公约下适用于所有缔约方的议定书、其他法律文书或具有法律效力的议定成果。双方强调，所有国家按照华沙会议决定，在第 21 次缔约方会议前通报他们的国家自主决定贡献十分重要。双方将共同努力，支持联合国秘书长的工作，并维持这一强劲势头直至 2015 年巴黎会议。

2014 年 9 月 17 日，国务院批复同意了国家发改委组织编制的《国家应对气候变化规划》（2014—2020），提出要努力走一条符合中国国情的发展经济与应对气候变化双赢的可持续发展之路。要坚持共同但有区别的责任原则、公平原则、各自能力原则，深化国际交流与合作，同国际社会一道积极应对全球气候变化。通过该《规划》的实施，到 2020 年，实现单位国内生产总值二氧化碳排放比 2005 年下降 40% ～ 45%、非化石能源占一次能源消费的比重达到 15% 左右、森林面积和蓄积量分别比 2005 年增加 4 000 万公顷和 13 亿米^{3}的目标，低碳试点示范取得显著进展，适应气候变化能力大幅提升，能力建设取得重要成果，国际交流合作广泛开展。努力实现绿色发展、低碳发展、循环发展，为携手应对全球气候变化作出积极贡献。

2014 年 11 月 12 日，中国与美国发表《中美气候变化联合声明》，宣布了两国各自 2020 年后应对气候变化行动，认识到这些行动是向低碳经济转型长期努力的组成部分并考虑到 2℃全球温升目标。美国计划于 2025 年实现在 2005 年基础上减排 26% ~ 28% 的全经济范围减排目标并将努力减排 28%。中国计划 2030 年左右二氧化碳排放达到峰值且将努力早日达峰，并计划到 2030 年非化石能源占一次能源消费比重提高到 20% 左右。这是中国首次公布排放峰值。

十一、结语

在过去一年中，国合会的政策建议在政策实践中都得到了很大程度的体现。特别是多年来一直倡导的环境经济手段、立法和环境治理体系，随着生态文明制度建设的开启和《环境保护法》的修订都得到了前所未有推进。这将为未来的环境政策制定和环境治理完善打下良好的基础。

值得一提的是，在过去一年的国合会影响力也进一步提升，特别随着 APEC 会议在中国的举办，国合会不失时机地利用这一重要机遇，推广了绿色供应链的成果与经验。过去若干年里，国合会致力于推动绿色供应链的建设，先后设立绿色供应链专题政策研究、在天津和上海开展绿色供应链的地方试点。面对区域经济合作的快速发展，国合会积累了大量的理论研究和试点经验，不失时机推动打造区域供应链的绿色化。2014 年亚太经合组织贸易部长会同意推动建设亚太绿色供应链网络，致力于提升亚太地区贸易便利化水平。2014 年 11 月 11 日，亚太经合组织第二十二次领导人非正式会议通过《北京纲领：构建融合、创新、互联的亚太》宣言，同意建立亚太经合组织绿色供应链合作网络，批准在中国天津建立首个亚太经合组织绿色供应链合作网络示范中心，并鼓励其他经济体建立示范中心，积极推进相关工作。这是国合会由关注国内环境与发展逐步向区域经济与发展输出经验倾斜的一个里程碑事件。

附表

国合会近年主要政策建议与 2013—2014 年政策进展

年份	国合会政策建议	政策进展
2009	要实现低碳经济发展的目标和任务，中国需要在技术创新、市场机制和制度建设的基础上，逐步探索和建立自愿性的碳排放交易体系，促进碳融资和技术引进，利用市场机制推动促进低碳经济发展	2013 年，北京、上海、天津、重庆、湖北、广东、深圳 7 个省市启动碳交易试点 截至 2014 年 6 月，七个碳交易试点城市都已制定了碳排放交易管理办法。碳排放交易的基础法律框架初步建立 2014 年 4 月 29 日，国家林业局出台《关于推进林业碳汇交易工作的指导意见》，指导各地完善清洁发展机制（CDM）林业碳汇项目交易，推进林业碳汇自愿交易，旨在重点探索碳排放权交易下的林业碳汇交易 2014 年 8 月 6 日，国务院办公厅发布了《关于进一步推进排污权有偿使用和交易试点工作的指导意见》，提出到 2015 年年底前试点地区全面完成现有排污单位排污权初次核定，以后原则上每 5 年核定一次。到 2017 年年底基本建立排污权有偿使用和交易制度，为全面推行排污权有偿使用和交易制度奠定基础
2011	加大对节能减排监测、指标和考核体系建设，强化节能目标责任考核，健全奖惩制度	2013 年 1 月，经国务院同意，环境保护部、国家统计局、国家发改委、监察部联合发布了《“十二五”主要污染物总量减排统计办法》和《“十二五”主要污染物总量减排监测办法》 2013 年 5 月，环境保护部公布了《“十二五”主要污染物总量减排目标责任书》 2013 年 8 月，环境保护部宣布，由于中石油、中石化未完成 2012 年年度污染物减排任务，环境保护部决定对两家集团公司炼化行业新改扩项目实行环评限批 2014 年 5 月 27 日，国务院办公厅发布了《大气污染防治行动计划实施情况考核办法（试行）》，提出复合型大气污染严重的京津冀及周边、长三角、珠三角、重庆市等地，以 $PM_{2.5}$ 年均浓度下降比例为质量考核指标；其他省（区、市）以 PM_{10} 年均浓度下降比例为质量考核指标 2014 年 7 月 18 日，环境保护部、国家发展和改革委、工业和信息化部、财政部、住房和城乡建设部和能源局六部委公布了《大气污染防治行动计划实施情况考核办法（试行）实施细则》，国家将对空气质量改善目标任务完成情况、大气污染防治重点任务完成情况分别评分
2011	促进企业绿色供应链建设，建立“绿色供应链促进中心”	2014 年 11 月 11 日，亚太经合组织第二十二次领导人非正式会议通过《北京纲领：构建融合、创新、互联的亚太》宣言，同意建立亚太经合组织绿色供应链合作网络，批准在中国天津建立首个亚太经合组织绿色供应链合作网络示范中心，并鼓励其他经济体建立示范中心，积极推进相关工作
2012	在天津、上海建立绿色供应链试点，推动成立天津低碳发展与绿色供应链管理服务中心	
2012	加强大气污染联防联控，改善区域大气环境质量	2012 年 10 月，环境保护部、国家发改委、财政部联合发布了《重点区域大气污染防治“十二五”规划》 2013 年 2 月，环境保护部发布了《关于执行大气污染物特别排放限值的公告》，在重点控制区的火电、钢铁、石化、水泥、有色、化工六大行业以及燃煤锅炉项目执行大气污染物特别排放限值 2013 年 6 月，国务院总理李克强主持召开国务院常务会议，部署大气污染防治十条措施 2013 年 9 月，国务院出台了《大气污染防治行动计划》。环境保护部、发展和改革委等 6 部门联合印发《京津冀及周边地区落实大气污染防治行动计划实施细则》 2014 年 6 月，京津冀及周边地区大气污染防治协作小组办公室印发《京津冀及周边地区大气污染联防联控 2014 年重点工作》 2014 年 7 月 25 日，环境保护部发布了《京津冀及周边地区重点行业大气污染限期治理方案》

续表

年份	国合会政策建议	政策进展
2012	制定可持续发展城镇规划，建设符合区域差异化特征的可持续城镇化发展模式	2014 年 3 月 17 日，国务院印发《国家新型城镇化规划》（2014—2020）。提出要“加快绿色城市建设”
2013	高度关注城镇化进程中的资源环境挑战，探索绿色城镇化模式	
2013	“尽快完善生态文明建设的评价考核奖惩机制。组织开展绿色国民经济核算研究工作，逐步建立将资源消耗、环境损害和保护效益纳入国民经济评价体系的方法。将生态文明作为重要指标纳入地方领导干部政绩评价考核体系，建立充分体现节约环保绩效、地区差异、行业和部门特色、广大公众意愿的评价考核机制	2013 年 5 月，习近平在中共中央政治局就大力推进生态文明建设进行第六次集体学习指出，要建立责任追究制度，对那些不顾生态环境盲目决策、造成严重后果的人，必须追究其责任，而且应该终身追究 2013 年 11 月中共十八届三中全会通过的《中共中央关于全面深化改革若干重大问题的决定》明确指出，要纠正单纯以经济增长速度评定政绩的偏向，对限制开发区域和生态脆弱的国家扶贫开发工作重点县取消地区生产总值考核 2013 年 12 月，中央组织部印发《关于改进地方党政领导班子和领导干部政绩考核工作的通知》，树立了政绩考核新导向 2014 年 8 月 15 日，国家发改委印发《单位国内生产总值二氧化碳排放降低目标责任考核评估办法》，指出为确保实现“十二五”碳强度降低目标，我国将把国内生产总值二氧化碳排放降低指标完成情况纳入各地区（行业）经济社会发展综合评价体系和干部政绩考核体系
2013	加快修订《环境保护法》，使之适应生态文明建设要求，成为中国环境保护的基本法，并建立和修改相配套的专项法律	2014 年 4 月，全国人大常委会通过《环境保护法》修订案。在此基础上，下一步中国将推动《大气污染防治法》和《水污染防治法》的修订工作
2013	政府每年向同级人大提交的报告，应将环境与经济、社会置于同等重要的地位	新《环境保护法》第二十七条规定：县级以上人民政府应当每年向本级人民代表大会或者人民代表大会常务委员会报告环境状况和环境保护目标完成情况，对发生的重大环境事件应当及时向本级人民代表大会常务委员会报告，依法接受监督
2013	加强企业履行环境和社会责任的配套法律法规。加强公司法、环境保护法、消费者权益保护法以及劳动法等多种法律间的配合，加大对违规企业的惩戒力度；推动地方环保法庭建设，完善相关司法实践；支持环境公益诉讼，发挥社会环保团体的监督作用	新修订的《环境保护法》进一步明确了企业的责任，要求企业建立起责任制度；同时，采纳了按日计罚、行政拘留、连带责任等处罚手段，加大了对违法行为的惩罚。2014 年 7 月，已有 16 个省（自治区、直辖市）设立了 130 多环保法庭。2014 年 7 月 3 日，最高人民法院宣布成立专门的环境资源审判庭 中共十八届四中全会通过的《中央发布全面推进依法治国若干重大问题决定》提出加强企业社会责任立法

续表

年份	国合会政策建议	政策进展
2013	加大绿色公共采购力度，向绿色供应链生产的产品倾斜。修改政府采购招标系统，将新能源、低排放汽车纳入政府采购清单，促使成为法定采购标准的重要考核指标	2014 年 7 月 13 日，国家机关事务管理局等五部委联合公布了《政府机关及公共机构购买新能源汽车实施方案》，明确了政府机关和公共机构公务用车“新能源化”的时间表和路线图
2013	改善环境公共治理结构，建立政府—公众—企业绿色合作伙伴关系，强化企业责任，通过法律将环境权利明确为公民的基本权利，同时确定公民对等的环境责任和义务	2014 年新修订出台的《环境保护法》对公民权利、企业责任、NGO 公益诉讼等都进行了明确规定
2013	鼓励和推动城市绿色出行	2014 年 3 月 17 日，国务院印发《国家新型城镇化规划》（2014—2020）提出合理控制机动车保有连加快新能源汽车推广应用，改善步行、自行车出行条件，倡导绿色出行

附录

2013—2014 年中国环境与发展重要政策进展

2013 年，中国共产党召开了举世瞩目的十八届三中全会，全会通过的《中共中央关于全面深化改革若干重大问题的决定》（简称《决定》）以前所未有的政治勇气和智慧，为中国的经济、政治、文化、社会和生态文明建设等诸多重要领域制定了全面深化改革的目标、方法、时间表和路线图。在生态文明建设领域，《决定》要求紧紧围绕建设美丽中国深化生态文明体制改革，加快建立生态文明制度，健全国土空间开发、资源节约利用、生态环境保护的体制机制，推动形成人与自然和谐发展现代化建设新格局。为此，《决定》提出了一系列具体的改革方案，为中国下一步的生态文明建设指明了方向。

一年来，中国各级政府部门以生态文明为指导，积极探索环境保护新路，在污染防治和生态保护领域均取得明显成效。

一、环境与发展领域的新进展

1．经济社会发展

2013 年是新一届政府依法履职的第一年，任务艰巨而繁重。面对世界经济复苏艰难、国内经济下行压力加大、自然灾害频发、多重矛盾交织的复杂形势，党中央、国务院团结带领全国各族人民从容应对挑战，奋力攻坚克难，圆满实现全年经济社会发展主要预期目标，改革开放和社会主义现代化建设取得令人瞩目的重大成就。国民经济平稳较快增长，国内生产总值达到 56.9 万亿元，比上年增长 7.7%。居民消费价格涨幅控制在 2.6%。城镇登记失业率 4.1%。城镇新增就业 1 310 万人，创历史新高。进出口总额突破 4 万亿美元，再上新台阶。① 财政收入稳定增长。全年全国公共财政收入 129 143 亿元，比上年增加 11 889 亿元，增长 10.1%；其中税收收入 110 497 亿元，增加 9 883 亿元，增长 9.8%。外汇储备继续增加。年末国家外汇储备 38 213 亿美元，比上年末增加 5 097 亿美元。年末人民币汇率为 1 美元兑 6.096 9 元人民币，比上年末升值 3.1%。②

① 李克强：《政府工作报告——2014 年 3 月 5 日在第十二届全国人民代表大会第二次会议上》，载中华人民共和国中央人民政府网：http://www.gov.cn/guowuyuan/2014-03/05/content_2629550.htm，最后访问时间：2014 年 8 月 14 日。

② 国家统计局：《中华人民共和国 2013 年国民经济和社会发展统计公报》，载国家统计局网：http://www.stats.gov.cn/tjsj/zxfb/201402/t20140224_514970.html，最后访问时间：2014 年 8 月 2 日。

2. 节能减排进展

2013年，节能减排目标为：与2012年相比，全国单位国内生产总值能耗下降3.7%以上，二氧化硫、化学需氧量、氨氮、氮氧化物排放总量分别下降2%、2%、2.5%和3%。①

2013年全国二氧化硫、氮氧化物、化学需氧量和氨氮排放量同比分别减少3.5%、4.7%、2.9%和3.1%。②全国万元国内生产总值能耗下降3.7%。③全面完成年度目标。此外，2013年，万元国内生产总值用水量121米^3，比上年下降6.5%。万元工业增加值用水量68米^3，下降5.7%。④全年新增城镇污水日处理能力超过1 400万吨；1.9亿千瓦燃煤机组建成脱硝设施，脱硝机组比例超过50%；500万千瓦燃煤机组脱硫设施实施增容改造，燃煤电厂脱硫机组比例超过90%；1.5亿千瓦现役机组拆除烟气旁路，取消烟气旁路火电机组比例达37%；新型干法水泥脱硝比例达60%。⑤

2013年与2010年相比，全国单位国内生产总值能耗和二氧化碳排放强度分别下降9.03%、10.68%，化学需氧量、二氧化硫、氨氮、氮氧化物排放总量与2010年相比分别下降7.8%、9.9%、7.1%和2.0%。⑥

2014年8月，根据国家发改委公布的数字，2014年上半年单位国内生产总值能耗同比下降4.2%，高于预期的3.9%年度目标，这也是2009年以来最大的降幅。⑦

二、面临的环境问题及环境与发展领域工作重点

尽管中国环境保护取得了重大成就，但目前的环境形势依然十分严峻。以当前环境保护工作的重心节能减排为例，目前节能减排部分指标完成进度滞后。6项约束性指标中，单位GDP能耗和氮氧化物排放量下降率前三年分别只完成五年总任务的54%和20%，与60%的进度要求还有明显差距。要实现“十二五”目标，后两年单位GDP能耗须年均降低3.9%以上，氮氧化物排放量须年均下降4.2%以上，

---

①国家发展和改革委《关于加大工作力度确保实现2013年节能减排目标任务的通知》(发改环资[2013]1585号)。

② 环境保护部：《2013年中国环境状况公报》，“主要污染物总量减排”，载环境保护部网：http://jcs.mep.gov.cn/hjzl/zkgb/2013zkgb/201406/t20140605_276480.htm，最后访问时间：2014年8月2日。

③ 国家统计局：《中华人民共和国2013年国民经济和社会发展统计公报》，载国家统计局网：http://www.stats.gov.cn/tjsj/zxfb/201402/t20140224_514970.html，最后访问时间：2014年8月2日。

④ 国家统计局：《中华人民共和国2013年国民经济和社会发展统计公报》，载国家统计局网：http://www.stats.gov.cn/tjsj/zxfb/201402/t20140224_514970.html，最后访问时间：2014年8月2日。

⑤ 周生贤：“深入贯彻党的十八届三中全会精神以改革创新为动力推进美丽中国建设——在2014年全国环境保护工作会议上的讲话”，载环境保护部网：http://www.zhb.gov.cn/zhxx/hjyw/201401/t20140113_266280.htm，最后访问时间：2014年8月2日。

⑥ 2014年4月21日，国家发展和改革委员会主任徐绍史在第十二届全国人民代表大会常务委员会第八次会议上做的《国务院关于节能减排工作情况的报告》。

⑦ 定军：“李克强‘硬措施’见成效 节能减排创6年来最好成绩”，载中国政府网：http://www.gov.cn/xinwen/2014-08/12/content_2733668.htm，最后访问时间：2014年8月30日。

远高于前三年平均降幅。此外，中国环境质量状况总体恶化的趋势并没有得到根本扭转。纳入约束性指标的污染物排放总量虽然在减少，部分指标有好转，但在多种污染物排放量远远超出环境容量的情况下，现阶段还难以实现环境质量全面改善。[①]

为了解决上述问题，既要有打攻坚战的紧迫意识，又要有打持久战的思想准备。必须标本兼治，扎扎实实做好每一年的环境保护工作。

2013 年 12 月召开的中央经济工作会议和 2014 年 3 月李克强总理在全国人民代表大会上做的《政府工作报告》，基本确立 2014 年环境与发展工作的重点。2014 年，环境与发展工作的重点是加快转方式调结构，促进经济持续健康发展、社会和谐稳定。

李克强总理在《政府工作报告》中指出，2014 年，政府在环境与发展领域的主要工作包括：①产业结构调整。对产能严重过剩的行业，强化环保、能耗、技术等标准，清理各种优惠政策，消化一批存量，严控新上增量。今年要淘汰钢铁 2 700 万吨、水泥 4 200 万吨、平板玻璃 3 500 万标准箱等落后产能，确保“十二五”淘汰任务提前一年完成，真正做到压下来，绝不再反弹。②强化污染防治。以雾霾频发的特大城市和区域为重点，以细颗粒物（$PM_{2.5}$）和可吸入颗粒物（PM_{10}）治理为突破口，抓住产业结构、能源效率、尾气排放和扬尘等关键环节，健全政府、企业、公众共同参与新机制，实行区域联防联控，深入实施大气污染防治行动计划。今年要淘汰燃煤小锅炉 5 万台，推进燃煤电厂脱硫改造 1 500 万千瓦、脱硝改造 1.3 亿千瓦、除尘改造 1.8 亿千瓦，淘汰黄标车和老旧车 600 万辆，在全国供应国四标准车用柴油。实施清洁水行动计划，加强饮用水水源保护，推进重点流域污染治理。实施土壤修复工程。整治农业面源污染，建设美丽乡村。③推动能源生产和消费方式变革。加大节能减排力度，控制能源消费总量，今年能源消耗强度要降低 3.9% 以上，二氧化硫、化学需氧量排放量都要减少 2%。要提高非化石能源发电比重，发展智能电网和分布式能源，鼓励发展风能、太阳能，开工一批水电、核电项目。加强天然气、煤层气、页岩气勘探开采与应用。推进资源性产品价格改革，建立健全居民用水、用气阶梯价格制度。实施建筑能效提升、节能产品惠民工程，发展清洁生产、绿色低碳技术和循环经济，提高应对气候变化能力。强化节水、节材和资源综合利用。加快开发应用节能环保技术和产品，把节能环保产业打造成生机勃勃的朝阳产业。④推进生态保护与建设。继续实施退耕还林还草，今年拟安排 500 万亩。实施退牧还草、天然林保护、防沙治沙、水土保持、石漠化治理、湿地恢复等重大生态工程。加强三江源生态保护。落实主体功能区制度，探索建立跨区域、跨流域生态补偿机制。生态环保功在当代、利在千秋。各级政府和全社会都要进一步积极行动起来，呵护好我们赖以生存的共同家园。

① 2014 年 4 月 21 日，国家发展和改革委员会主任徐绍史在第十二届全国人民代表大会常务委员会第八次会议上做的《国务院关于节能减排工作情况的报告》。

在《政府工作报告》中，李克强总理特别提出："我们要像对贫困宣战一样，坚决向污染宣战。"这句话也成为2014年中国"六五环境日"的口号。

根据2014年全国环境保护工作会议上的部署，2014年环境保护的重点工作主要包括：①全力推进三项重点工作。大气、水体、土壤污染治理，是国务院确定的本届政府环境保护三项重点工作。我们必须以壮士断腕的决心和气魄，打好污染治理的攻坚战和持久战。②毫不放松抓好主要污染物总量减排。2014年确定的年度减排任务是：与2013年相比，二氧化硫、化学需氧量和氨氮排放量分别减少2%，氮氧化物排放量减少5%。力争新增城镇污水日处理能力1 000万吨、烧结机烟气脱硫1.5万米^2、燃煤机组脱硝1.3亿千瓦，淘汰黄标车300万辆以上。③采取综合措施优化经济发展。推动建立规划环评部门联动机制，开展能源、城镇化等政策环评试点。完成中部地区发展战略环评工作，扎实推进产业园区、轨道交通等领域规划环评。继续强化建设项目环评，从严从紧控制"两高一资"、低水平重复建设和产能过剩项目建设，对符合扩大内需政策和环保准入要求的项目做好服务。①

三、重大政策进展

1.《中共中央关于全面深化改革若干重大问题的决定》明确了加快生态文明制度建设和体制改革的总体要求

2013年11月，中共中央召开了十八届三中全会，会后发布的《中共中央关于全面深化改革若干重大问题的决定》（以下简称《决定》）被认为是自十一届三中全会以来力度最大的改革措施。《决定》提出要进行经济、政治、文化、社会以及生态文明建设等领域的"五位一体"的体制改革。

生态文明建设作为"五位一体"总布局中的重要一环，成为重要的改革议题之一。"全面改革""发展""生态文明"等关键词在《决定》中多次提及，"加快生态文明制度建设"作为一项重要内容被提出。

《决定》提出，紧紧围绕建设美丽中国深化生态文明体制改革，加快建立生态文明制度，健全国土空间开发、资源节约利用、生态环境保护的体制机制，推动形成人与自然和谐发展现代化建设新格局。

《决定》提出，建设生态文明，必须建立系统完整的生态文明制度体系，实行最严格的源头保护制度、损害赔偿制度、责任追究制度，完善环境治理和生态修复制度，用制度保护生态环境。

就生态环境保护管理体制而言，环境保护部提出的改革目标是，根据生态文明

① 周生贤："深入贯彻党的十八届三中全会精神以改革创新为动力推进美丽中国建设——在2014年全国环境保护工作会议上的讲话"，载环境保护部网：http://www.zhb.gov.cn/zhxx/hjyw/201401/t20140113_266280.htm，最后访问时间：2014年8月2日。

建设的新要求，从落实《决定》提出的有关制度入手，破除现行环境保护管理体制的弊端，加大生态环保职能和相关资源的整合力度，建立职能有机统一、运行协调高效的环境管理体制。主要包括：

一是建立和完善严格的污染防治监管体制。对所有污染物，以及点源（矿山等）、面源（农业等）、固定源（工厂等）、移动源（车、船、飞机等）等所有污染源，地表水、地下水、海洋、大气、土壤等所有纳污介质的污染防治实施严格监管，实现环境污染的全防全控。二是建立和完善严格的生态保护监管体制。对草原、森林、湿地、海洋、河流等所有自然生态系统，野生动植物、生物物种、生物安全等生物多样性，以及自然保护区、森林公园、自然遗迹等所有保护区域进行整合，实施监管。三是建立和完善严格的核与辐射安全监管体制。统一监管民用核设施、核技术利用、铀矿冶炼、核与辐射事故，建立统一的核与辐射安全监管及应急响应体系，形成独立、权威的核与辐射安全监管体制。四是建立和完善严格的环境影响评价体制。对战略环评、规划环评、项目环评，以及海洋工程、海岸工程、水土保持等领域环境污染和生态影响的环评进行管理，避免多头负责、重复审批。五是建立和完善严格的环境执法体制。将环境执法力量进行整合，明确环境执法地位，强化环境执法权威，建立监督有力、独立高效的环境执法体制。改革完善"国家监察、地方监管、单位负责"的环境监管体制。六是建立和完善严格的环境监测预警体制。将地表水、地下水、海洋等环境监测资源进行整合，建立陆海统筹、天地一体的环境监测预警体制，为环境管理提供有力的基础保障。①

专栏1 《中共中央关于全面深化改革若干重大问题的决定》关于加快生态文明制度建设的论述

建设生态文明，必须建立系统完整的生态文明制度体系，实行最严格的源头保护制度、损害赔偿制度、责任追究制度，完善环境治理和生态修复制度，用制度保护生态环境。

（51）健全自然资源资产产权制度和用途管制制度。对水流、森林、山岭、草原、荒地、滩涂等自然生态空间进行统一确权登记，形成归属清晰、权责明确、监管有效的自然资源资产产权制度。建立空间规划体系，划定生产、生活、生态空间开发管制界限，落实用途管制。健全能源、水、土地节约集约使用制度。

① 周生贤："深入贯彻党的十八届三中全会精神以改革创新为动力推进美丽中国建设——在2014年全国环境保护工作会议上的讲话"，载环境保护部网：http://www.zhb.gov.cn/zhxx/hjyw/201401/t20140113_266280.htm，最后访问时间：2014年8月2日。

健全国家自然资源资产管理体制，统一行使全民所有自然资源资产所有者职责。完善自然资源监管体制，统一行使所有国土空间用途管制职责。

（52）划定生态保护红线。坚定不移实施主体功能区制度，建立国土空间开发保护制度，严格按照主体功能区定位推动发展，建立国家公园体制。建立资源环境承载能力监测预警机制，对水土资源、环境容量和海洋资源超载区域实行限制性措施。对限制开发区域和生态脆弱的国家扶贫开发工作重点县取消地区生产总值考核。

探索编制自然资源资产负债表，对领导干部实行自然资源资产离任审计。建立生态环境损害责任终身追究制。

（53）实行资源有偿使用制度和生态补偿制度。加快自然资源及其产品价格改革，全面反映市场供求、资源稀缺程度、生态环境损害成本和修复效益。坚持使用资源付费和谁污染环境、谁破坏生态谁付费原则，逐步将资源税扩展到占用各种自然生态空间。稳定和扩大退耕还林、退牧还草范围，调整严重污染和地下水严重超采区耕地用途，有序实现耕地、河湖休养生息。建立有效调节工业用地和居住用地合理比价机制，提高工业用地价格。坚持谁受益、谁补偿原则，完善对重点生态功能区的生态补偿机制，推动地区间建立横向生态补偿制度。发展环保市场，推行节能量、碳排放权、排污权、水权交易制度，建立吸引社会资本投入生态环境保护的市场化机制，推行环境污染第三方治理。

（54）改革生态环境保护管理体制。建立和完善严格监管所有污染物排放的环境保护管理制度，独立进行环境监管和行政执法。建立陆海统筹的生态系统保护修复和污染防治区域联动机制。健全国有林区经营管理体制，完善集体林权制度改革。及时公布环境信息，健全举报制度，加强社会监督。完善污染物排放许可制，实行企事业单位污染物排放总量控制制度。对造成生态环境损害的责任者严格实行赔偿制度，依法追究刑事责任。

2.《中共中央关于全面推进依法治国若干重大问题的决定》将生态环境保护作为加强社会主义法律体系建设、完善立法的重点领域之一

《中共中央关于全面推进依法治国若干重大问题的决定》提出，依法治国，是坚持和发展中国特色社会主义的本质要求和重要保障，是实现国家治理体系和治理能力现代化的必然要求。全面推进依法治国的总目标是，建设中国特色社会主义法治体系，建设社会主义法治国家。在中国共产党领导下，坚持中国特色社会主义制度，贯彻中国特色社会主义法治理论，形成完备的法律规范体系、高效的法治实施体系、严密的法治监督体系、有力的法治保障体系，形成完善的党内法规体系，坚持依法

治国、依法执政、依法行政共同推进，坚持法治国家、法治政府、法治社会一体建设，实现科学立法、严格执法、公正司法、全民守法，促进国家治理体系和治理能力现代化。

《决定》提出将保护生态环境作为加强立法的重点立法领域。用严格的法律制度保护生态环境，加快建立有效约束开发行为和促进绿色发展、循环发展、低碳发展的生态文明法律制度，强化生产者环境保护的法律责任，大幅度提高违法成本。建立健全自然资源产权法律制度，完善国土空间开发保护方面的法律制度，制定完善生态补偿和土壤、水、大气污染防治及海洋生态环境保护等法律法规，促进生态文明建设。《决定》为未来完善环境领域的立法指明了方向。在依法行政理念的指导下，通过制定相关的执法解释、指导意见及配套措施成为落实《环境保护法》的重要工作。

《决定》还就行政执法提出了要求。进行行政执法体制改革，推进包括环境资源领域在内的综合执法改革。严格实行行政执法人员持证上岗和资格管理制度，健全行政执法和刑事司法衔接机制，坚持严格规范公正文明执法。依法惩处各类违法行为，加大关系群众切身利益的重点领域执法力度。完善执法程序，建立执法全过程记录制度。建立健全行政裁量权基准制度，全面落实行政执法责任制。

3.《环境保护法》修订取得重大进展

国合会在2013年的政策建议中提出：“加快修订《环境保护法》，使之适应生态文明建设要求，成为中国环境保护的基本法，并建立和修改相配套的专项法律。”

2014年4月24日，全国人大常委会通过了被称为“史上最严”的新《环境保护法》。

长期以来，诞生于计划经济体制时代、已经实施25年的环保法，与经济社会发展特征和新理念明显不相适宜，存在诸多根本性问题。同时，长期单纯追求GDP增速的粗放发展模式，导致我国环境形势日益严峻。喝上干净的水，呼吸新鲜的空气成了人民群众的期盼，环境问题已经成为中国最大的民生问题。党的十八大提出“美丽中国、永续发展”的概念，并首次将生态文明写入党章。十八届三中全会《决定》中，生态文明体制改革成为重要议题之一。在此背景下，如何从立法层面缓解公众的环境恐惧，平衡公众诉求与经济发展关系，探索中国环境保护新路，已成为中国发展改革的重要命题。[①]

2012年8月27日，十一届全国人大常委会第二十八次会议对环保法修正案草案进行首次审议。在此后两年的时间里，《环境保护法》的修改目标从“有限修改”转变为“全面充实”，经过两次公开征求意见和四次审议之后，2014年4月24日，《环境保护法》修订草案终于在全国人大常委会获得通过。

① 王玮：“回应各方期盼，新环保法一路走来”，载《中国环境报》2014年4月30日。

修订后的《环境保护法》宣示了“经济社会发展与环境保护相协调”的环境优先思想，实现了从“政策法”到“实施法”的转变，是中国环境立法史上的又一重要里程碑。[①]新《环境保护法》进一步明确了政府对环境保护的监督管理职责，完善了生态保护红线、污染物总量控制、环境与健康监测及影响评价、跨行政区域联合防治等环境保护基本制度，强化了企业污染防治责任，加大了对环境违法行为的法律制裁力度，专章规定了信息公开和公众参与，明确了有权提起环境公益诉讼的社会组织的范围。法律条文也从最初的47条增加到70条。

新修订的《环境保护法》在几个重要领域内都有所突破。第一个突破是推动建立基于环境承载能力的绿色发展模式。党的十八届三中全会决定要求，建立资源环境承载能力监测预警机制，对环境容量等超载区域实行限制性措施，探索编制自然资源资产负债表，对领导干部实行自然资源资产离任审计，建立生态环境损害责任终身追究制，推动形成人与自然和谐发展现代化建设新格局。新修订的《环境保护法》要求建立资源环境承载能力监测预警机制，实行环保目标责任制和考核评价制度，制定经济政策应充分考虑对环境的影响，对未完成环境质量目标的地区实行环评限批，分阶段、有步骤地改善环境质量等。这些规定将成为推行绿色国民经济核算，建立基于环境承载能力的发展模式，促进中国经济绿色转型的重要依据。

第二个突破是推动多元共治的现代环境治理体系。习近平总书记提出，要推进国家治理体系和治理能力现代化。环境保护是现代国家治理的重要内容，是政府的基本公共职能。新修订的《环境保护法》在推进环境治理现代化方面迈出了新步伐。它改变了以往主要依靠政府和部门单打独斗的传统方式，体现了多元共治、社会参与的现代环境治理理念。其中，各级政府对环境质量负责，企业承担主体责任，公民享有知情权、参与权和监督权，符合条件的社会组织可以提起环境公益诉讼，新闻媒体进行舆论监督。[②]

针对此前备受诟病的“违法成本低”问题，新《环境保护法》对违法企业规定了按日计罚和行政拘留制度，并赋予环保部门相应的强制执行权。同时进一步强化了政府特别是政府决策主要领导人对环境质量的责任。在给环境监管部门赋予更大执法权力的同时，也相应规定了环境监管失职行为的制裁措施，包括主要负责人引咎辞职。

4. 其他重要宏观政策

将生态保护作为实现可持续农业的长效机制。2014年1月，中共中央、国务院下发《中共中央、国务院关于全面深化农村改革加快推进农业现代化的若干意见》，

① 汪劲：“环境立法史上的又一里程碑”，载《人民日报》2014年4月25日第5版。

② 参见“环保部：新《环保法》最大限度凝聚了各方共识”，载环境保护部网：http://www.zhb.gov.cn/gkml/hbb/qt/201404/t20140427_271054.htm，最后访问时间：2014年9月1日。

提出要改善农村环境，确保广大人民群众“舌尖上的安全”，同时将加强生态保护建设力度作为促进农业可持续发展保障机制之一，要求抓紧划定生态保护红线。继续实施天然林保护；加强沙化土地封禁保护；加大天然草原退牧还草工程实施；加大海洋生态保护力度，加强海岛基础设施建设。严格控制渔业捕捞强度，继续实施增殖放流和水产养殖生态环境修复补助政策。实施江河湖泊综合整治、水土保持重点建设工程，开展生态清洁小流域建设。

生态安全列为“国家安全体系”。2014 年 4 月 15 日，习近平主席主持召开了中央国安委第一次会议。会议首次提出“总体国家安全观”（“一观”）和“中国特色国家安全道路”（“一路”）。“总体国家安全观”既重视传统安全，又重视非传统安全，构建集政治安全、国土安全、军事安全、经济安全、文化安全、社会安全、科技安全、信息安全、生态安全、资源安全、核安全等于一体的“国家安全体系”。

附件 2

第五届（2012—2016）中国环境与发展国际合作委员会组成人员

（截至 2015 年 1 月）

张高丽	国务院副总理	主席
周生贤	环境保护部部长	执行副主席
肯　特	加拿大国会议员、环境部前部长	执行副主席
解振华	国家发展和改革委员会副主任	副主席
施泰纳	联合国副秘书长，联合国环境规划署执行主任	副主席
亨德里克斯	德国联邦环境、自然保护、建筑与核安全部部长	副主席
李干杰	环境保护部副部长	秘书长
李海生	环境保护部国际合作司司长	副秘书长
徐庆华	环境保护部前核安全总工程师	副秘书长

丁一汇	中国气象局气候变化特别顾问、国家气候变化专家委员会副主任、中国工程院院士
丁仲礼	中国科学院副院长、院士
冯　飞	工业和信息化部产业政策司司长
郝吉明	清华大学环境学院教授，中国工程院院士
何建坤	清华大学低碳经济研究院院长、清华大学前副校长
胡鞍钢	清华大学国情研究院教授、博士生导师
廖秀冬（女）	香港大学校长可持续发展资深顾问、香港特区政府环境运输及工务局前局长
李保东	外交部副部长
李晓江	中国城市规划设计研究院院长

李晓西	北京师范大学校学术委员会副主任、教授
刘　昆	财政部副部长
刘　旭	中国工程院副院长、院士
马　中	中国人民大学环境学院院长、教授
孟　伟	中国环境科学研究院院长、中国工程院院士
宁吉喆	国务院研究室主任
沈国舫	中国工程院院士、前副院长，国合会中方首席顾问
苏纪兰	国家海洋局第二海洋研究所名誉所长、中国科学院院士
汤　敏	国务院参事、友成企业家扶贫基金会常务副理事长
王　浩	中国水利水电科学研究院流域水循环模拟与调控国家重点实验室主任 中国工程院院士
王受文	商务部部长助理
汪　劲	北京大学法学院资源、能源与环境法研究中心主任
徐东群（女）	中国疾控中心环境与健康相关产品安全所副所长
张洪涛	国务院参事，国土资源部前总工程师、研究员
张守攻	中国林业科学研究院院长、研究员
张玉卓	中国神华集团董事长，中国工程院院士
赵晓宇	国家开发银行副行长
周大地	发展改革委能源研究所前所长、研究员
周　伟	交通运输部公路科学研究院院长、教授
贝德凯	世界可持续发展工商理事会会长
比　尔	澳大利亚环境与遗产部前副部长
克里尼	意大利环境、领土与海洋部可持续发展、气候变化和能源司前司长， 前部长
杜丹德	美国环保协会副总裁
福格齐	英国森林再保险公司董事会主席
格奥尔吉埃娃（女）	欧盟预算和人力资源副主席
汉密尔顿	加拿大自然资源部副部长、环境部前副部长
汉　森	加拿大国际可持续发展研究院高级顾问、前院长， 国合会外方首席顾问
杰克逊（女）	苹果公司环境事务副总裁、美国环保局前局长
科斯拉	新型发展集团主席、国际资源专家委员会联合主席、 世界自然保护联盟前主席

兰博基尼　世界自然基金会总干事
里　普　斯坦福大学伍兹环境研究所教授，世界自然基金会前总干事
林浩光　英国天然气集团独立董事、原壳牌石油中国集团主席
里杰兰德　瑞典斯德哥尔摩环境研究院理事、瑞典环保局前局长
李　勇　联合国工业发展组织总干事
罗哈尼　亚洲开发银行副行长
梅森纳　德国可持续发展研究院院长
里兹拉　荷兰基础设施与环境部秘书长
斯蒂尔　世界资源研究所总裁
斯特恩　英国科学院院长、伦敦政治经济学院教授、
世界银行前首席经济学家
特鲁特涅夫　俄罗斯总统远东联邦区全权代表兼副总理、
自然资源与生态部前部长
谢孝旌　非洲开发银行加拿大、中国、韩国、科威特国家事务执行董事
图比亚娜（女）法国气候变化大使，2015 巴黎气候变化大会法国外交部长特别代表
厄普顿　经济合作与发展组织环境司司长
温蒂维尔德（女）联合国全球契约特别顾问、
联合开发计划署能源与环境研究组前主任
薇特欧拉（女）印度尼西亚区域发展与人居部前部长、印度尼西亚生物多样性基金会创始人
云盖拉　联合国秘书长特别代表、“人人享有可持续能源行动计划”执行总裁、
联合国工发组织前总干事
章新胜　世界自然保护联盟主席

致 谢

中国环境与发展国际合作委员会（简称国合会）在2014年开展了“中国绿色转型进程评估与展望”“生态文明建设背景下的环境保护制度体系创新”“基于生态文明理念的城镇化发展模式与制度”“生态保护红线制度创新”“大气污染防治行动计划绩效评估与区域协调机制”和“政府环境审计”等研究，得到了中外相关专家（包括国合会中外委员）和各合作伙伴的大力支持。《国合会2014年度政策报告》以2014年政策研究成果为基础编辑而成。在此，特别感谢参与这些研究工作的中外专家以及为研究作出贡献的有关工作人员，他们是：

第一章／Arthur Hanson，沈国舫，任勇，周国梅，张建宇，张世秋，Knut Alfsen，刘健，俞海，陈刚，秦虎，李霞。

第二章／樊纲，罗哈尼，王小鲁，夏光，邹乐乐，苏铭，里杰兰德，厄普顿，李永怡，盛馥来，拉兹罗·平特，俞海，曹静，李全，张永亮，胡李鹏，刘则，朱赛霓，菲利克斯·普莱斯顿。

第三章／王玉庆，罗宾·克拉克，夏光，彭近新，张全，马中，王毅，丽莎·杰克逊，杜丹德，克里尼，米兰达·施鲁尔，赵家荣，范必，赵华林，邹首民，杨朝飞，郑易生，王曦，张世秋，吴舜泽，俞海，张永亮，昌敦虎，胡静，苏利阳，王佩珅，周涛。

第四章／李晓江，Hans van der Vlist，方创琳，吴舜泽，叶青，Goerild Heggelund，Hidefumi Imura，Vijay Jagannathan，Beate Weber-Schuerholz，鹿勤，张娟，徐辉，任希岩，王继峰，荆锋，Arjan Harber，Jan Bakkes，Edwin Buitelaar，Rob Verheem，Bobbi Schijf，Stephanie Jensen。

第五章／欧阳志云，Derek Thompson，高吉喜，林坚，张丽君，Scott Perkin，John MacKinnon，Tundi Agardy，王如松，傅伯杰，王桥，王斌，刘卫东，唐小平，张惠远，邹长新，宋峰，符蓉，林曦怡，骆逸玲，郑华，朱春全。

第六章／郝吉明，Michael P. Walsh，杨金田，贺克斌，鲍晓峰，Steinar Larssen，Jeremy Schreifels，Markus Amann，Martin Lutz，周宏春，赵英民，周大地，王书肖，吴烨，刘欢，雷宇，宁淼，胡京南，伏晴艳，张大伟。

第七章／王金南，Scott Vaughan，蒋洪强，陈基湘，曾贤刚，Robert Smith，Jan Bakkes，Glenn-Marie Lange，赵华林，米金套，赵学涛，张战胜，张伟，杨威杉，卢亚灵，邵云帆，吴文俊，张静，王佩珅。

第八章 / 任勇，周国梅，俞海，张建宇，陈刚，秦虎，李霞，沈国舫，Arthur Hanson，Knut Alfsen，刘健。

与此同时，我们还要特别感谢国合会的捐助方及合作伙伴们，包括加拿大、挪威、瑞典、德国、荷兰、意大利、澳大利亚、荷兰等国家政府；欧盟、联合国发展计划署、世界自然基金会、美国环保协会、美国能源基金会、加拿大国际可持续发展研究院、世界资源研究所等国际组织及壳牌公司、香港大学等，他们提供的资金及其他方式的支持是政策研究工作顺利开展的坚实基础。

另外，我们还要感谢以下及其他未列出名字但作出贡献的人员，包括丁杨阳、郝小然、黄颖等，他们都为本报告的编辑和最终出版付出了大量辛劳。